微波煅烧技术及其应用

Microwave Calcination Technology and Application

彭金辉　刘秉国　著

Peng Jinhui, Liu Bingguo

科学出版社

北　京

内 容 简 介

本书系统介绍微波煅烧技术及其应用方面的知识，主要包括微波加热基础、微波吸波特性及升温性能、强吸波物料的煅烧、弱吸波物料的煅烧和常用微波煅烧设备等。同时，本书还详细探讨了微波煅烧方面的最新研究成果，包括弱吸波物料的微波吸波性能增强机制、异质材料三维准静电模型和微波专用承载体制备技术、增韧原理及微波煅烧设备主要技术参数等，并通过实例对煅烧技术的应用作简明介绍，对微波技术的拓展应用具有指导和参考意义。

本书可供材料、冶金、物理、化学、化工、电子工程等专业的教学、科研和工程技术人员阅读参考，也可作为相应领域本科生和研究生教材。

图书在版编目(CIP)数据

微波煅烧技术及其应用＝Microwave Calcination Technology and Application/彭金辉，刘秉国著. —北京：科学出版社，2013

ISBN 978-7-03-037159-1

Ⅰ.①微… Ⅱ.①彭… ②刘… Ⅲ.①微波技术-应用-煅烧-基本知识 Ⅳ.①TF046.2

中国版本图书馆 CIP 数据核字(2013)第 050442 号

责任编辑：耿建业 / 责任校对：包志虹
责任印制：张 倩 / 封面设计：耕者设计工作室

科 学 出 版 社 出版
北京东黄城根北街 16 号
邮政编码：100717
http://www.sciencep.com
北京凌奇印刷有限责任公司 印刷
科学出版社发行 各地新华书店经销
*
2013 年 3 月第 一 版 开本：720×1000 B5
2013 年 3 月第一次印刷 印张：14 3/4
字数：272 000

POD定价： 75.00元
(如有印装质量问题，我社负责调换)

前　言

微波应用是20世纪30年代发展起来的一门技术，首先应用于通信。随着微波电子技术的不断发展和人们对微波能的应用及其加热优越性的认识不断深入，近年来微波能应用技术正在向纵深发展，微波能应用范围不断拓宽，并不断出现新的应用领域。目前，经过70多年的发展，微波加热技术已经在冶金、化工、石油、食品加工、医药等行业得到广泛应用。

煅烧作为冶金过程的典型反应单元之一，它是通过加热方式使化合物热离解为一种组分更简单的化合物或发生晶形转变的过程，是为了产物满足后续要求或产品标准而设置的一道关键工序。煅烧工艺的好坏不仅影响产品的质量，也决定了企业的经济效益。微波作为一种绿色加热方式，它通过微波在物料内部的能量耗散直接加热物料，具有选择性加热物料、升温速率快、加热效率高等优点，而且还具有降低反应温度、缩短反应时间、节能降耗明显等优点。因此，开展微波煅烧理论研究，开发先进、高效的微波煅烧新工艺具有重要的意义。

然而，尽管有许多研究人员在微波煅烧方面做了大量的工作，但其研究多集中于对某一具体物料的煅烧，侧重于考察微波加热参数对产品性能的影响规律，缺少对微波煅烧的系统研究，更没有在微波煅烧方面形成系统的理论体系，至今还没有一本系统介绍微波煅烧理论的专著。目前，微波煅烧作为微波冶金的一个典型单元，对其研究不仅具有学术价值，还对其工业应用具有指导意义。

近20年来，笔者与课题组成员一同对微波煅烧这一典型的冶金单元进行了系统、深入的研究，建立了异质材料三维RC网络模型，构建了弱吸波物料微波吸波性能增强机制，解决了弱吸波物料的微波煅烧这一难题，拓宽了微波冶金的应用领域；研制了材料微波吸收特性测试装置，测定了多种物料的微波吸波性能；建立了物料在微波场中的升温速率方程，系统研究了强吸波物料和弱吸波物料的微波煅烧。同时，课题组还选用介电损耗小的Al_2O_3、SiO_2工业陶瓷原料为基体，发明了新型微波专用陶瓷材料制备新技术，采用原位合成莫来石晶须的方式对微波专用陶瓷材料进行韧化处理，获得了微波冶金用专用承载体材料增韧原理，研制出两种力学和热学性能优良、抗热震性好、热膨胀率低的微波专用陶瓷材料。本书是以上成果的系统总结，也是昆明理工大学非常规冶金教育部重点实验室同仁多年研究工作的结晶。

本书分7章，第1章论述开展微波煅烧研究的意义；第2章主要介绍微波加热原理和微波加热设备结构；第 3 章介绍微波吸波性能测试原理、异质材料微波吸波特性理论和异质材料三维准静电模型，测定多种物料的微波吸波特性；第 4 章讨论物料升温速率方程，测定多种物料的升温曲线；第 5 章研究强吸波物料的微波煅烧；第 6 章阐述弱吸波物料的辅助加热方法，研究多种弱吸波物料的微波煅烧；第 7 章侧重于微波煅烧装备和微波专用陶瓷材料的介绍。本书内容丰富、图文并茂，各章节撰写次序符合人们认识事物的规律，并作了适当的评述，便于读者阅读使用。

本书框架结构及全书提纲由彭金辉教授设计拟订，并由其撰写第 1、4、5 章，同时负责全书的审稿和定稿；刘秉国博士撰写第 3、6 章；张利波教授撰写第 2 章；郭胜惠教授结合自行研制开发的煅烧设备和国内外设备的新特点撰写第 7 章。

本研究得以成书与国家自然科学基金重点项目“新型微波冶金高温反应器关键共性问题及应用基础研究”（项目编号：50734007）及云南省科技计划项目“新型微波冶金高温反应器关键共性问题及应用基础研究”（项目编号：2007GA002）的资助，以及昆明理工大学的支持是密不可分的，在此一并予以感谢，也感谢科学出版社在本书出版过程中的全力支持与帮助。

对于微波煅烧技术及应用领域的认识、拓展及创新仅是微波能应用新领域之一，书中疏漏之处在所难免，恳请读者批评指正。

彭金辉

2012 年 11 月于昆明

目　录

Contents

常用基本符号说明

英文符号	量的含义
D_p	穿透深度
$f_{微波}$	微波频率
c	光速
P	功率密度
E	电场强度
H	磁场强度
a	波导宽边内壁尺寸
b	波导窄边内壁尺寸
P_a	吸收功率
P_r	反射功率
P_t	透过功率
$P_{辐射}$	微波辐射功率
f_s	谐振腔有载时谐振腔频率
f_0	谐振腔无载时谐振腔频率
Q_s	谐振腔有载时品质因子
Q_0	谐振腔无载时品质因子
d	板状介质样品材料的厚度
S_{21} 、S_{11}	散射参数
W	谐振传感器存储的能量
D_1 、B_1	微扰后电位移和磁感应强度的增加值
D_0 、B_0	微扰前电位移和磁感应强度的复共轭
V_e	谐振传感器内样品的体积
V	谐振传感器的体积
E_0^* 、H_0^*	微扰前电场强度和磁场强度的复共轭
S	极板面积
L	上下极板间的距离
k	化学反应速率
v	平行板电容器的体积

W_F	电磁场理论电能
$\boldsymbol{q}$	热流密度
$\text{grad}T$	温度梯度
Q	内热源密度
T	温度
t	时间
C_p	热容
e	样品的热辐射系数
A	填充比
$V_{样}$	样品体积
n_i	单位体积样品中组元 i 的物质的量
$\Delta H^0_{T,t}$	反应 i 的热效应
F_i	反应 i 的转化率
M	物料的质量
T_0	物料的初始温度
N	径向抗压
y	分解率
x_1	煅烧温度
x_2	煅烧时间
x_3	物料量
a_1 ，a_2 ，a_3	线性系数
a_{12} ，a_{13} ，a_{23}	交互系数
a_{11} ，a_{22} ，a_{33}	二次项系数
$\sum U$	总铀含量
U^{4+}	四价铀含量
r^2_{adj}	校正决定系数
r^2	决定系数
D_b	体积密度
P_a	材料显气孔率
$P_{载荷}$	断裂载荷
$L_{跨距}$	下支点间跨距
B	样品宽度
$A_{深度}$	切口深度
L_t	试样在室温下的长度

ΔL	室温至所测温度试样的伸长量
ΔT	室温至所测温度试样的温度差
$A_{校正}$	仪器校正量
W	样品厚度
A_{M}	窑内物料层所占弓形面积
G_{M}	单位时间窑内物料流通量
$\bar{D}^2$	窑平均有效内径
n	回转窑转速
G	窑的生产能力
$\bar{u}$	物料平均轴向移动速度
R	回转窑内半径
T_{m}	平均停留时间
$L_{窑}$	回转窑长度
V_{M}	物料轴向移动速度
$V_{容积}$	窑有效容积

希腊字母	**量的含义**
ε	介电常数
ε'	介电常数实部
ε''	介电常数虚部
ε_0	真空介电常数
ε_{r}	相对复介电常数
$\varepsilon_{\mathrm{r}}'$	相对复介电常数的实部
$\varepsilon_{\mathrm{r}}''$	相对复介电常数的虚部
$\varepsilon_{\mathrm{eff}}''$	有效介电损耗因子
μ_0	真空磁导率
μ_{r}'	相对磁导率实部
μ_{r}	复相对磁导率
μ_{eff}''	有效磁损耗因子
η	微波吸收系数
$\tan\delta_{\varepsilon}$	电损耗角正切
$\tan\delta_{\mu}$	磁损耗角正切
$\tan\delta$	损耗正切
λ	工作波长
λ_{c}	临界波长

λ_g	波导波长
φ_1	上极板电位
φ_2	下极板电位
$\varphi_1 - \varphi_2$	沿 y 方向的电位差
ω	角频率
$\Delta\omega$	角频率偏移
ω_0	未加样品时谐振传感器的谐振角频率
Φ_r	物料在 x 轴方向位移所对应的角度
Φ_f	物料充满角
$\rho_{驻}$	驻波比
ρ_M	窑内物料体积密度
$\rho_{水}$	水的密度
$\varphi_{填充}$	窑内物料填充系数
$\theta_{入射}$	入射角
$\gamma_h(\theta)$	平行反射系数
$\lambda_{热导率}$	物料的热导率
σ	电导率
β	相位常数
$\theta_{休止}$	物料运动休止角
ν_p	与 ω 有关,称为色散系数
$f_{填充比}$	填充相所占的体积比
$\alpha_{膨胀系数}$	平均线性热膨胀系数
α	窑内物料的自然堆角
$\alpha_{衰减系数}$	衰减常数
$\alpha_{窑体}$	回转窑窑体倾角

量纲为一的参数

a	Stefan-Boltzmann 常数

第1章 绪 论

煅烧是通过加热方式使化合物热离解为一种组分更简单的化合物或发生晶形转变的过程，是为了产物满足后续要求或产品标准而设置的一道关键工序，如氢氧化物、碳酸盐、硫酸盐等加热脱去化学结合水和释放出气体。

在现代有色冶金和新材料产业中，煅烧已经从通常认为的水泥、石灰等低附加值产品生产发展到氧化钴、氧化镍、五氧化二钒等金属氧化物粉体材料及中间产品的制备，逐渐拓展到纳米粉体材料、先进电子材料、功能材料以及结构材料制备等领域。

目前，国内外学者在煅烧方面开展了大量的研究工作，并将该工艺技术在现代有色冶金和新材料制备领域广泛应用。例如，王银叶等[1]采用直接法煅烧高岭土制备纳米级的莫来石和纳米级的沸石分子筛。李峥等[2]开展由氢氧化镁煅烧制备活性氧化镁的研究，分析煅烧温度、煅烧时间和升温速率对氧化镁活性的影响。王宝和等[3]开展煅烧温度和煅烧时间对纳米氧化镁粉体材料性能影响的研究，得到了最佳煅烧工艺参数。葛鑫等[4]以氯化钴和氢氧化钾为原料，液相沉淀得到氢氧化钴，在623K条件下经马弗炉煅烧3h得到四氧化三钴粉末。钱强[5]以炼钢废弃钒渣为原料，经钠化焙烧、水浸、沉钒得到多钒酸铵，多钒酸铵在823K反射炉煅烧2.5h制备得五氧化二钒粉末。邴桔等[6]和宾智勇[7]根据原料特性，分别采用"氧化焙—硫酸浸出—P_{204}萃取—硫酸反萃—氨水沉钒—煅烧"和"无盐焙烧—硫酸浸出—P_{204}萃取—铵盐沉钒—煅烧"工艺从石煤和钒矿中提取五氧化二钒，煅烧得到的五氧化二钒纯度大于98%。然而目前常规煅烧工艺中，不论是箱式炉、管式炉还是回转窑，无论是采用燃料加热还是电加热，热量均是由表及里进行传递，存在温度分布不均匀的现象，为保证产品的均匀性和合格率，通常不得不采用延长煅烧时间、提高煅烧温度等方式来加以解决，从而导致常规生产方法存在周期长、能耗高等缺陷。因此，探索一种新型的煅烧技术和工艺就显得尤为重要。

微波能是一种清洁能源，微波加热是依靠物料自身的介电性质转换微波能量，产生热量。微波加热与常规加热不同，它不需由表及里的热传导，而是通过微波在物料内部的能量耗散直接加热物料，根据物料电磁特性的不同，可及时有效地在整个物料内部产生热量。微波煅烧是利用物料自身吸收微波的性能加热分解物质，克服了常规加热方式存在的因温度梯度而导致的受热不均、煅烧时间长等问题，具有加热均匀、效率高、煅烧时间短等优点，在化合物分解、材料制备以及废弃物的处理等方面显示出极大的优越性。本书总结了近年来微波煅烧在冶金、材料制备和废弃物分解等方面的研究结果与进展，以期为微波在煅烧方面的应用提供新的思路。

另外，微波具有选择性加热特点，能够在微波场中煅烧分解的物料大多具有比较强的微波吸收性能，所以目前的研究多集中于强吸波物料的煅烧，弱吸波物料的微波煅烧研究甚少。然而冶金工业和材料制备中有大量急需处理的弱吸波物料，因此，探索弱吸波物料在微波场中的吸波特性规律，研究弱吸波物料与微波相互作用机制，对开展弱吸波物料的微波煅烧，开发在常规条件下无法实现的新工艺、新技术具有重要的意义。

此外，目前大量的研究者在基础理论研究时主要选择家用微波炉或对其进行保温、隔热等改装。这种微波炉主要有以下缺点。

(1)功率密度较低，对于一些场强要求较高的实验无法实现，而且难以准确测定反应体系的温度。

(2)微波加热主要集中在炉腔的底部托盘上，因而对物料的加热不均匀。

(3)间歇式加热，仅能进行较短时间的连续工作，不能满足高温冶金过程长时间的持续反应，导致实验的再现性差。

(4)功率调节采用档位控制，所谓的低功率工作，实质上是磁控管的间歇式工作，无法达到实验参数的准确控制。

因此，采用家用微波炉作为微波基础理论研究设备，其研究结果的重复性差、规模小、安全性差、实验规范性低，很难进行经济评价，所以本书还介绍了一些常用微波煅烧设备的结构、基本特点及应用范围。

参 考 文 献

[1] 王银叶，高富，丁艳梅，等. 煅烧高岭土制备系列纳米材料及表征. 云南大学学报，2005，27(3A)：200-205.

[2] 李峥，戈桦. 氢氧化镁煅烧氧化镁活性研究. 盐业与化工，2006，35(6)：1-6.

[3] 王宝和，范方荣，张文博，等. 煅烧工艺对纳米氧化镁粉体活性的影响. 无机盐工业，2005，37(12)：15-16.

[4] 葛鑫，陈野，张春霞，等. Co_3O_4的制备及电容性能的研究. 电池，2007，37(2)：141-142.

[5] 钱强. 从废弃钒渣中提取五氧化二钒. 湿法冶金，2008，27(2)：101-102.

[6] 邴桔，龚胜，龚竹青. 从石煤中提取氧化二钒的工艺研究. 稀有金属，2007，31(5)：670-675.

[7] 宾智勇. 钒矿石无盐焙烧提取五氧化二钒实验. 钢铁钒钛，2006，27(1)：21-26.

第2章　微波加热基础

2.1　概　　述

微波是频率为 300MHz～300GHz，即波长为 100cm～1mm 的电磁波。它位于电磁波谱的红外辐射和无线电波之间(图 2-1)。

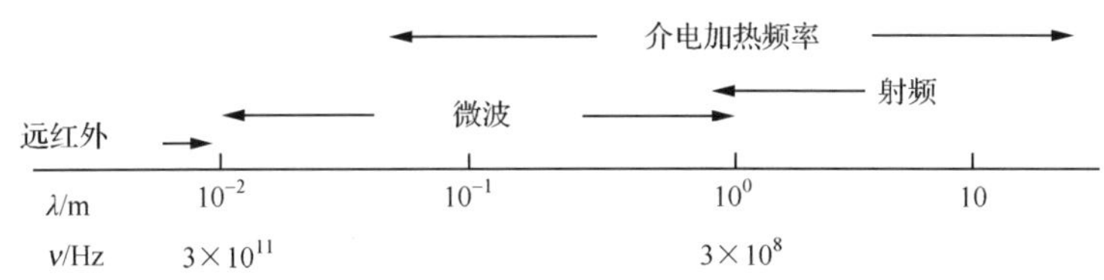

图 2-1　微波在电磁波谱中的位置

微波应用是 20 世纪 30 年代发展起来的，首先应用于通信。近年来，随着微波电子技术的不断发展和人们对微波能的应用及其加热煅烧优越性的认识不断深入，微波能应用技术正在向纵深发展，并不断出现新的应用领域。在微波波段中，根据波长和频率不同可划分为 4 个分波段，如表 2-1 所示。

表 2-1　微波的分波段划分[1]

波段名称	波长范围	频率范围
分米波	1m～10cm	300MHz～3GHz
厘米波	10～1cm	3～30GHz
毫米波	1cm～1mm	30～300GHz
亚毫米波	1～0.1mm	300～3000GHz

为了避免与微波通信、雷达等相互干扰，国际上对微波加热的频率有专门的规定，其专用加热波段如表 2-2[2]所示。

表 2-2　微波加热的专用波段

频率/MHz	波段	中心波长/m
890～940	L	0.330
2400～2500	S	0.122
5725～5875	C	0.052
22000～22250	K	0.008

尽管在不同的国家可能有不同的规定，但应用微波进行加热通常有三个主要的频率段：①1GHz 左右的低频段。由于涉及某种技术难题以及合法性，此频段很

少用于加热应用，常见于无线收视和移动通信技术中。②30GHz 以上的高频段。在这个频段上，大规模低成本的工业加热应用似乎很困难，多见于高频等离子体技术中。③介于这两者之间的频段是目前加热应用研究的主要频段。考虑到微波器件和设备的标准化，及避免使用频率太多会造成对雷达和微波通信的干扰，目前微波加热所采用的常用频率为 0.915GHz 和 2.45GHz，其对应波长分别为 0.330m和 0.122m。

从电子学和物理学的观点看，微波电磁波谱具有不同于其他波段的重要特点[3]。

1.似光性和似声性

微波的波长很短，比地球上一般物体(如飞机、汽车、坦克、火箭、建筑物等)尺寸要小得多，或者在同一数量级。这使得微波的特点与几何光学相似，即所谓似光性。因此使用微波工作能使电路元器件尺寸减小，系统更加紧凑。另外，微波的波长与物体(如实验室中的无线电设备)的尺寸具有相同的数量级，使得微波的特点又与声波相似，即所谓的似声性。

2.穿透性

微波照射在物体(介质)上时，能深入物体内部。例如，微波能穿透云雾、雨、植被、积雪和地表层，具有全天候和全天时的工作能力，成为遥感技术的重要波段；微波能穿透生物体，成为医学透热疗法的重要手段。

3.非电离性

微波的量子能量不够大，不足以改变物质分子的内部结构或破坏分子键。而分子、原子和原子核在外加电磁场的周期力作用下所呈现的许多共振现象都发生在微波范围，因而微波为探索物质的内部结构和基本性质提供了有效的研究手段，利用这一特性和原理，可以研制用于微波波段的器件。

4.信息性

由于微波的频率很高，所以在不太大的相对带宽下，其可用的频率很宽，可达数百甚至上千兆赫，这是低频无线电无法比拟的。现代多路通信系统，包括卫星通信系统几乎无一例外都是在微波波段工作。

2.2 微波与物质的作用原理

微波通过离子迁移或偶极分子的旋转而使分子运动，微波加热物料很大程度上取决于耗散系数。耗散系数是物料耗散能量能力的度量，也就是说，耗散系数表示以热形式耗散到物料中而损失的微波能量的大小，该系数为介电损耗系数与物料的介电常数之比。介电常数是物料阻碍微波通过它的能力的一种度量，具有高的损耗系数的物料能够更容易被微波加热。

微波加热就是将微波作为一种能源来加以利用，是微波与物质分子相互作用并被吸收而产生的热效应。具体来讲就是当微波作用到物质上时，可能产生电子极化、原子极化、界面极化及偶极转向极化，其中偶极转向极化对物质的加热起主要作用。极性电介质的分子在无外电场作用时，偶极矩在各个方向的概率相等，宏观偶极矩为零。在微波场中，物质的偶极子与电场作用产生转矩，宏观偶极矩不再为零，这就产生了偶极转向极化。由于微波产生的交变电场以每秒高达数亿次的高速变向，偶极转向极化不具备迅速跟上交变电场的能力而滞后于电场，从而导致物质内部功率消耗，一部分微波能转化为热能，由此使得物质本身加热升温[4]。下面以极性水分子为例介绍微波加热的原理，实验装置如图 2-2 所示。

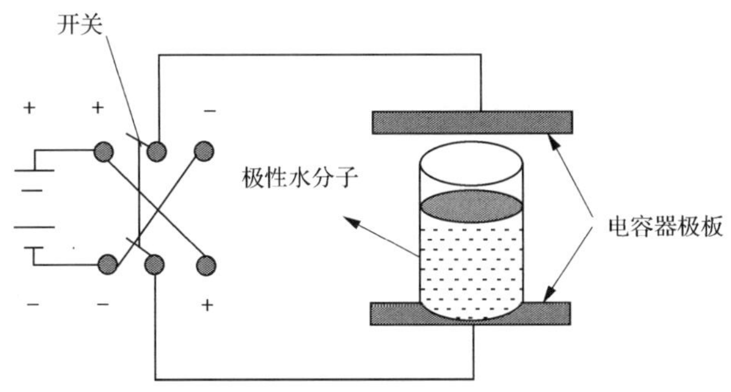

图 2-2　水在微波场中被加热的理想实验装置示意图

在图 2-2 的理想实验装置中，电池通过一个换向开关与电容器的两个极板连接，在极板之间放一杯水。水分子(H_2O)由 2 个氢原子和 1 个氧原子组成，氢原子有 1 个电子，氧原子外层有 6 个电子(内层还有 2 个电子)。在组成水分子时，这些外层电子重新排列分布，使得水分子的电荷分布不对称，所以水分子虽然在整体上是电中性的，但由于电荷分布的不对称而呈现局部的电性，在氢原子一端带正电，而在氧原子一端带负电，这种两端带异电的分子称为极性分子。

水分子是典型的极性分子，但通常的水并不呈现宏观的极化，这是因为分子杂乱的热运动，使得分子的排列是杂乱的，各个方向都有，而且在不停地无规则地变化，从统计学观点来看，它们所表现的极性相互抵消，因此水在宏观上并不表现出极性。

当把图 2-2 中的开关合向左，电池就向电容器充电，上极板带正电，下极板带负电，这样在极板间就建立起电场。在这个外电场的作用下，由于电荷异性相吸，杯中水分子就沿着外电场方向取向，即带正电的氢原子一端趋向负极板，而带负电的氧原子一端趋向正极板，从而形成整齐有次序的排列，出现宏观的极化。这种整齐排列的极性分子具有一定的位错，它就是从电池中取得的电能转换而来的极化能。

如果这时再把开关合向右方，即电池的极性发生改变，原来充电的电容器先是通过电池放电，然后就反向充电，直到在极板间建立起与前面同样场强，但方向发生 180°转向的电场。如果迅速地来回扳动开关，水分子就不断地改变自己的方向而迅速摆动，但是由于分子的热运动和相邻分子之间的相互作用，上述分子随外电场变化而摆动的规则运动受到了干扰和阻碍，产生了类似于摩擦的效应，结果有一部分能量转化为分子的杂乱热运动的能量，使分子运动加剧，水的温度升高，这就是介质加热的基本原理。

图 2-2 的装置只是一个理想的实验装置，实际上微波加热装置并不是这样。其中能源不是电池而是微波管，被加热的介质不是放在电容器中而是置于微波加热器中，微波电场以每秒几亿次的速度周期性地改变方向，由微波场与介质分子的相互作用而产生热。图 2-2 只是形象化地阐明了微波加热的主要特征，从中可以得到这样的结论，极板间的电场越强，极性分子摆动的幅度越大，介质的极化能就越多，相应转化成的热能也越多。如果开关换向的速度越快也就是频率越高，分子的摆动就越频繁，在单位时间内由于摩擦而产生的热量也就越多。此外，如果杯中盛的不是水而是别的物质，则在同样条件下产生的热量也就不同，产生的热能多少还与物质的种类及其电性质有关。

描述微波与物质相互作用的物理参数主要有以下几种。

(1)介电性质(ε)。介电性质表示材料对微波场的响应，包括用于度量材料储存微波能的能力，即材料被极化的能力的介电常数 ε' 、用于度量材料消耗储能变成热能的能力的介电损耗因子 ε'' 以及复合介电常数，通常可用式(2-1)表示：

$$\varepsilon = \varepsilon' + j\varepsilon'' \tag{2-1}$$

(2)损耗正切($\tan\delta$)。损耗正切反映材料穿透电场的能力及耗散微波能变成热能的性能，损耗正切可用式(2-2)表示：

$$\tan\delta = \varepsilon''/\varepsilon' \tag{2-2}$$

(3)穿透深度(D_{p})。穿透深度反映材料表面到吸收场 e 衰变成为 e^{-1} 处的距离，与频率成反比。穿透深度通常用式(2-3)表示：

$$D_{\mathrm{p}} = \frac{c}{2\pi f_{微波}\sqrt{2\varepsilon'\left(\sqrt{1+\tan^{2}\delta}-1\right)^{1/2}}} \tag{2-3}$$

式中，$f_{微波}$ 是微波频率，Hz；c 是光速，m/s。

(4)平均功率密度(P)。平均功率密度反映物料体吸收微波能(W/m)的大小，其定义用式(2-4)表示：

$$P = 2\pi f\varepsilon_0\varepsilon''_{\text{eff}}E^2 \tag{2-4}$$

式中，ε_0 是自由空间介电常数，F/m；$\varepsilon''_{\text{eff}}$ 是相关有效介电损耗因子；E 是材料内的电场强度，V/m。对高磁化率材料则用式(2-5)表示：

$$P = 2\pi f\varepsilon_0\varepsilon''_{\text{eff}}E^2 + 2\pi f\mu_0\mu''\mu''_{\text{eff}}H^2 \tag{2-5}$$

式中，μ_0 是真空磁导率，H/m；μ''_{eff} 是有效磁损耗因子；H 是磁场强度，A/m。

2.3　微波与物质相互作用

不同物质对微波的吸收能力决定了微波对其的加热状况，微波能得以传递和转化与被作用物质的性质、结构等因素密切相关[5,6]。如在特定频率(2.45GHz)下，许多陶瓷、聚合物对微波的吸收能力很弱，加热情况很不明显，但是通过升高温度，加入微波感应体，改变材料的显微结构和结构形式(如块状变为粉末状)或改变微波入射波的频率等可以提高吸收微波的能力，从而改善它们的微波加热状况。微波加热的前提是微波能可以透过材料并被其吸收，但要求材料必须具备以下两种特性[7]：一是被加热材料的表面不能反射微波能；二是被加热材料能不可逆地将入射的电磁能转化为自身的热能。

当微波与物质相互作用时，物质的各种物理化学特性，如极化、电导、介电常数、介电损耗系数、温度和湿度等都将发生变化。针对不同的材料，根据材料对微波的反应，可将材料分为以下四类[8]。

(1)导体。该种材料(如金属)反射微波，可用于储存或引导电磁波，即导体可以作为干燥室和波导材料。

(2)绝缘体。绝缘体几乎不反射也不吸收微波，能被电磁波穿透，可用作电磁场中被加热材料的支撑装置，如传送带、托盘等。

(3)介电体。其特性介于导体和绝缘体之间，它们中的绝大部分材料可称为有损耗介电体，可不同程度地吸收电磁波能量，并将之转化为热量，如水、食品和木材等。吸收微波能的材料称为介电体，因此微波加热又称电介加热。介电体有两大特性：一是它们只带有极少的电荷，当外加电场时，材料内部基本无电荷定向流动；二是组成介电体的分子和原子运动表现为偶极子(间隔一定距离的等量的异性电荷)的运动[9-10]。材料吸收电磁波能量，并产生热量的能力主要取决于材料的介电特性。介电特性又取决于复介电常数，复介电常数是一个表征介电特性的物理量。

(4)铁磁体。这类材料既可吸收和反射微波，又能被电磁波穿透，同电磁波的磁场分量发生作用，会产生热量，常用作保护或扼流装置的材料以防止电磁波能量的泄漏。

微波以电磁波形式通过空间或媒质，在传输过程中遇到不同物质可以产生反射、穿透、全部吸收及部分吸收等现象[11]，如图 2-3 所示。

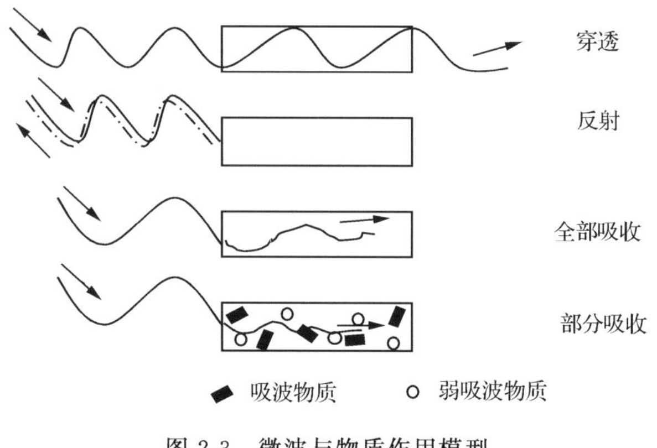

图 2-3 微波与物质作用模型

2.4 微波加热的特点

传统加热方式是通过辐射、对流及传导由表及里地进行加热，为避免温度梯度过大，加热速度往往不能太快，也不能对处于同一反应装置内混合物料的各组分进行选择性加热[12]。与传统加热方式相比，微波加热具有以下特点。

(1)加热均匀、速度快。一般的加热方法是加热被加热物体周围的环境，借助热量的辐射或通过热空气的对流使物体的表面先得到加热，然后共同通过热传导传到物体的内部，这种方法效率低，加热时间长。微波加热的最大特点是热量是在被加热物体内部产生的，热源来自物体内部，加热已经均匀，不会造成“外焦里不熟”的夹生现象，有利于提高产品质量。同时里外同时加热可大大缩短加热时间，加热效率高。微波加热的惯性很小，可以实现快速控制，有利于连续生产的自动控制。

(2)选择性加热。微波加热所产生的热量和被加热介质的损耗有着密切的关系。各种介质的 $\tan\delta$ 为 0.001～0.5，所以各种物体吸收微波的能力有很大的差异，一般 $\tan\delta$ 大的介质很容易用微波加热。水的 $\tan\delta$ 约为 0.3，所以水能强烈地吸收微波，一般含水在百分之几到百分之十的物质都能有效地用微波加热。相反，$\tan\delta$ 太小的介质就不能用微波加热。这就是微波对物质具有选择性加热的特点。利用这一特性，可在一些条件下对混合物进行选择性加热，因为混合物里不同物质有不同的吸波特性。

(3)控制及时，改善劳动条件。一般的加热方法，如蒸汽加热、电热、红外加热等，升温或改变炉温，需要稍长的时间，在发生故障或停止加热时，温度下降又需要较长时间；微波加热可在几秒钟的时间内迅速将微波功率调到所需的数值，即可正常运转，而且调整微波输出功率，物料加热情况立即无惰性地随着改变，便于自动化和连续化生产。一般工业加热设备比较大，占地多，周围环境温度也比较高，操作人员劳动条件差，强度大；而微波加热则占地面积小，避免了环境高温，劳动条件得到大大改善。

2.5　微波加热设备结构

微波加热设备主要由微波发生器、波导、微波能应用器和控制系统等部分组成。微波发生器是微波加热设备的关键部分，该部分由磁控管和微波电源组成，其主要作用是产生设备所需要的微波能量，以便将此能量传输到相应的微波能应用器中。微波波导通常是一段具有特定尺寸的矩形或圆形截面的微波传输线，它保证将微波发生器产生的微波能量馈送到微波能应用器中。微波能应用器是实现物料与微波场相互作用的空间，微波能量在此转化成热能、化学能等实现对物料的处理。控制系统是用来调节微波加热设备的各种运行参数的装置，保证设备根据设定的工艺参数进行方便、灵活的调整控制。

2.5.1　微波发生器

微波能通常由直流电或 50Hz 交流电通过某一特殊的器件来获得。虽然产生微波能量的器件有很多种，但主要是电子管和半导体器件。在电子管器件中能产生大功率微波能量的主要有磁控管、速调管、微波三极管、微波四极管等。相比之下，由于微波三极管、微波四极管本身结构较为复杂，使用时还要外加谐振腔，而且频率在 900MHz 以上要获得千瓦以上的功率比较困难，因此限制了它们在微波加热上的应用；半导体器件在获得微波大功率方面与电子管相比至少相差三个数量级，且无法获得几十千瓦的微波功率。因此，在目前和将来的一段时间内，微波加热领域特别是工业应用中，主要使用的是磁控管和速调管[13]。

1. 磁控管

磁控管通常具有一个以高电导率无氧铜做成的阳极，一个发射电子的直热式或间热式阴极。阳极同时又是产生高频振荡的谐振回路，类似于高频发射机中槽路的职能。在阴极与阳极之间是电子作用空间，在这一空间上，要加有均匀的、与阴极轴线相平行的强磁场。磁场通常由两种方式来产生，在小功率磁控管里往往采用永久磁铁，大功率磁控管则更普遍地使用电磁铁。微波能量的输出一般有三种形式，如图 2-4 所示。

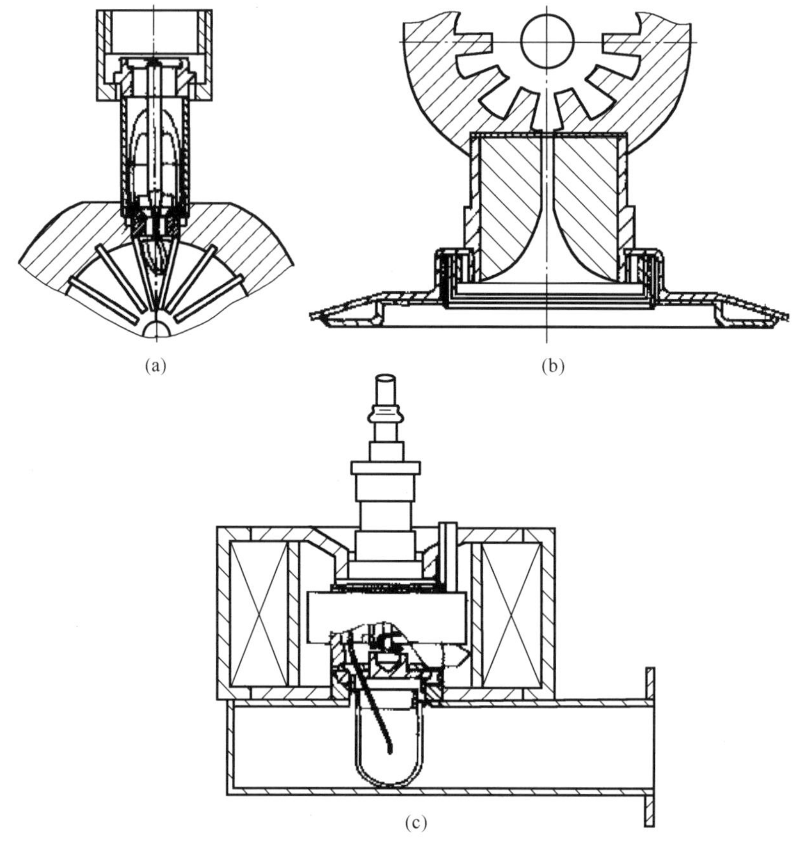

图 2-4　磁控管典型输出的几种形式

(a)同轴输出;(b)波导输出;(c)天线辐射器

为了保证作用空间的磁场均匀及减少磁漏,在磁控管的两端带有软铁制成的磁极并构成电子管外壳的一部分。磁控管阴极根据不同的设计通常有以下几种形式:①氧化物阴极;②以钨为基体渗有活性物质的阴极;③钍钨阴极;④纯钨阴极。其中,①、②种阴极常做成间热式,③、④种阴极常做成直热式。

2. 磁控管工作原理

当磁控管阴极与阳极间存在着一定的直流电场时,从阴极发射的电子会加速向阳极移动,移动速度正比于电压的二分之一次方。由于空间存在着磁场,磁场方向正好与电场方向垂直,同时也与电子运动方向垂直。当带电体在垂直磁场中运动时将受到磁力的作用,该作用力与磁场及电子的运动方向垂直,因此,当电子离开阴极向阳极移动时受到磁力的作用,结果使电子偏离原来的方向而呈圆周状运动。不同的磁场及电场比值使电子具有不同的圆周运动半径。显然，过低的电场或过高的磁场，可使电子飞离阴极绕圆弧运动后仍然回到阴极。在某一特定的电压及磁场值，电子正好能绕阴极旋转。在这两种情况下，虽然在阴极和阳极间加有直流电压，但是在外电路里将不出现阳极电流。只有当阳极电压超过某一电压值时，在外电路里才会出现电流，这一状态称为临界状态。如果阳极电压继续升高，那么电子运动的半径超过了阳极半径，电子在作用空间不能做圆周运动而是直接打到阳极上去。我们需要的能进行能量交换的只是电子能绕圆周运动的状态。谐振腔类似于高频发射机中电感线圈与电容器所组成的谐振回路或称槽路。在磁控管工作时，相邻谐振腔高频磁场方向相反，其翼片上的高频电场方向也相反，即在两相邻谐振腔间有 180°的相位差。因此，可以认为，在阴极面上发射的电子，如果处于正电场的翼片为负的位置，电子就比没有高频场时慢。当电子受磁场作用力而绕反时针方向旋转时，正高频场附近出发的电子将会追赶负高频场附近出发的电子。相反，负高频场附近出发的电子则由于减速而好似在等待追上来的电子。其结果便是在作用场空间出现运动的电子云集现象，这种密集的电子云，沿着阴极轴心而旋转。

要维持高频振荡，还必须使电子云的旋转有一定的速度，使电子从这一翼片飞到下一翼片时，翼片上的高频场正好改变一次方向，即所需时间为振荡周期的 1/2。为使电子获得这一速度所要加的阳极电压称为同步电压。

在图 2-5 中，磁控管有 10 个谐振腔，当每一个电子旋转到谐振腔翼片附近时，如果翼片正好处于负高频场，那么将对电子呈排斥作用而使电子速度降低，由于电子降低速度而丧失的能量实际上激励了高频场，从而将能量交给了高频场，即运动的动能转化为磁场的势能，电子向阳极飞去。当然，在磁控管中，电子并没撞到阳极上，而是由于受磁场作用力重新返回到阴极附近，它的动能又变成了势能，这样又受阳极电片的加速而飞回阳极进行第二次能量交换。但必须注意到，每次进行的能量交换都有一个能量损失，直到最后，电子的位能越来越少而飞不动，落到阳极上而将剩余的能量变成热能耗散在阳极上。但也有这样一些电子，从阴极出发不是把能量交给高频场，而是从高频场得到加速，吸取了部分高频能量，从而使其受磁场作用力回到阴极时速度仍大于零，它便向阴极撞击而使阴极获得额外的热量，即回轰阴极现象。回轰阴极的功率与磁控管输入功率及输出回路的负载驻波大小有关。在输出回路负载失配情况下，过大的回轰会使阴极过热以至缩短管子的工作寿命，甚至可能将阴极烧毁。因此，当同一只磁控管工作于不同的功率时，必须根据规范加不同的灯丝电压。

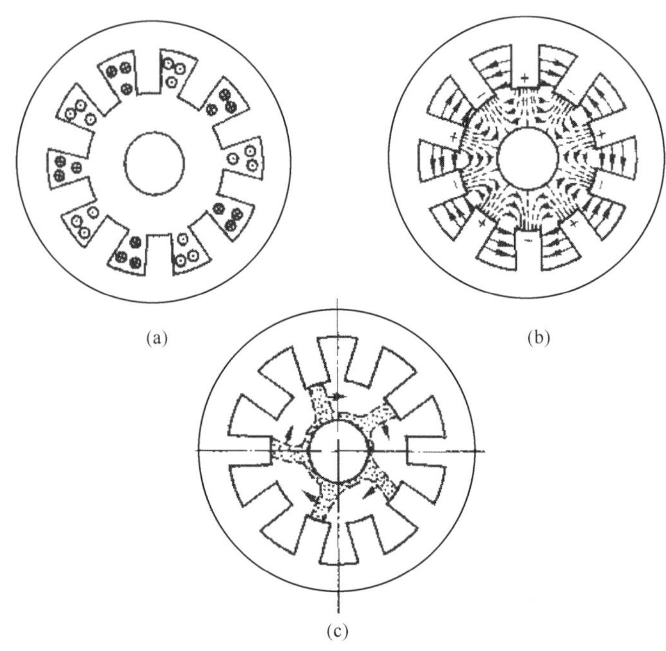

图 2-5　谐振腔 π 模的电磁场分布

3.速调管

速调管分为反射速调管、单腔速调管和多腔速调管三种。反射速调管和单腔速调管一般只能小功率应用，在要求频率较高而功率很大的场合，用磁控管已经不能满足要求，这时候通常采用多腔速调管。多腔速调管是一种放大器，而磁控管则是一种振荡器。多腔速调管一般又由三个部分组成：电子枪、谐振腔及输入输出接头、收集极。

电子枪部分通常包括阴极、聚束电极等部分。热子加热阴极后发射出电子，电子受聚束极的控制形成一束规则的电子束。

谐振腔又由 4～6 个腔组成，编号从阴极端开始，第一腔为输入腔，输入接头与这一腔相耦合。最后一腔是输出腔，输出接头与这一腔相耦合。每个谐振腔中间有一个小孔，这些小孔互相对准并排成一条直线，电子束即从这一小孔通过。

收集极为一个无氧铜圆筒，通常内孔做成锥形。这样，当电子束通过谐振腔打到收集极时，就会被分散在其斜面上，使单位面积承受的功率较小。为了散热，收集极应采取冷却措施。

电子经聚束后向前运动，由于电子间的相互排斥力，电子在行进一段距离后，会逐渐散开。为了防止电子散开并打到谐振腔上，通常会在腔的外面加上一个电磁铁或永久磁铁，以产生在电子行进轴向上的强磁场，这就是聚焦磁场。

4. 多腔速调管工作原理

从阴极发射出的电子在谐振腔正高压的吸引下飞向腔体，由于聚束电极负电压的抑制作用电子向中心靠拢。在电子进入腔体小孔的漂移过程中，由于电子的相互排斥作用产生径向分力而使其分开，此时，聚焦磁场便将其聚拢，如果磁场足够强，电子会限制在很小的半径范围内做旋转运动而不散开。

如果在腔上加激励电压，并调到在信号的频率上谐振，则在腔体的漂移管头缝隙间格激励起微波电场。这一高频电场将使进入这一区域的电子束的速度受到调制，即在高频负电位进入的电子将降低速度，而在高频正电位进入的电子则将加快速度，这些受到速度调制的电子在第一腔与第二腔间的漂移空间，快速电子将追上慢速电子，这就是群聚现象。也就是先前受到速度调制的电子，经过漂移管到达第二腔缝隙时已经变成了密度调制的电子束。当这些电子束穿过第二腔时将对第二腔感应起高减电压，这一电压又反过来对电子束进行速度调制。依此，经过几个中间腔的作用，可以使加在第一腔微弱的高频信号的调制作用逐步加强，而在输出腔的位置得到很高密度的电子群，如果速调管的尺寸设计得当，并使电子在高频场负半周时密集地进入输出腔间隙，那么电子将受到减速，从而失去部分能量，这部分失去的能量也就是高减场获得的能量。

在输出腔处激励起的高减能量，通过耦合孔传输到波导，再经过波导上的陶瓷真空密封窗就可以输送到管外供设备使用，经过能量交换而降低了速度的电子群继续向前，飞向收集极并最终打到收集极上，剩余的能量将转换为热能，并借助于管子的冷却系统将热量带走。

2.5.2　波导

微波是一种超高频电磁波，电磁波以交变的电场和磁场相互感应的形式传输，也就是伴随着电能和磁能相互转换而传输。但是，微波传输又不像低频和高频的传输使用相同传输线轴线，而是使用波导，图 2-6 所示的是几种微波馈线。电磁波在波导内传输，若波导尺寸、内表面光洁度符合质量要求，则功率的损耗是很小的，因此，波导就成为厘米波段传输大功率最理想的传输线了。在微波加热和干燥中，波导被广泛使用[14]。

1. 场的分布及波形

为了对电磁场进行直观的描述，假想出许多电力线和磁力线，并根据它们的结构形式，在传输线中划分为许多确定的波形，或称模式。对电场而言，如电场分

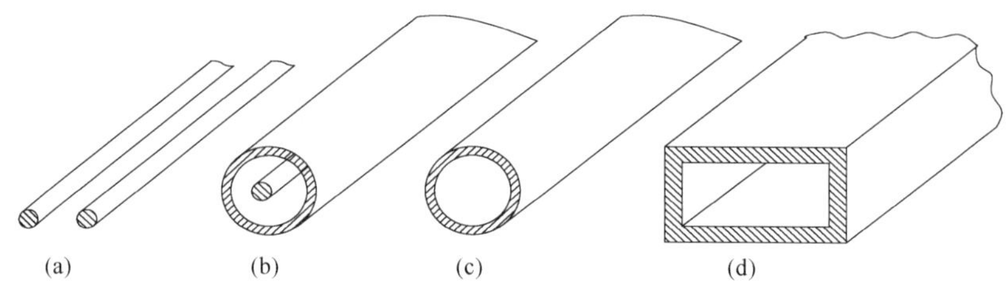

图 2-6 各种形式的微波馈线

(a)双导线;(b)同轴线;(c)圆形波导;(d)矩形波导

布在矩形波导的横断面上,而电场的纵向分量为零,这种波形称为横电波,记作TE(图 2-7);同样的,对磁场而言,则称为横磁波,记作 TM,波导中的主要波形是横电波或横磁波。

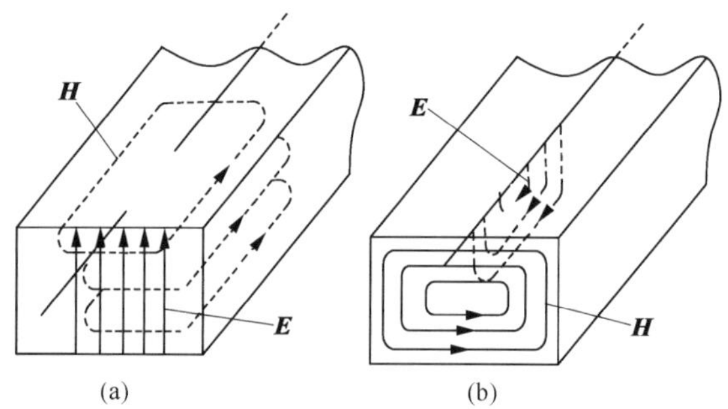

图 2-7 矩形波导中场结构图

(a)TE 波;(b)TM 波。**E** 为电力线;**H** 为磁力线

另外,根据波导宽边和窄边上电场强度和磁场强度出现最大值的个数,又分为许多波形,记作 TE_{mn} 波或 TM_{mn} 波,m,n 为 0,1,2,3 等整数。

矩形波导传输的许多波形中,最简单、最有用的波形是 TE_{10} 波,图 2-8 绘出了 TE_{10} 波场结构图及电场强度分布曲线,从图中可以看出,在波导宽边电场强度出现一个最大值,即 $m=1$,而在波导窄边上,电场强度分量为零,即 $n=0$,因此,称为 TE_{10} 波,其他波依此类推。

2. 波的传输条件

对于一定尺寸的波导,不是任意波长和任意波形的电磁波都能传输的。电磁波在波导中传输是具有一定条件的,可以用式(2-6)来表示:

$$\lambda < \lambda_c \tag{2-6}$$

即工作波长 λ 必须小于波导的临界波长 λ_c,大于临界波长的波是不能在波导内传输的。这就是为什么波导只适用于微波波段而不适用于高频或低频波段。

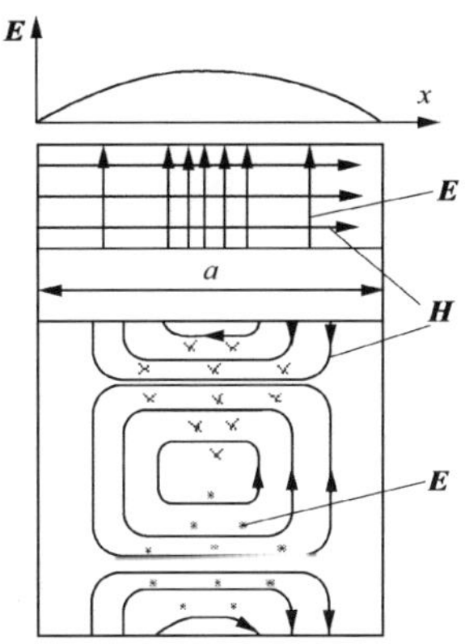

图 2-8　TE_{10}波场强结构图

TE_{mn} 和 TM_{mn} 波的临界波长可用式(2-7)进行计算：

$$\lambda_c = \frac{2}{\sqrt{\left(\frac{m}{a}\right)^2 + \left(\frac{n}{b}\right)^2}} \tag{2-7}$$

式中，a 是波导宽边内壁尺寸；b 是波导窄边内壁尺寸。

由式(2-7)可以看出，波导 m，n 指数的值越大，临界波长就越短。在波导中，可能存在的许多波型中，TE_{10} 波的临界波长最长，因此，将 TE_{10} 波称为最低波形，而其他波形称为高级波形。

常用的 TE_{10} 波 $m=1$，$n=0$，因此其临界波长为

$$(\lambda_c)\ TE_{10} = 2a \tag{2-8}$$

而高次模式的临界波长为

$$\lambda_c \leqslant a \tag{2-9}$$

因此，在波导中保证 TE_{10} 波传输的条件为

$$a < \lambda < 2a \tag{2-10}$$

对于某些微波加热系统必须保证 TE_{10} 波时，式(2-10)对选择波导断面尺寸具有一定意义。例如，工作频率为 915MHz($\lambda=32.2$cm)，选用波导内壁尺寸为 $a=24.8$cm，$b=12.4$cm，其临界波长分布如图 2-9 所示。图中斜线部分为截止区域，在此区域内沿该波导不能传输任何波，对于工作频率为 915MHz 的波，可以实现单一模式(即 TE_{10} 波)的传输，波长小于 24.8cm 时，才能激起高次模式。

微波在波导中传输时，波长将发生增长现象，波导中的实际波长称为波导波长，并由式(2-11)求出。

$$\lambda_g = \frac{\lambda}{\sqrt{1-\left(\frac{\lambda}{\lambda_c}\right)^2}} \tag{2-11}$$

式中，λ_g 是波导波长。

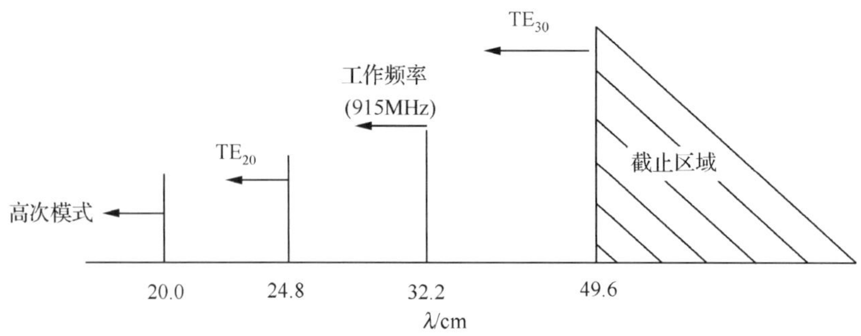

图 2-9　矩形波导中临界波长的分布

当工作于 TE_{10} 波时有

$$\lambda_g = \frac{\lambda}{\sqrt{1-\left(\frac{\lambda}{2a}\right)^2}} \tag{2-12}$$

式中，λ 是工作波长，即自由空间波长。

在理想的微波传输系统中，电磁波只是向一个方向传输而不引起反射，这种波称为行波。然而在实际传输线中总是存在波导的弯曲，加工尺寸不均匀，连接处不好以及负载不完全匹配等因素，这些都会引起相同频率、方向相反的反射波。在传输中反射和入射的电磁波由于相位的关系，在某些位置上形成相互叠加，在另一些位置上又相互抵消，出现了在整个长度上周期分布且位置固定不动的电磁场，通常称为驻波。

图 2-10 为矩形波导中电场驻波分布示意图，图中点 1、3 称为驻波的波峰，点 2、4 称为波节。在微波传输系统中，经常用电压驻波比表征传输线的匹配状态。驻波比 $\rho_{驻}$ 等于最大电场和最小电场强度之比，即

$$\rho_{驻} = \frac{\boldsymbol{E}_{max}}{\boldsymbol{E}_{min}} \tag{2-13}$$

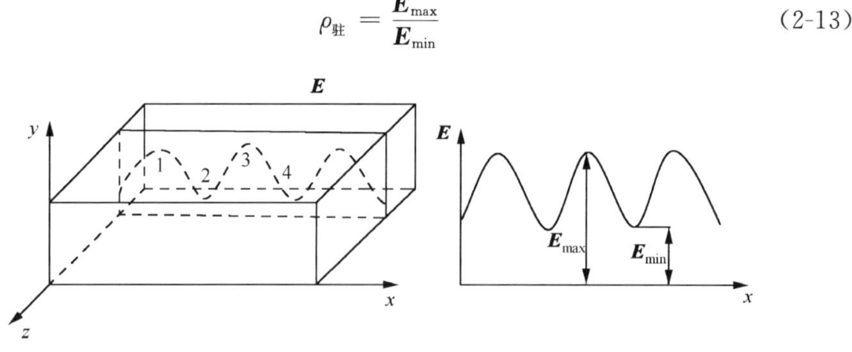

图 2-10　矩形波导驻波分布示意图

驻波比大，说明反射大，表明微波源与负载匹配较差。在大功率情况下，如果

驻波比太大，在电场最强处可能发生大火击穿现象。理想的匹配状态是 $\rho_{驻}=1$，但实际上是达不到的，一般负载 $\rho_{驻}<1.1$，就认为是良好匹配了。

2.5.3 微波能应用器

微波能应用器是在一定的控制下对放置于微波场中的物质进行加热的装置。设计应用器的目的是使微波能与物质在安全、可靠、经济、高效条件下进行相互作用。根据微波能应用器设计工作原理可分为行波场微波能应用器、驻波场谐振腔式微波能应用器和辐射场天线式微波能应用设备等形式，其中驻波场谐振腔式微波能应用器又分为单模腔和多模腔。

在目前的研究中，单模腔和多模腔应用较多，下面主要对其作简要介绍。

1. 单模腔应用器

单模腔式微波能应用器是基于在标准矩形波导中激起单一基模传输的一种反应器。一个理想的 TE_{101} 单模谐振腔(图 2-11)做成的微波能应用器能够在内腔中心处建立起很高的电场强度，如果加长波导长度方向的尺寸，取长度方向上的半波长数为 3，即可做成一个 TE_{103} 矩形单模谐振腔微波能应用器。

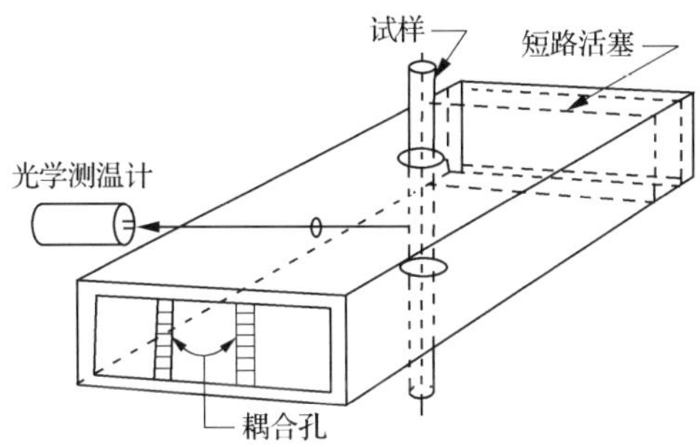

图 2-11　TE_{101} 单模谐振腔简图

TE_{103} 矩形谐振腔微波能应用器是一种结构简单、易调节、易控制、场分布稳定、场强密度较高、空腔品质因数高(腔体损耗小)的单模微波能应用器，是目前发展最成熟、应用最广泛的单模腔式微波能应用器。

单模腔式微波能应用器场强集中，功率密度高，可实现快速升温，用于小尺寸材料的加热非常方便。但是由于单模腔式微波能应用器腔体体积小，均温区小，只能进行较小尺寸试样的分批微波处理，很难用于大尺寸材料的加工和连续生产，所以其适用范围有限[15]。

2. 多模腔应用器

多模腔式微波能应用器是应用最广泛，理论和实践最为成熟的微波能应用器，适合于多种块状材料或化学溶液的分批次间隙处理和中试规模的生产应用。传统的多模腔式微波能应用器主体是由金属壁封闭的矩形多模谐振腔体，其三维尺寸主要由被处理物质的大小、功率密度的高低和腔体内模式的多少及分布来确定。

多模腔应用器的主要特点如下。

(1)腔内均匀性好。由于多模腔内可建立多个模式，各模式场的相互叠加，可在腔体内形成比单模腔均匀的电磁能量分布。在一定频率范围内，多模腔越大，则可能激励的模式越多，就越容易获得较均匀的场分布。

(2)可适用于批量、连续生产。多模腔应用器适应性强，可以以一个多模腔为基础，做成适宜于批量处理的工业用微波炉，也可由若干个多模腔组成能连续处理产品的隧道式微波能加热设备。

(3)加热效率低。在加热器中，在产品的量一定的情况下，腔体越大，加热器的效率越低。这是因为电磁波在腔体内经历多次反射，在腔壁上每反射一次，腔壁损耗就增加一点，而行波每透过一次物料，物料的损耗就增加一点。因此，在物料体积一定时，如果腔体增加，腔体内未被物料占有的空间增大，则电磁波不透过物料而直接经过空间在壁间反射次数增加，使得效率下降。因此，设计时腔体的尺寸应根据物料尺寸的大小进行适当的选择。

参 考 文 献

[1] 彭金辉，杨显万. 微波能技术新应用. 昆明：云南科技出版社，1997.

[2] Osepchuk J M. A history of microwave heating applications. IEEE Transaction on Microwave Theory and Techniques，1984，32(9)：1200-1223.

[3] 廖承恩. 微波技术基础. 西安：西安电子科技大学出版社，1994：1-2.

[4] Galema S A. Microwave chemistry. Chemical Society Reviews，1997，26：233-238.

[5] 毕先钧，洪品杰. Li-Ni-La复合氧化物在微波场中的升温行为. 云南师范大学学报(自然科学版)，1998，18(1)：85-88.

[6] 段爱红，阚家德. 金属氧化物吸收微波辐射的能力与其结构的关系. 云南化工，1998，(2)：34-36.

[7] Katsumi T，Fumiyasu K，Masashi K. Development of the microwave heated catalyst system. JSAE Review，1999，20(3)：431-433.

[8] 朱艳丽. 微波干燥矿物新技术实验研究. 昆明：昆明理工大学硕士学位论文，2006.

[9] Jacob J,Chia L H L,Boey F Y C. Review-thermal and non-thermal interaction of microwave radiation with materials. Journal of Materials Science,1995,30(21):5321-5327.

[10] Jones D A,Lelyveld T P,Mavrofidis S D, et al. Microwave heating applications in environmental engineering. Resources,Conservation and Recycling,2002,34(2):75-90.

[11] 冯士明. 陶瓷微波烧结技术及其进展. 陶瓷研究,1995,10(2):80-83.

[12] 杨伯伦,贺拥军. 微波加热在化学反应中的应用进展. 现代化工,2001,21(4):8-12.

[13] 刘全军,陈景河. 微波助磨与微波助浸出技术. 北京:冶金工业出版社,2005.

[14] 金钦汉,戴树珊,黄卡玛. 微波化学. 北京:科学出版社,1999:47-78.

[15] 车磊,杨林,肖德满. 多模腔双频微波烧结炉的设计. 大连轻工业学院学报,2003,22(4):277-280.

第 3 章　微波吸波特性

通常，物料受到微波辐射时，会对微波产生反射、吸收和透过三种现象。假设微波辐射功率为 $P_{辐射}$，则其被物料吸收的功率为 P_a，反射的功率为 P_r，透过物料的功率为 P_t。根据能量守恒定律有

$$P_{辐射} = P_a + P_r + P_t \tag{3-1}$$

由于微波能量是一个常数，所以可对 $P_{辐射}$ 进行归一化处理，得

$$1 = P_a + P_r + P_t \tag{3-2}$$

对于微波加热而言，P_a 越大，则 P_r 和 P_t 越小，反之亦然。

绝大多数物料在微波段是不透明的，除非经过特殊处理。对于不透明的物料，可以设 $P_t = 0$，则物料温度升高只取决于 P_a 和 P_r 两个参数值的大小。根据菲涅耳(Fresnel)定律，对于一个光滑的介质表面，垂直和水平极化的反射系数为

$$\gamma_v(\theta) = \left|\frac{\varepsilon_r \sin\theta - \sqrt{\varepsilon_r - \cos^2\theta}}{\varepsilon_r \sin\theta + \sqrt{\varepsilon_r + \cos^2\theta}}\right|^2 \cos\theta \tag{3-3}$$

$$\gamma_h(\theta) = \left|\frac{\sin\theta - \sqrt{\varepsilon_r - \cos^2\theta}}{\sin\theta + \sqrt{\varepsilon_r + \cos^2\theta}}\right|^2 \sin\theta \tag{3-4}$$

式中，θ 是入射角；$\gamma_h(\theta)$ 是平行反射系数；$\gamma_v(\theta)$ 是入射微波极化方向为其电矢量垂直于入射平面时，平滑表面的反射系数。

如果微波垂直入射，则 $\theta = 90°$，此时式(3-3)、式(3-4)可以简化为

$$\gamma_v(\theta) = 0 \tag{3-5}$$

$$\gamma_h(\theta) = \left|\frac{1 - \sqrt{\varepsilon_r}}{1 + \sqrt{\varepsilon_r}}\right|^2 \tag{3-6}$$

则

$$P_a = 1 - P_r = 1 - \left|\frac{1 - \varepsilon_r^{1/2}}{1 + \varepsilon_r^{1/2}}\right|^2 \tag{3-7}$$

所以，物料的介电常数是决定物料吸收微波性能的主要因素。当介电常数大时，吸收率大，反射率就小，反之亦然。

根据与微波的相互作用，材料可以分为绝缘体、导体、介质材料和铁磁体等[1]。绝缘体介电损耗很小，微波能够穿过而几乎没有能量损失，如玻璃、陶瓷等；微波无法穿透导体材料，全部被反射，如铜、铅、银等金属；介质材料介于导体和绝缘体之间，介质材料介电损耗大，对微波吸收性能强[2]，如水、脂肪等。微波

对材料的作用中，只有当材料吸收微波时才能使材料发生介电损耗而将微波能转化为物质的热能[3]。

3.1　微波测试原理及方法

根据微波吸波特性测试原理的不同，目前微波辐照下材料吸波特性的测试方法大致可以分为传输法、反射法、谐振腔法和空间波法等。

3.1.1　微波传输法

微波传输法工作原理为：微波经发射天线辐射到材料表面；接收天线接收到的透射波经检测器送入计算机；计算机计算出微波信号的衰减和相移；以微波信号的衰减和相移为测量物理量进行测量；经过定标等处理即可反演材料的电磁特性[4]。测试流程如图 3-1 所示，计算公式如下：

$$\alpha_{衰减系数} = \omega\sqrt{\frac{\mu\varepsilon}{2}}\left[\sqrt{1+\left(\frac{\sigma}{\omega\varepsilon}\right)^2}-1\right]^{\frac{1}{2}} \tag{3-8}$$

$$\beta = \omega\sqrt{\frac{\mu\varepsilon}{2}}\left[\sqrt{1+\left(\frac{\sigma}{\omega\varepsilon}\right)^2}+1\right]^{\frac{1}{2}} \tag{3-9}$$

$$\nu_{\mathrm{p}} = \frac{\omega}{\beta} = \frac{1}{\sqrt{\mu\varepsilon}}\left[\frac{2}{\sqrt{1+(\sigma/\omega\varepsilon)^2}+1}\right]^{\frac{1}{2}} < \frac{1}{\sqrt{\mu\varepsilon}} \tag{3-10}$$

式中，$\alpha_{衰减系数}$ 是衰减常数；β 是相位常数；ν_{p} 与 ω 有关，称为色散系数；μ 是磁导率。故测量出微波信号的 $\alpha_{衰减系数}$ 和 β，即可反演实际介质的电磁特性。

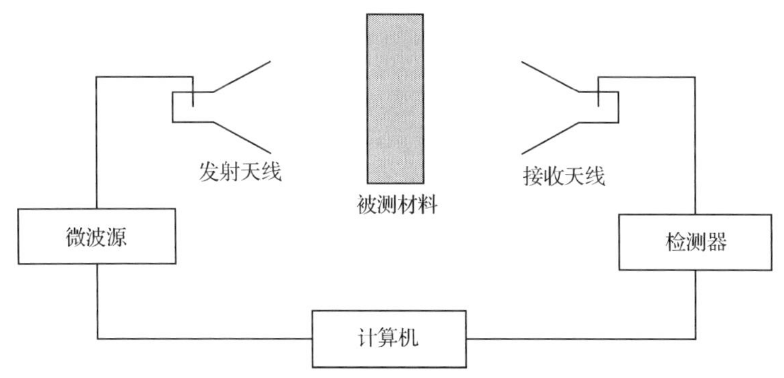

图 3-1　微波传输法测试原料流程

传输法要求测试样品的外形与波导壁完全接触，否则会产生较大的测试误差。

3.1.2 微波反射法

微波反射法工作原理为：计算机控制微波源发射微波；微波经天线辐射至被测材料；接收天线接收材料表面的反射波；检测器检测反射波后送入计算机；计算机计算出反射微波的驻波比 $\rho_{驻}$ 和场强最小点的位置；以微波信号的驻波比 $\rho_{驻}$ 和场强最小点的位置为测量物理量进行测量；经过定标等处理即可反演材料的电磁特性[5]。测试原理流程如图 3-2 所示。若微波经天线辐射材料，则反射波的场为

$$\begin{aligned} E_{i0}(\mathrm{e}^{-\mathrm{j}k_1 z}+\Gamma\mathrm{e}^{\mathrm{j}k_1 z}) &= E_{i0}{}^{-\mathrm{j}k_1 z}(1+\Gamma\mathrm{e}^{\mathrm{j}2k_1 z}) \\ &= E_{i0}[(1+\Gamma)\mathrm{e}^{-\mathrm{j}k_1 z}+\Gamma(\mathrm{e}^{\mathrm{j}k_1 z}-\mathrm{e}^{-\mathrm{j}k_1 z})] \\ &= E_{i0}(\Gamma\mathrm{e}^{-\mathrm{j}k_1 z}+\mathrm{j}2\Gamma\sin k_1 z) \end{aligned} \tag{3-11}$$

当 $2k_1 z=-2n\pi$ 时，$z=-n\lambda_1/2$，$n=0,1,\cdots$，波节，$|E_1|_{\min}=E_{i0}(1-|\Gamma|)$；当 $2k_1 z=-(2n+1)\pi$ 时，$z=-(2n+1)\lambda_1/2$，$n=0,1,\cdots$，波腹，$|E_1|_{\max}=E_{i0}(1+|\Gamma|)$；驻波比 $\rho_{驻}=\dfrac{E_{\max}}{E_{\min}}=\dfrac{1+|\Gamma|}{1-|\Gamma|}$，$\rho_{驻}\in[1,\infty)$，$\rho_{驻}=1$ 称为行波状态。由此可见，只要测量出驻波比 $\rho_{驻}$ 和场强最小点的位置，即可反演介质的电磁特性。

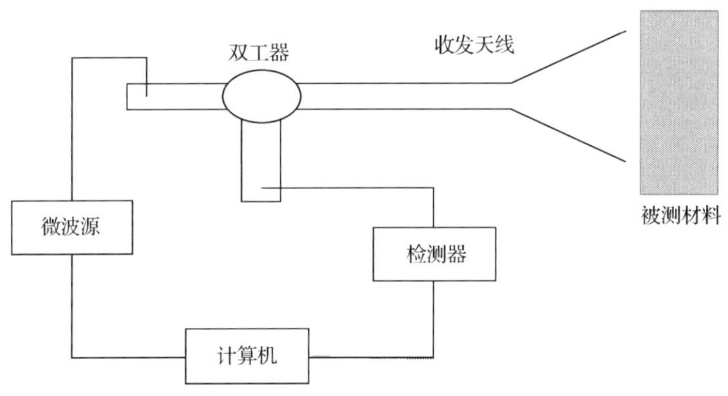

图 3-2　微波反射法测试原理流程图

反射法具有测试精度高的优点，同时对波导与同轴系统均适用。然而该方法也存在以下问题[6-8]：对于低损耗介质，当介质材料厚度是测试频率对应的半个波导波长的整数倍时，该方法稳定性较差，最终导致复介电常数的测量不确定性增大；由于传播常数的确定与介质材料厚度紧密相关，当介质材料厚度大于测试频率对应的波导波长时，传播常数有多个解；由于极薄介质材料（即厚度远远小于波导波长的介质材料）增大了测定的不确定度，因此该方法无法对极薄介质材料进行较高精度的测定。

3.1.3　微波谐振腔法

微波谐振腔测试基本假设如下：

(1)介质样品放入后引起的谐振频率的相对变化量很小。

(2)除了在介质样品附近外，由于样品的放入引起的场结构的变化很小。

微波谐振腔法工作原理为：采用专用计算机 HP9000/300 控制网络分析仪 HP8510B 和扫频振荡器 HP8341P 产生扫频信号，S 参数测量设备 HP8514 自动测量谐振腔的 S 参数，经 HP9000/300 处理自动计算出谐振腔有无样品的谐振腔频率 f_s、f_0 和 Q_s，Q_0 值。测试原理流程如图 3-3 所示。微波谐振腔的复频率计算式如下[9]：

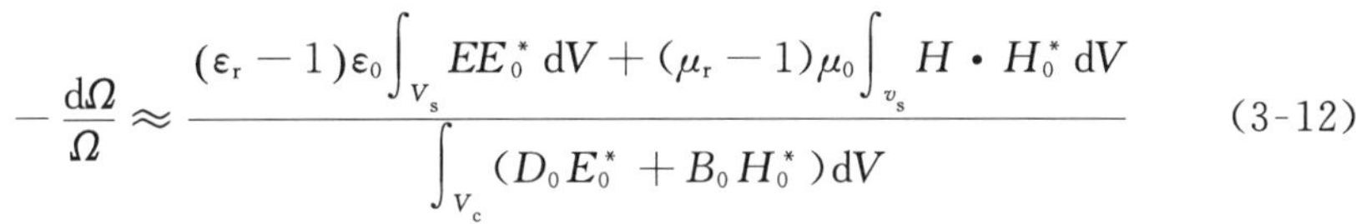

$$-\frac{\mathrm{d}\Omega}{\Omega} \approx \frac{(\varepsilon_r - 1)\varepsilon_0 \int_{V_s} EE_0^* \mathrm{d}V + (\mu_r - 1)\mu_0 \int_{v_s} H \cdot H_0^* \mathrm{d}V}{\int_{V_c} (D_0 E_0^* + B_0 H_0^*) \mathrm{d}V} \tag{3-12}$$

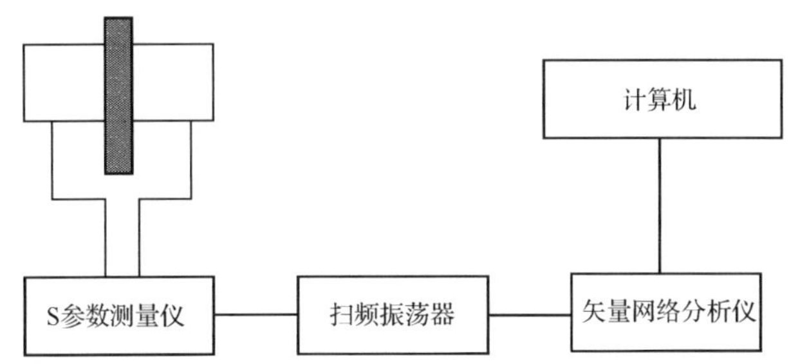

图 3-3　微波谐振腔法的测试简图

对非磁性物质，$\mu_r = 1$，则

$$-\frac{f_s - f_0}{f_s} = \frac{(\varepsilon_r' - 1)\varepsilon_0 \int_{V_s} EE_{0\max}^* \mathrm{d}V}{2\int_{V_0} |E_0|^2 \mathrm{d}V} \tag{3-13}$$

$$\frac{1}{2}\left(\frac{1}{Q_s} - \frac{1}{Q_0}\right) = \frac{\varepsilon_r'' \int_{v_s} EE_{0\max}^* \mathrm{d}V}{2\int_{V_0} |E_0|^2 \mathrm{d}V} \tag{3-14}$$

对于宽变为 a、长变为 b 的矩形波导谐振腔的 H_{10p} 模型，则

$$\varepsilon_r' - 1 = \frac{f_0 - f_s}{f_s}\left(\frac{V_0}{V_s}\right) \tag{3-15}$$

$$\varepsilon_r'' = \frac{V_0}{4V_s}\left(\frac{1}{Q_s} - \frac{1}{Q_0}\right) \tag{3-16}$$

然后分别测量出 Q_s、Q_0、f_s、f_0、V_s 和 V_0，即可反演物质的电磁特性。

谐振腔法所需的介质样品少，测定方便，对低损耗介质材料具有较高的测试灵敏度和准确度，但该方法不适于宽频带测量和较大损耗的介质材料测量[10]。

3.1.4 微波空间波法

自由空间波法[11,12]是利用天线将电磁波辐射到自由空间，当遇到测试样品时，发生反射和透射现象，利用天线接收这些反射和透射信号，计算介质材料的电磁参数。

设理想被测板状介质样品材料的厚度为 d，横向尺寸为无穷大，复介电常数为

$$\varepsilon = \varepsilon_0 \varepsilon_r' (1 - j\tan\delta_\varepsilon) \tag{3-17}$$

式中，ε_0 是真空中的电容率；ε_r' 是相对复介电常数的实部；$\tan\delta_\varepsilon$ 是电损耗角正切。所以复磁导率为

$$\mu = \mu_0 \mu_r' (1 - j\tan\delta_\mu) \tag{3-18}$$

式中，μ_0 是真空磁导率；μ_r' 是相对磁导率实部；$\tan\delta_\mu$ 是磁损耗角正切。

被测介质板终端无短路板情况如图 3-4(a)所示，自由空间的线极化平面波向被测板状介质材料样品垂直入射，极化为 x 方向。电磁波在透过介质板后继续向 z 方向传播，对其进行测试，可测得样品板构成二端口网络的 S_{21} 散射参数。图 3-4(b)为介质板终端加短路板的情况，电磁波在进入介质板后在 $z=d$ 初进行全反射，该反射波与 $z=0$ 处的反射波叠加在一起，沿 $-z$ 方向传播，对其测试可得样品板构成的单端口网络的 S_{11} 散射参数。

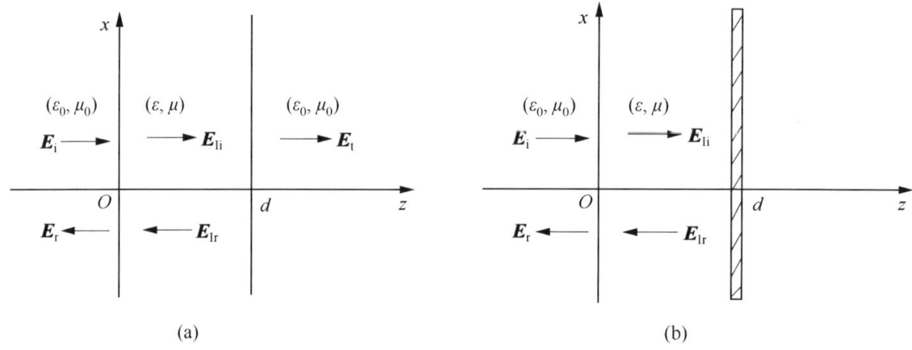

图 3-4　电磁波在介质样品内的传播

(a) 样品终端无短路板的情况；(b) 样品终端加短路板的情况

从 Maxwell 方程和边界条件出发，可得求解介质材料微波电磁参数的表达式为

$$S_{11}(1+\sqrt{\mu_r/\varepsilon_r})+(1-\sqrt{\mu_r/\varepsilon_r})$$
$$+[S_{11}(1-\sqrt{\mu_r/\varepsilon_r})+(1+\sqrt{\mu_r/\varepsilon_r})]e^{-j2\omega\sqrt{\mu\varepsilon}d}=0 \tag{3-19}$$
$$S_{21}[(1+\sqrt{\mu_r/\varepsilon_r})^2-(1-\sqrt{\mu_r/\varepsilon_r})^2e^{-j2\omega\sqrt{\mu\varepsilon}d}]$$
$$-4\sqrt{\mu_r/\varepsilon_r}e^{-j\omega\sqrt{\mu\varepsilon}d}=0 \tag{3-20}$$

式中，ω 是测试信号的角频率；ε_r 是复相对介电常数；μ_r 是复相对磁导率；S_{21} 是图 3-4(a)所示情况下的散射参数；S_{11} 是图 3-4(b)所示情况下的散射参数。在分别测得 S_{21} 和 S_{11} 后，联立式(3-19)和式(3-20)可得到被测介质材料的电磁参数。

空间波法主要应用于毫米波与亚毫米波段测量。该方法要求必须准确测出布鲁斯特角，也就是说发射天线和接收天线都必须有很好的方向性，同时，物料尺寸必须足够大以消除绕射的影响。图 3-5 为空间波法测试简图。图 3-6 为电磁波由空气射向介质板的反射和折射情况。

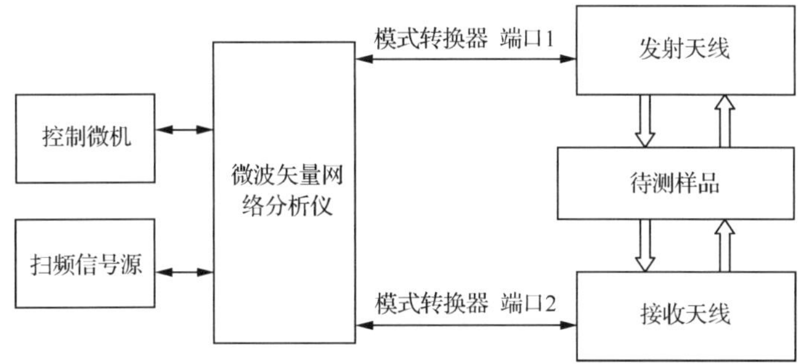

图 3-5　空间波法的测试简图

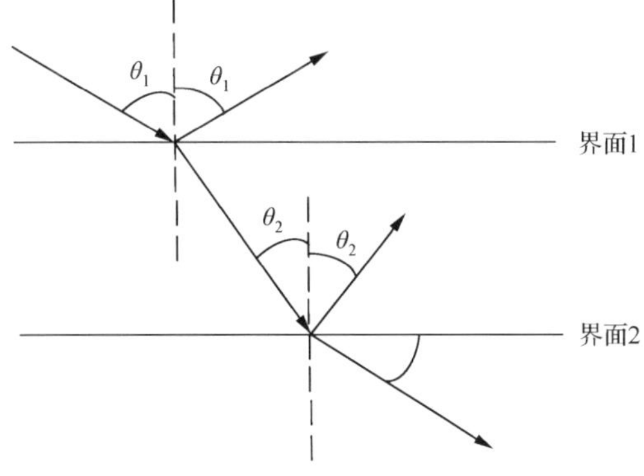

图 3-6　电磁波由空气射向介质板时的反射和折射

由于空间波法所采用的电磁波为线极化平面波，所以可对材料进行取向测试，以满足常规测试和某些特殊测试的需要；可实现对介质材料复介电常数的宽频带测量;在某些场合可完成非损伤测试[13]。但空间波法样品制作要求严格,要求一块平坦的、双面平行的、相对面积足够大的样品,以保证电磁波能够以 TEM 波的形式附着到试样上并尽量减小电磁波绕射的影响。

3.2 微波谐振腔微扰法测试原理和方法

微波谐振腔微扰法自 1943 年由 Bethe 和 Schwinger 提出后,在微波理论与技术中获得了广泛的应用。微波谐振腔微扰法已成为测定介质复介电常数的一种重要方法。谐振腔的微扰现象可以源于多种因素,如腔壁几何形状的微小变化(边界微扰),腔内引入小体积介质样品(异物微扰),腔内引入可移动螺钉之类导体(导体微扰)等。这些微小的变化使腔体中的场发生微小扰动,从而导致谐振腔的某些参量(如谐振频率、品质因数等)也相应地发生微小变化,称为谐振腔的微扰。

微波谐振腔微扰法测试原理是将微波馈入微波谐振型传感器,在传感器内微波与物质相互作用[14]。如引入谐振腔的样品很少,则微扰理论[15]成立,有

$$\frac{\Delta\omega}{\omega}=-\omega_0(\varepsilon'_r-1)\int_{V_e}E_0^*E\mathrm{d}V/4W \tag{3-21}$$

$$\frac{1}{Q}-\frac{1}{Q_0}=2\varepsilon_0\varepsilon''_r\int_{V_e}E_0^*E\mathrm{d}V/4W \tag{3-22}$$

$$W=\int_V[(E_0^*D_0+H_0^*B_0)+(E_0^*D_1+H_0^*B_1)]\mathrm{d}V \tag{3-23}$$

式中,$\Delta\omega$ 是角频率偏移;ω_0 是未加样品时谐振传感器的谐振角频率;ε'_r 是样品相对复介电常数的实部;ε''_r 是样品相对复介电常数的虚部;ε_0 是真空中的复介电常数;Q_0 和 Q 分别是谐振传感器的无载和有载 Q 值;W 是谐振传感器存储的能量;D_1 和 B_1 分别是微扰后样品中电位移和磁感应强度的增加值;V_e 是谐振传感器内样品的体积;V 是谐振传感器的体积;E_0^* 和 H_0^* 分别是微扰前谐振传感器内电场强度和磁场强度的复共轭;E 是谐振传感器内样品的场强;D_0 和 B_0 分别是微扰前电位移和磁感应强度的复共轭。

由上可知,只需测量传感器放入样品前后的微波输出幅度和谐振频率的变化,即可反演出被测物质的吸波特性。

3.3 纯物质微波吸波特性

微波吸收特性是判定物质能否被微波加热的最基本的参数。依据微波谐振腔微扰法,通过测量传感器放入样品前后微波输出幅度和谐振频率的变化,即可得到物质吸收微波性能的大小。

根据微波与材料的交互作用可知，材料对微波的吸收是通过与微波电场和磁场耦合，将微波能转化为热能来实现的。材料对微波吸收性能的强弱主要取决于材料介电损耗的大小，即存在 $\varepsilon = \varepsilon' - j\varepsilon''$。由微波技术及谐振腔微扰理论可以看出，物料的 ε'' 反比于微波传感器电压衰减，$\varepsilon' - 1$ 正比于微波传感器相对频移，物料的吸波能力正比于其复介电常数的虚部。

3.3.1　碱式碳酸钴及其煅烧产物的微波吸波特性

四氧化三钴是一种黑色或灰黑色粉末，单位晶胞中含有 8 个四氧化三钴分子，Co^{2+} 占据 8 个四面体位置，Co^{3+} 占据 16 个八面体位置，属于尖晶石结构。四氧化三钴广泛应用于锂离子电池、气体传感器、催化剂和磁性材料等领域，工业上多采用碱式碳酸钴煅烧得到。依据谐振腔微扰法，测得碱式碳酸钴和四氧化三钴的微波波谱图如图 3-7 所示。

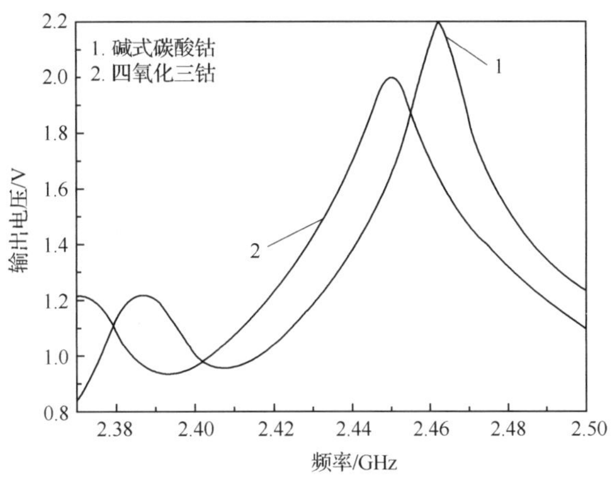

图 3-7　碱式碳酸钴和四氧化三钴的微波波谱图

由图 3-7 微波吸波性能测试结果可以看出，与四氧化三钴相比，碱式碳酸钴在微波谐振腔中的衰减电压较大，相对频移较小，所以在同一微波场中，四氧化三钴的微波吸收性能强于碱式碳酸钴。

3.3.2　偏钒酸铵及其煅烧产物的微波吸波特性

五氧化二钒作为重要的战略资源，既是一种可用作普通离子吸收基质材料、湿敏传感器、微电池、电致变色的新型功能材料，又是一种广泛应用于硫酸工业的经典催化剂，还是合成氨工业中的脱碳剂、脱硫剂和石化工业中设备防腐的缓蚀剂。目前，五氧化二钒主要以钒钛磁铁矿、炼钢钒渣、含矾黏土矿及废钒催化剂为原料经钠化焙烧或浸出、铵盐沉淀、煅烧偏钒酸铵或多钒酸铵得到。依据谐振腔微扰法，测得偏钒酸铵和五氧化二钒的微波波谱图如图 3-8 所示。

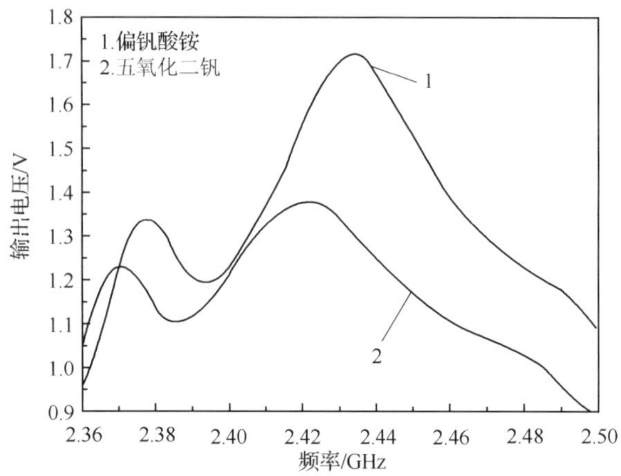

图 3-8　偏钒酸铵和五氧化二钒的微波波谱图

由图 3-8 微波吸波性能测试结果可知，与五氧化二钒相比，偏钒酸铵在微波谐振腔中的衰减电压较大，相对频移较小，说明五氧化二钒的微波吸波性能强于偏钒酸铵。

3.3.3　仲钨酸铵及其煅烧产物的微波吸波特性

三氧化钨作为过渡金属氧化物，属于 N 型半导体材料，具有优良的气敏特性、湿敏特性和催化性能，广泛应用于光致变色、电致变色、气体传感器以及可变电阻等方面。目前三氧化钨主要通过煅烧前驱体仲钨酸铵制备得到。依据谐振腔微扰法，测得仲钨酸铵和三氧化钨的微波波谱图如图 3-9 所示。

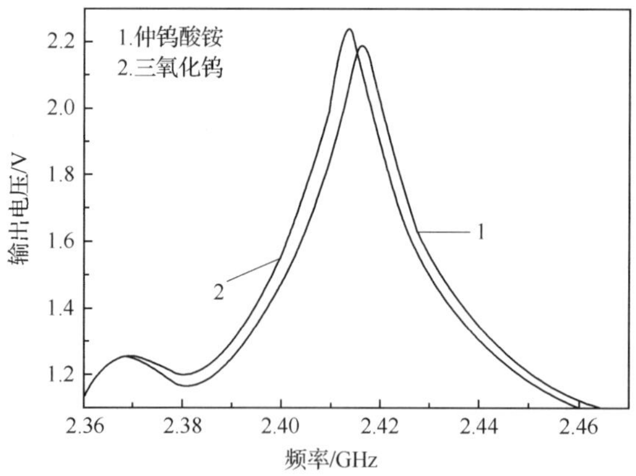

图 3-9　仲钨酸铵和三氧化钨的微波波谱图

由图 3-9 微波吸波性能测试结果可知，仲钨酸铵与三氧化钨在微波谐振腔中的衰减电压和相对频移较接近，说明二者在微波场中的吸波性能差别不大。但二者相比，仲钨酸铵对微波的吸收性能更强一点。

3.3.4　乙二酸钴及其煅烧产物的微波吸波特性

煅烧乙二酸钴也是四氧化三钴制备的主要方法之一。依据谐振腔微扰法，测得乙二酸钴和四氧化三钴的微波波谱图如图 3-10 所示。

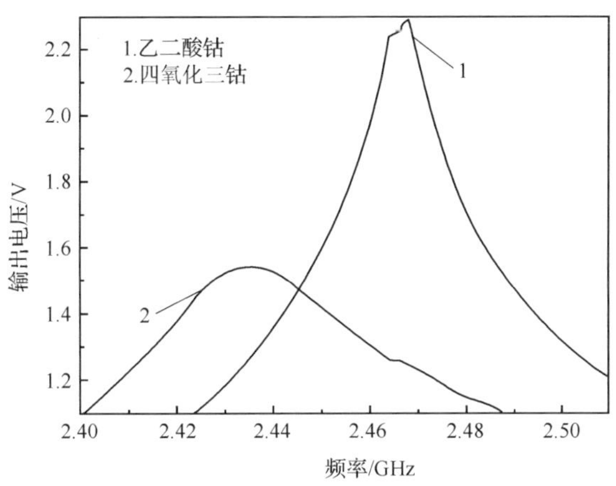

图 3-10　乙二酸钴和四氧化三钴的微波波谱图

由图 3-10 微波吸波性能测试结果可以看出，四氧化三钴在微波谐振腔中的电压衰减较大，相对频移较小，而乙二酸钴的衰减较小，相对频移较大，说明四氧化三钴对微波的吸收性能远远强于乙二酸钴。

3.4　异质材料微波吸波特性理论

异质材料是由两相或多相构成的混合媒质。在微波冶金的研究中涉及大量的异质材料，如复合矿物、碳热还原物料、催化剂等。了解其电磁特性和影响电磁特性变化的因素对微波冶金过程控制，提高加热效率和改善加热的均匀性具有极其重要的意义。

人们对异质材料电磁特性的研究可以分为五个阶段[16,17]，第一个阶段是 19 世纪后半叶，在这一时期，Maxwell 对 Faraday 的研究成果进行了综合概括，将电磁场理论用简洁、对称、完美的数学形式表示出来，形成了 Maxwell 方程组，据此，他预言了电磁波的存在，电磁波只可能是横波，并计算了电磁波的传播速度等于光速，证明了光是电磁波的一种形式，揭示了光现象和电磁现象之间的紧密联系。

在 19 世纪中期，著名科学家 Faraday[18] 对弥散在基底材料中的理想金属颗粒的光学色散特性进行了开创性的研究；Maxwell[19] 研究了两相异质材料的模型，并考虑了在球形颗粒填充在基底材料中的情况，通过求解 Laplace 方程得到了在球形填充相低体积比的情况下，异质材料的等效电导率。上述研究构成了异质材料电磁特性研究的里程碑。

第二个阶段是 20 世纪初，其标志是 Bruggeman 提出了有效媒质的概念[20]，同时，在这一时期，许多描述异质材料的理论模型相继提出，文献[21]和文献[22]对其进行了综述。在此，对其部分公式进行介绍。所有的这些经典公式都是建立在一些理论假设的基础上，因此它们并不能适用于描述所有的异质材料体系的等效介电常数。例如，Maxwell-Garnett 公式适合于描述填充材料为球形或圆形的低密度异质材料介电特性，公式如下：

$$\varepsilon_{\text{eff}} = \varepsilon_2 + 3f_{\text{填充比}}\varepsilon_2 \frac{\varepsilon_1 - \varepsilon_2}{\varepsilon_1 + 2\varepsilon_2 - f_{\text{填充比}}(\varepsilon_1 - \varepsilon_2)} \tag{3-24}$$

式中，ε_1 和 ε_2 分别是填充相和基底相的介电常数；$f_{\text{填充比}}$ 是填充相所占的体积比。

此外还有著名的 Bruggeman 公式：

$$(1 - f_{\text{填充比}})\frac{\varepsilon_2 - \varepsilon_{\text{eff}}}{\varepsilon_2 + 2\varepsilon_{\text{eff}}} + f_{\text{填充比}}\frac{\varepsilon_1 - \varepsilon_{\text{eff}}}{\varepsilon_1 + 2\varepsilon_{\text{eff}}} = 0 \tag{3-25}$$

文献[23]中通过一个通用的方程将式(3-24)和式(3-25)统一为

$$\frac{\varepsilon_{\text{eff}} - \varepsilon_2}{\varepsilon_{\text{eff}} + \varepsilon_2 + v(\varepsilon_{\text{eff}} - \varepsilon_2)} = f_{\text{填充比}}\frac{\varepsilon_1 - \varepsilon_2}{\varepsilon_1 + \varepsilon_2 + v(\varepsilon_{\text{eff}} - \varepsilon_2)} \tag{3-26}$$

式中，v 是不定因子，当 $v = 0$ 时，式(3-26)等价于 Maxwell-Garnett 公式；当 $v = 1$ 时，式(3-26)等价于 Bruggeman 公式；当 $v = 2$ 时式(3-26)等价于相干电位准晶近似(coherent potential quasicystalline)公式[24,25]：

$$\varepsilon_e = \varepsilon_2 + \varepsilon_e \frac{\dfrac{1}{3}f_{\text{填充比}}\displaystyle\sum_{j=x,y,z}\frac{\varepsilon_1 - \varepsilon_2}{\varepsilon_e + N_j(\varepsilon_1 - \varepsilon_2)}}{1 - \dfrac{1}{3}f_{\text{填充比}}\displaystyle\sum_{j=x,y,z}\frac{N_j(\varepsilon_1 - \varepsilon_2)}{\varepsilon_e + N_j(\varepsilon_1 - \varepsilon_2)}} \tag{3-27}$$

式中，N_j 是三维相关系数。

上述理论公式和模型是在物相固定、分布已知的条件下成立的，但在实际问题中，人们通常只知道各相的介电常数和体积比，其分布通常是随机和未知的，甚至伴随着物相的改变。为此，人们开始研究异质材料等效介电常数分布的问题，并提出了界的概念，这一研究构成了异质材料电磁特性研究的第三个阶段。在这一时期，Wiener[26] 首先考虑了两种极端的材料模型，即异质材料中填充相和基底相分层并同时垂直和平行于入射场，这分别对应于 Wiener 上界和下界：

$$\varepsilon_{\text{eff,max}} = f_{\text{填充比}}\varepsilon_1 + (1 - f_{\text{填充比}})\varepsilon_2 \tag{3-28}$$

$$\varepsilon_{\text{eff,min}} = \frac{\varepsilon_1 \varepsilon_2}{f_{\text{填充比}}\varepsilon_1 + (1 - f_{\text{填充比}})\varepsilon_2} \tag{3-29}$$

可以说 Wiener 界是对异质材料等效介电常数分布最宽松的界定，此后，Beran[27]，Hashin 等[28]，Bergman[29,30]，Milton[31]等开始致力于对 Wiener 界的改进，并提出了许多优化模型，其中，Hashin-Shtrikman 界定的定义如下：

$$\varepsilon_{\text{eff,max}} = \varepsilon_1 + \frac{1 - f_{\text{填充比}}}{1/(\varepsilon_2 - \varepsilon_1) + f_{\text{填充比}}/n\varepsilon_1} \tag{3-30}$$

$$\varepsilon_{\text{eff,min}} = \varepsilon_2 + \frac{f_{\text{填充比}}}{1/(\varepsilon_1 - \varepsilon_2) + (1 - f_{\text{填充比}})/n\varepsilon_2} \tag{3-31}$$

式中，当 n 分别取 2 和 3 时，式(3-30)和式(3-31)分别对应于二维和三维的情况。

异质材料电磁特性研究的第四个阶段是 20 世纪中期，其标志是 Broadbent 等[32]提出了渗流门限(percolation threshold)这一概念。随后，人们展开了对渗流现象的研究，扩展了 Broadbent 等对渗流现象的定性解释，形成了渗流理论体系[33-35]。人们对渗流现象的研究主要源于对热力学中相变特性和临界指数的理解，渗流理论的建立为深入研究宏观和微观物理现象奠定了基础。

随着实验研究及解析法模拟的完善，人们对异质材料电磁特性的研究也逐渐进入低谷。如今，电子计算机技术及计算电磁学的发展重新唤起了人们对这一领域的研究兴趣，使异质材料电磁特性的研究进入了第五个阶段。在过去几十年里，许多新的理论和算法发展起来，如有限元法(FEM)[36]、时域有限差分法(FDTD)[37,38]、矩量法[39]、传输矩阵法[40]、变分法[41]、蒙特卡罗法[42]。计算电磁学的发展，不但极大地加速了理论研究的进程，加深了人们对许多复杂问题的理解，而且使异质材料的研究从宏观电磁场理论逐渐转移到微观结构层面。

理解异质材料的电磁特性无论是在理论方面还是在实验方面都是一个巨大的挑战。在过去 20 年中，异质材料等效介电常数的理论研究取得了巨大进展，如 Talbot 等[43]、Sareni 等[44]和 Mejdoubi 等[45]首先通过建立异质材料的二维周期和随机模型，采用 FEM 和 FDTD 等方法对其等效介电常数、弛豫特性、静电谐振特性等做了大量的研究；Kärkkäinen 等[46,47]采用 FDTD 法基于反射法原理仿真了二维和三维随机异质材料模型等效介电常数，并考虑了填充相颗粒间的耦合及分布的随机性对等效介电常数的分布的影响；有人采用矩量法基于表面等效原理仿真了具有复杂结构填充相的异质材料等效介电常数，并与 T 矩阵法进行了比较[48,49]；Serdyuk 等[50]通过有限元法和有限体积法仿真了二维和三维周期结构准静电模型等效介电常数并进行了实验验证；Almond 等[51-54]首次提出了采用 RC 网络模型仿真异质材料通用介质响应的方法，并对二维 RC 网络模型进行了报道；最近，黄铭等提出了仿真异质材料通用介质响应的三维 RC 网络模型[55,56]，研究表明，三维 RC 网络模型与异质材料的实际结构更接近，并且其渗流门限低于二维

RC 网络模型。总之,随着计算机技术和计算电磁学的发展,人们开始尝试用各种算法和理论对异质材料进行仿真和分析,以揭示其复杂的电磁特性。

3.4.1　二维准静电模型

异质材料由两相或多相构成,其介电特性通常用其等效介电常数来描述。混合媒质的等效介电常数与各组分的本征电磁参数、各组分体积分数及混合体的结构形式有关。在复合媒质介质特性方面人们做了广泛的研究,除了 Looyenga, Maxwell-Garnett,Bruggeman 及 Coherent Potential 等经典公式[57,58],近年来又提出了强扰动理论、湿媒质理论[59,60]、T-矩阵法[61]等新方法,这些公式分别有自己的适用范围。由于异质材料中颗粒之间互相影响,经典公式的推导过程都进行了简化的假设,如果考虑颗粒之间的互相影响以及颗粒形状、大小等因素,等效电磁参数公式不能直接推导得到,只能采用数值计算方法。准静电模型是一种常用的模拟混合物料等效介电常数的方法。杨晶晶[62]开展了异质材料等效复介电常数仿真研究。

图 3-11 为电熔氧化锆的扫描电镜图,由图可见,它由两相构成。在电磁波波长远大于其微观不均匀性的条件下,混合物料电磁特性可以用等效介电常数来描述,二维准静电模型如图 3-12 所示,图中上极板电位为 φ_1,下极板电位为 φ_2,极板面积为 S,两极板间的距离为 L,左右两面的边界条件为 $\partial\varphi/\partial n = 0$,两极板间为异质材料,填充相的复介电常数为 ε_2,基底相的复介电常数为 ε_1,填充比表示为 $A = \pi r^2/L^2$。

图 3-11　电熔氧化锆的扫描电镜图

由于两极板间填充材料的影响,平板电容器内的电位分布 φ 不均匀,电场分布 $\boldsymbol{E} = -\nabla\varphi$ 也不均匀,并且 φ 满足 Laplace 方程:

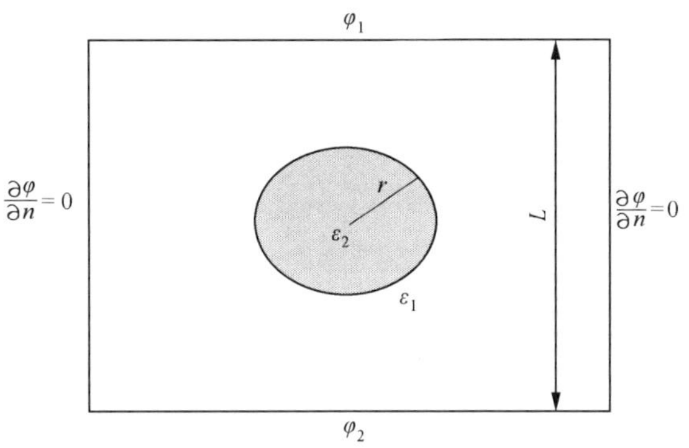

图 3-12　异质材料二维准静电模型

$$\nabla[\varepsilon(r)\ \nabla\varphi(r)] = 0 \tag{3-32}$$

式中，$\varepsilon(r)$ 和 $\varphi(r)$ 分别是介电常数和电位在求解区域中的分布。通过有限元仿真软件建模，求解 Laplace 方程，异质材料的等效介电常数通过式(3-33)求出。

$$\sum_{i=1}^{m}\int_S \varepsilon_i\ (\partial\varphi/\partial n)_i = \varepsilon[(\varphi_1 - \varphi_2)/L]S \tag{3-33}$$

式中，$\varphi_1 - \varphi_2$ 是沿 y 方向的电位差；L 是上下极板间的距离；S 是极板面积。仿真时，取金属层的等效复介电常数表达式为 $\varepsilon_2 = 1-(\sigma/\omega\varepsilon_0)\mathrm{i}$，其中，$\sigma$ 是电导率；ω 是角频率；$\varepsilon_0 = 8.85\times10^{-12}$。

3.4.2　异质材料等效复介电常数仿真

材料的介电常数通常以复数形式（$\varepsilon = \varepsilon' + \mathrm{j}\varepsilon''$）存在，采用如图 3-12 所示计算模型，当 $d = 1\mathrm{cm}$，$S = 1\mathrm{cm}^2$，$\varphi_1 = 1\mathrm{V}$，$\varphi_2 = 0\mathrm{V}$，$\varepsilon_1 = 5-8\mathrm{j}$，$\varepsilon_2 = 1-3\mathrm{j}$ 时，仿真异质材料的等效复介电常数，并与 Bergman-Milton 理论的预测值进行比较，仿真结果如图 3-13 所示。由图 3-13 可见，采用二维电容器模型得到的异质材料等效复介电常数的仿真结果与 Bergman-Milton 理论一致[63]，证明了采用的仿真方法的正确性。

基于上述仿真方法，通过改变填充物介电常数实部和虚部，本小节将详细讨论填充物复介电常数变化对异质材料等效介电常数的影响，并将仿真结果与 Maxwell- Garnet，Bruggeman，Coherent Potential 公式进行比较。

1. 填充相复介电常数实部对等效介电常数的影响

仿真时，设置基底介电常数 $\varepsilon_1 = 1$，填充物的介电常数为 $\varepsilon_2 = \varepsilon_2' - \mathrm{j}0.03$，当实部 ε_2' 从 0.1 变化到 80 时，异质材料等效介电常数的实部和虚部的变化分别如图 3-14(a)和(b)所示。图 3-14(a)表明，等效介电常数的实部 ε_e' 随填充物介电常

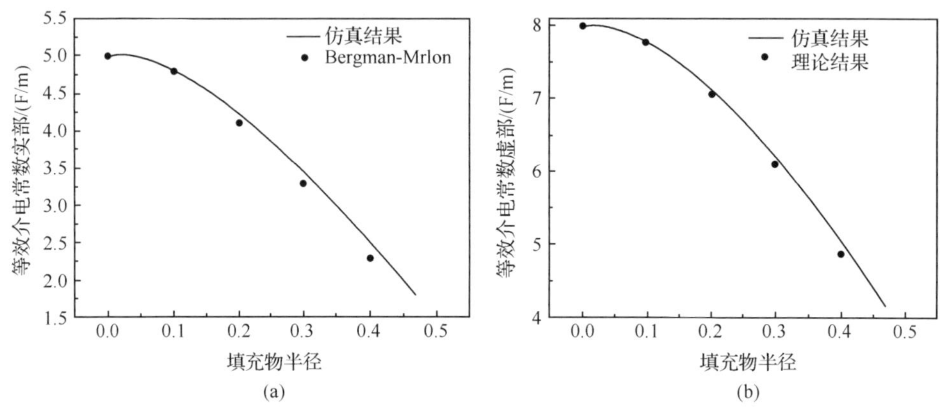

图 3-13　等效介电常数与填充物半径的关系

(a)等效介电常数实部;(b)等效介电常数虚部

数的实部 ε'_2 的增大而增大，并且 ε'_e 在 $\varepsilon'_2=10$ 附近出现拐点，当 $\varepsilon'_2<10$ 时，ε'_e 迅速增加，这与 Bruggeman(BS)，Coherent Potential(CP)和 Maxwell-Garnet(MG)公式都吻合较好；当 $\varepsilon'_2>10$ 时，ε'_e 的变化区域平稳，其趋势与 MG 公式最接近，与 BS 公式差别较大。图 3-14(b)表明，当 ε'_2 改变时，等效介电常数虚部 ε''_e 在 $\varepsilon'_2=5$ 附近出现拐点，当 $\varepsilon'_2<5$ 时，ε''_e 急剧下降，$\varepsilon'_2>5$ 时变化缓慢，这与三个经典公式的计算结果都一致。

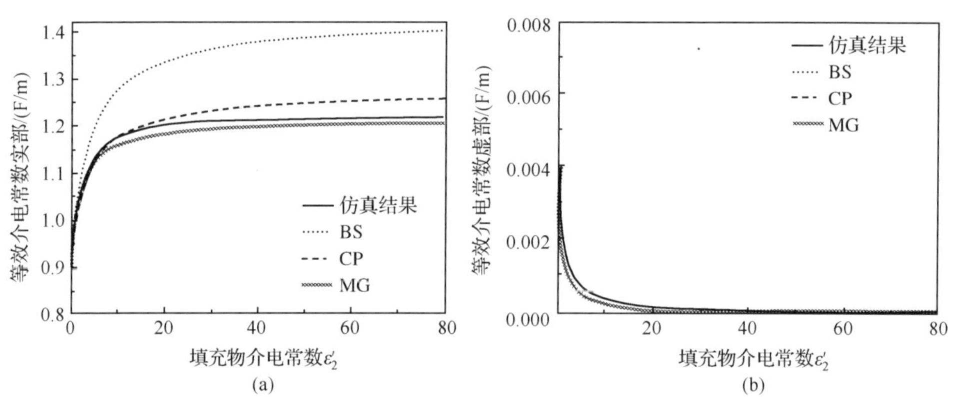

图 3-14　等效复介电常数与填充物复介电常数实部的关系

(a)等效介电常数实部；(b)等效介电常数虚部

2. 填充物复介电常数虚部对等效介电常数的影响

固定基底介电常数 $\varepsilon_1=1$，并设置填充物的介电常数为 $\varepsilon_2=3-j\varepsilon''_2$，当虚部 ε''_e 从 0.01 变化到 50 时，等效介电常数的实部和虚部的变化如图 3-15 所示。

图 3-15(a)表明，ε'_e 随 ε''_2 的增大而增大，在 $\varepsilon''_2=10$ 附近出现拐点，并且当 $\varepsilon''_2<10$ 时仿真值较接近 CP 和 MG 公式，当 $\varepsilon''_2>10$ 时仿真值与 MG 公式吻合较好。图 3-15(b)表明，ε''_e 在 $\varepsilon''_2=5$ 附近出现峰值，当 $\varepsilon''_2<5$ 时，ε''_e 增大，而当 $\varepsilon''_2>5$ 时，ε''_e 减小，变化趋势与 MG 公式符合得较好。这说明了异质材料等效复介电常数的虚部存在一个峰值。

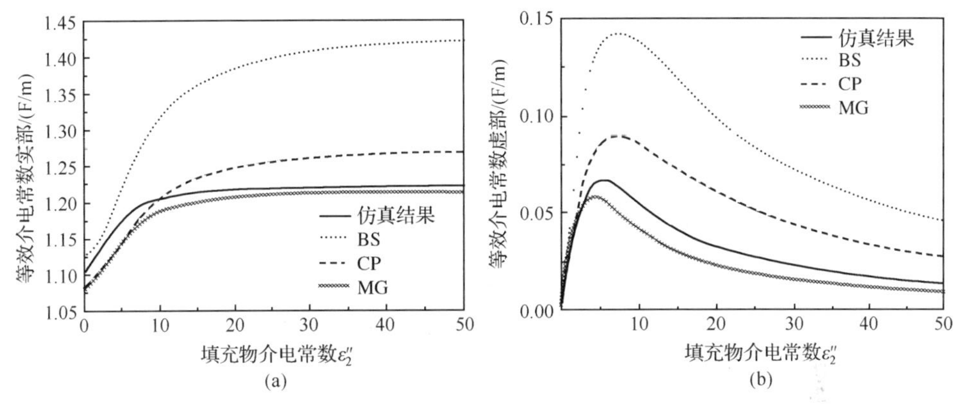

图 3-15　等效复介电常数与填充物复介电常数虚部的关系

(a)等效介电常数实部；(b)等效介电常数虚部

由于等效介电常数的虚部与材料的微波吸收特性有关，并且虚部越大则吸波特性越好，因此，通过在基底相中适当混入填充相可改善其微波吸收特性至最佳。为此，将 100 个圆形填充物按 10×10 周期排列置于平行板电容器内，固定圆形填充物间距离为 100μm，面积比为 74.7%，当填充物复介电常数为 3－j25，基底介电常数为 1 时，异质材料内的电场分布如图 3-16 所示。从图中可以看出，沿 y 轴方向填充物之间的电场最大，其值为 940.816V/m，比无填充物时的场强增大了 18.8 倍，局部吸收功率增大 353 倍；沿 x 轴方向填充物之间场强小。通过改变填充物复介电常数的虚部 ε''_2，研究了异质材料内最大场强的变化，结果如图 3-17 所示。从图中可以看出，在 $\varepsilon''_2=12$ 的位置附近，等效介电常数的虚部出现峰值，异质材料内最大电场强度随填充材料的虚部增加而增大，当 $\varepsilon''_2>12$ 时，最大电场强度的增加逐渐趋于平稳，当填充相介电常数的虚部增大到 50 时，最大电场强度达到 1033.27V/m，比无颗粒填充时增大了 20.7 倍，局部吸收功率增加 426.9 倍。由此可见，提高异质材料介电常数的虚部，可以改善其微波吸收特性，并极大地提高其内最大电场强度和内热源强度。例如，牛皓等[64]对不同配碳量的锌窑渣的微波吸收特性进行了测量，表明通过增加碳质还原剂，可以增大锌窑渣混合料的等效介电常数，从而增加微波场中内热源强度；黄孟阳等通过在钛精矿中配入椰壳碳、焦炭和无烟煤研究了不同种类的碳质还原剂对碳精矿碳热还原的影响，并通过测量钛精矿混合料的介电特性得到了上述三种碳质还原剂在钛精矿中的最佳配比,改善了物料的吸波特性,促进了碳热还原反应的进行,降低了微波冶金能耗。

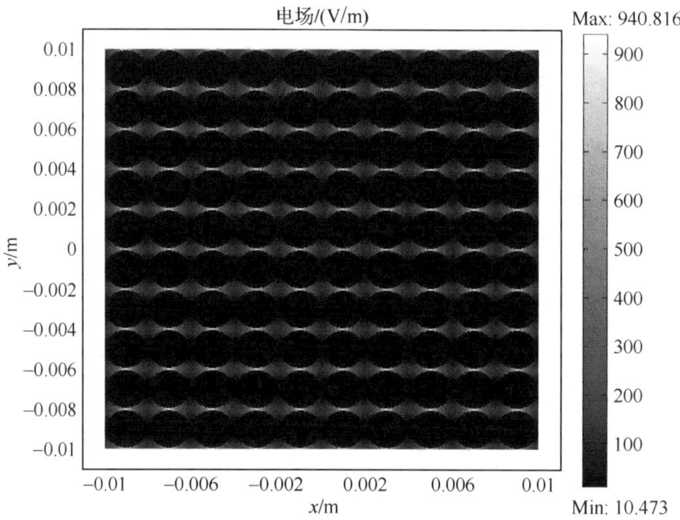

图 3-16　异质材料内的电场分布

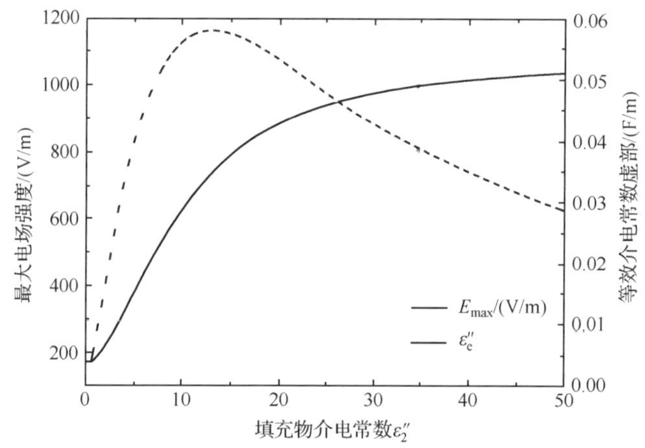

图 3-17　异质材料等效介电常数及最大电场强度与填充物介电常数虚部的关系

3. 电导率对等效复介电常数的影响

采用如图 3-12 所示的仿真模型,假设基底材料介电常数 ε_1 为实数,填充材料介电常数 $\varepsilon_2 = 1-(\sigma/\omega\varepsilon_0)\mathrm{i}$,其中,$\sigma$ 是材料的电导率,s/m,ε_0 是真空中的介电常数,$\varepsilon_0 = 8.85\times10^{-12}$ (F/m)。由此仿真了导体-介质混合体系的等效复介电常数。

当材料电导率 σ 增大时，等效复介电常数实部和虚部随填充比变化的关系如图 3-18 所示。

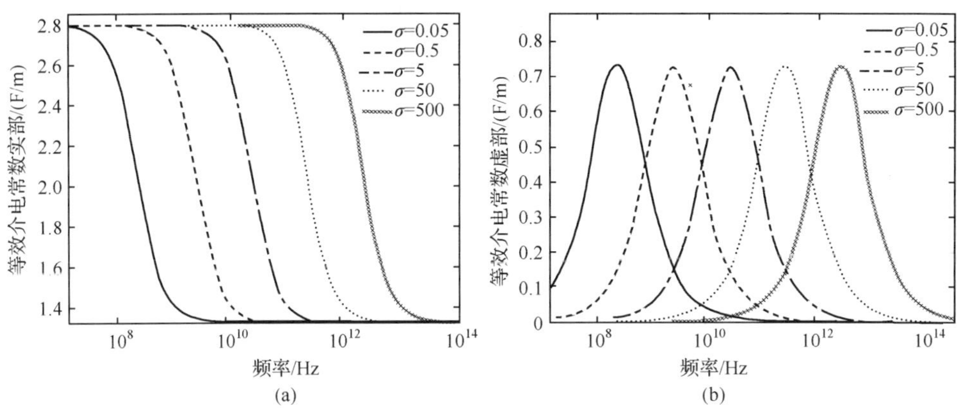

图 3-18　电导率变化时，等效介电常数实部和虚部与频率的关系（$A=0.3$，$\varepsilon_1=1.5$）

(a)等效介电常数实部；(b)等效介电常数虚部

从图 3-18 中可以看出，异质材料的吸收峰的频谱位置由填充相的电导率决定，当电导率增大时，吸收峰向高频移动，而峰值大小不变，同时，当电导率增大 10 倍时，吸收峰的谐振频率也同时增大 10 倍，也就是说，谐振峰频率位置的变化是和填充材料电导率的变化成正比的。值得注意的是，当填充材料的电导率在 0.05～5S/m 范围内变化时，在 2.45GHz 附近，该混合体系呈现出最佳的微波吸收特性。

固定基底相介电常数为 2，填充比 $F=70\%$，填充相电导率分别取 $\sigma=5.8\times10^7$ S/m，$\sigma=5.8\times10^2$ S/m，$\sigma=5.8\times10^{-3}$ S/m 时，异质材料内电场(E_z)分布如图 3-19所示。由图 3-19(a)可见，当电导率为 5.8×10^7 S/m 时，异质材料内的最大电场集中在导电颗粒间，其值为 18.568V/m，导电颗粒内电场最小，其值为 2.62×10^{-8} V/m，最大电场与最小电场的比值为 7.1×10^8；由图 3-19(b)可得，当电导率为 5.8×10^2 S/m 时，导电相导电性能差，异质材料内最大电场(18.568V/m)与最小电场(2.62×10^{-3} V/m)之比减小，其值为 7.1×10^3；由图 3-19(c)可以看出，当电导率为 5.8×10^{-3} S/m 时，电场增强效应减弱，最大电场和最小电场之比为2.9，并且填充材料内部电场较大。对比图 3-19(a)，(b)和(c)可得，填充相电导率越大，则异质材料内最大局域场越强。

当填充相的电导率固定，填充比增大时，异质材料内最大电场的变化如图 3-20 所示。从图 3-20 中可以看出，当填充相电导率大于 5.8S/m 时，最大电场随填充比的增大而单调递增，并且，在此范围内，最大电场几乎完全重合；当填充相的电导率小于 0.58S/m 时，异质材料内最大电场急剧减小，并且其变化受填充比影响小。这表明异质材料内的填充相电导率越高其局域场增强现象越明显。

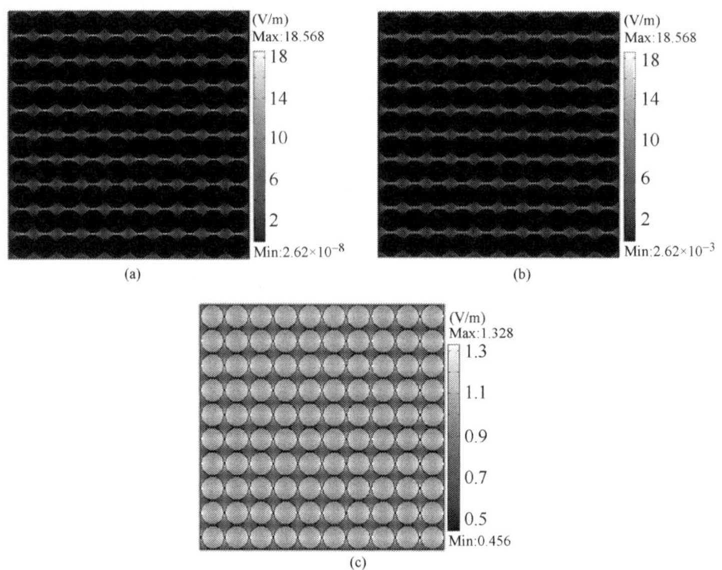

图 3-19 填充比 $F=70\%$，基底相 $\varepsilon_1=2$ 时，二维准静电模型内电场分布

(a) $\sigma=5.8\times10^7$ S/m；(b) $\sigma=5.8\times10^2$ S/m；(c) $\sigma=5.8\times10^{-3}$ S/m

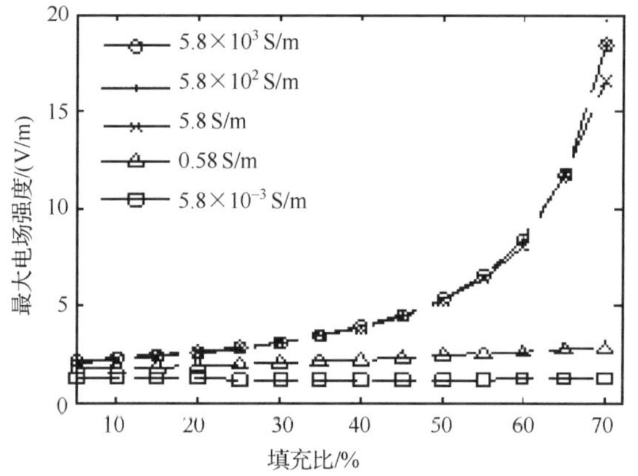

图 3-20 电导率变化时，异质材料内最大电场强度与填充比的关系

4. 填充相形状对场分布的影响

当电导率为 5.8×10^2 S/m，填充相的形状分别为椭圆、正方形和圆形时，仿真了等效介电常数与填充比的关系(图 3-21)。从图 3-21 中可以看出，异质材料等效介电常数受填充相形状的影响，对于相同的填充比，当填充相形状为椭圆形时，等效介电常数最大，而当填充相为方形和圆形时，异质材料等效介电常数接近，这说明了只要填充相基本保持各相同性，等效介电常数区别不大。

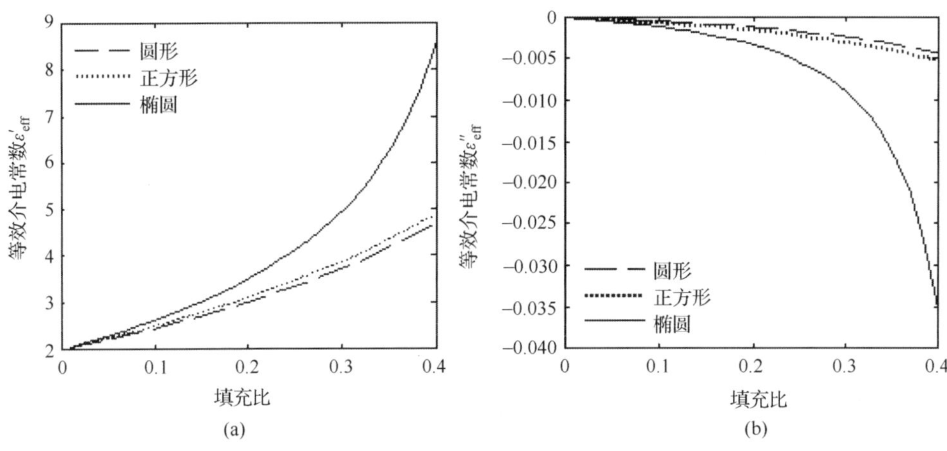

图 3-21 填充相形状对异质材料等效介电常数的影响

(a)等效介电常数实部;(b)等效介电常数虚部

为了研究导电相形状对异质材料内电场分布的影响,当填充比为 45%,电导率为 5.8×10^2S/m 时,仿真了导电相为椭圆、圆以及正方形时,异质材料内的电场分布,结果如图 3-22 所示。从图中可以看出,异质材料内电场分布受导电相形状的影响,在相同填充比的条件下,当导电相为椭圆时,异质材料内最大和最小电场分别为 8.819V/m,9.213×10^{-4}V/m,其比值为 9.6×10^3;当导电相为正方形时,最大和最小电场分别为 4.461V/m,1.429×10^{-3}V/m,其比值为 3.1×10^3;当导电相为圆形时,最大和最小电场分别为 3.981V/m,0.01329V/m,其比值为 299.6。此外,当电导率为 5.8×10^7S/m 时,对于上述三种形状的导电相,异质材料内最大和最小电场之比分别为 9.6×10^8、3.2×10^8、3.0×10^8;当电导率为 5.8×10^{-3}S/m 时,对于上述三种形状的导电相,异质材料内最大和最小电场之比分别为 2.62,2.08,2.25。因此,导电相的形状影响异质材料内的局域场分布,同时,对于不同形状的导电相,异质材料内都存在电导率越大,局域场增强效应越明显的规律。

5. 基底相介电常数对等效介电常数的影响

当混合体系的填充材料电导率固定,而基底相介电常数增大时,等效复介电常数的实部和虚部与频率的变化关系如图 3-23 所示。从图中可以看出,增大基底相的介电常数时,等效复介电常数的实部和虚部显著增加,同时,频谱向低频端有微小的偏移。

6. 填充相粒度对等效介电常数的影响

为了研究填充相的结构和粒度对微波吸收特性的影响,仿真了相同填充比的

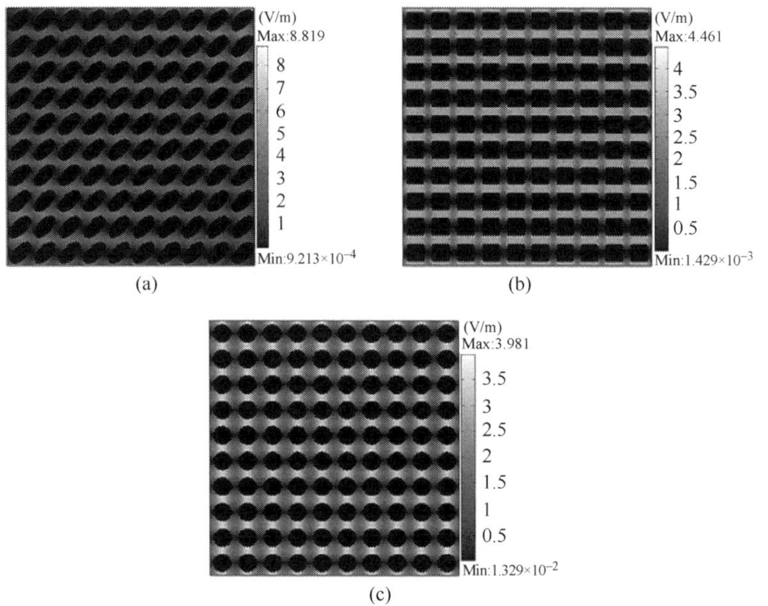

图 3-22　异质材料内电场分布

(a)椭圆;(b)正方形;(c)圆形

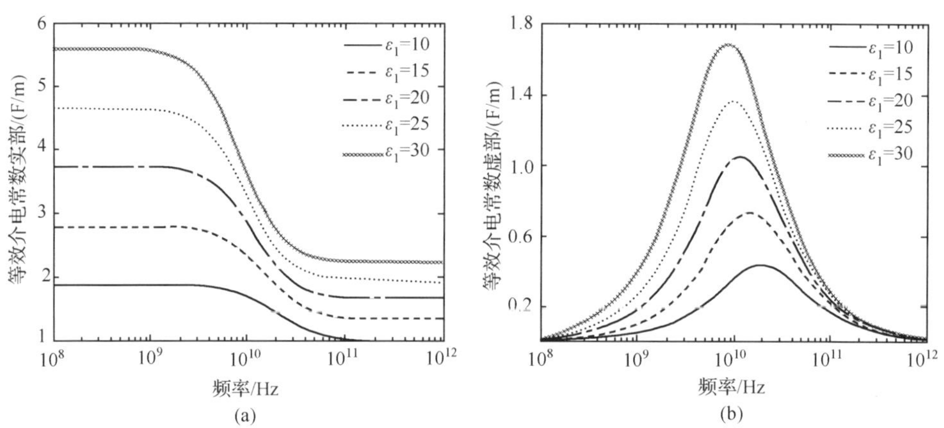

图 3-23　基底材料介电常数变化时,导体-介质混合体系等效介电常数随频率变化的关系($\sigma=0.5$,$A=0.3$)

(a)等效介电常数实部;(b)等效介电常数虚部

条件下,静电模型上下两极板间分别填充 1 个、4 个、100 个颗粒时等效介电常数随频率的变化,结果如图 3-24 所示。从图中可以看出,填充比相同时($A=77\%$),不同粒度的颗粒填充在相同的基底相中,其混合体系的等效介电常数基本

完全重合，具有相同的吸波特性。但实际上，用微波加热金属时，发现金属块在微波场中是不能进行加热的，而只有金属微粒和粉末才能用微波加热。因此，等效介电常数虽然能够反映出混合体系微波吸收特性变化，但并不能反映出粒度等显微结构信息对等效介电常数的影响。材料的显微结构对混合体系微波吸收特性的影响及其对微波加热导体颗粒的影响，必须从分析混合体系中的场分布得出。体积比相同，粒度不同时，混合体系内的电场分布如图 3-25 所示，由图可见，混合体系内的最大电场出现在两个颗粒之间的狭窄区域，并且对于相同的填充比，填充相的粒度越小，则异质材料内最大场强点分布越密集。由耗散功率的计算公式 $P=\int 0.5\omega\varepsilon_0\varepsilon''|\boldsymbol{E}|^2$ 可得，局域场增强导致局域的耗散功率增强，从而导致局域温度增强。局域场增强现象是导致导体颗粒能够被加热的主要原因之一。根据 Arrhenius 定律，$k=A_0\exp(-W/RT)$，温度（T）增加则化学反应速率（k）提高，因此，在微波冶金过程中，局域温度场增强将是导致局域化学反应速率提高的主要原因。

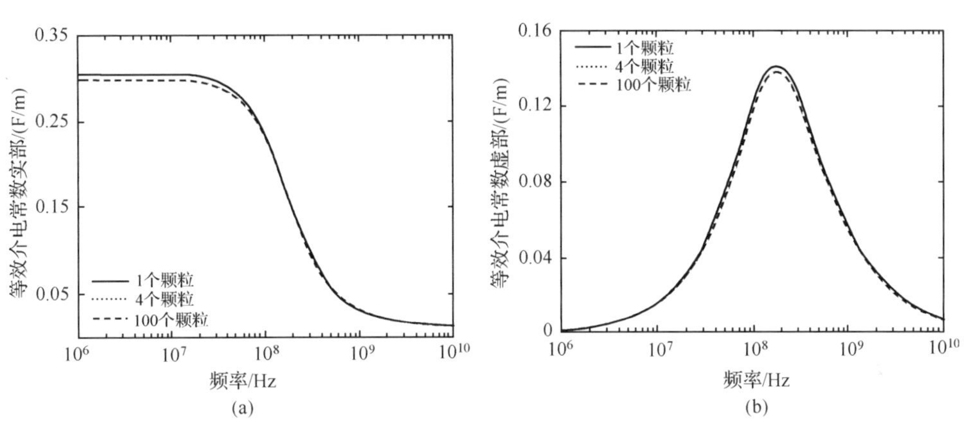

图 3-24　填充比相同，填充材料粒度不同时，等效介电常数随频率变化的关系（$A=77\%$）
(a)等效复介电常数实部；(b)等效复介电常数虚部

通过采用二维准静电模型对导电相-介质相异质材料等效介电常数和其内场分布仿真，研究结果表明以下几点。

(1)填充相电导率增大时，异质材料内最大电场增大，等效介电常数谐振峰蓝移，这表明了通过改变填充相的电导率可以在特定工作频段灵活地设计吸波材料。

(2)当填充相电导率大于 5.8S/m 时，最大电场随填充比的增大而单调递增，并且，在此范围内，最大电场几乎完全重合；当填充相的电导率小于 0.58S/m 时，异质材料内最大电场急剧减小，并且其变化受填充比影响小。

(3)对比了填充相形状为椭圆、圆形和正方形时异质材料等效介电常数及最大电场的变化，研究表明，异质材料等效介电常数受填充相形状的影响，当填充相

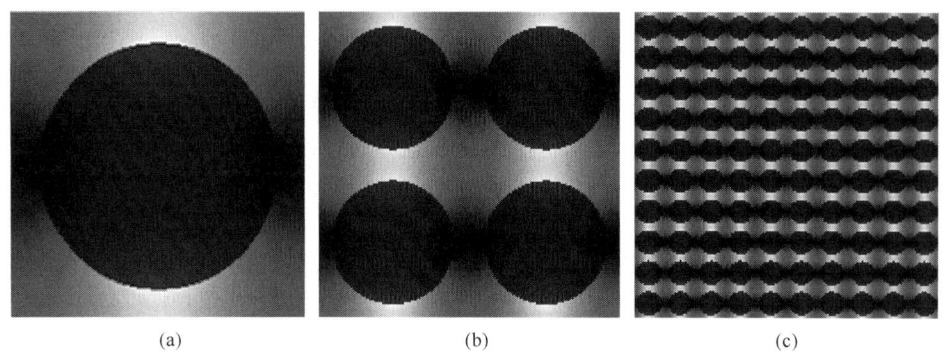

(a) (b) (c)

图 3-25 填充比相同,填充材料粒度不同时,混合体系内部电场分布

(A =50%,$f_{微波}$ =1.53GHz,ε_1 =1.5,σ =0.5)

(a)1 个颗粒;(b)4 个颗粒;(c)100 个颗粒

基本保持各向同性(圆形和正方形)时,在相同的填充比下,等效介电常数和其内最大电场强度基本不变,而当填充相为各向异性(椭圆)时,等效介电常数和最大电场强度增大。

(4)基底相介电常数影响等效介电常数,其基本规律为,基底相介电常数越大,则等效介电常数越大,而介电常数谐振峰的频移特性不明显。

(5)对于相同的填充比,填充相的粒度越小,则异质材料内最大场强点分布越密集,由于微波加热是电磁能量转换为热能的过程,异质材料内电场分布影响其内温度分布,根据 Arrhenius 定律,$k=A_0\exp(-W/RT)$,温度增加则化学反应速率提高,因此,在微波冶金过程中,局域温度场增强是导致局域化学反应速率提高的主要原因。

3.5 三维准静电模型

尽管通过二维模型可以理解混合媒质的介电特性,但是二维模型是在假设某一方向其介质特性均匀而得到的,而对于实际的混合媒质,其内填充材料与基底材料以颗粒形式存在,按一定的比例混合,并且填充材料随机分布在基底材料内。因此,二维模型难以准确反映实际异质材料的真实结构。于是,Kärkkäinen 等将他们的研究扩展到三维,并采用有限差分法计算了三维随机混合模型的等效介电常数,近几年,有人提出了描述三维混合媒质的有限元模型,采用该模型仿真了异质材料的等效介电常数,并对网格密度和计算结果的稳定性进行了讨论[65]。

3.5.1　物理模型与仿真方法

三维混合媒质等效介电常数仿真模型如图 3-26 所示。假设材料的尺寸远远小于波长，于是在准静态近似条件下，复合媒质可看作是各向同性的。图中，在 x，y，z 三个方向上模型的网格为 30×30×30，灰色区域表示填充材料，白色区域表示基底材料。通过生成一个伪随机序列将填充材料及基底材料的介电常数赋值给有限元网格。仿真模型的边界条件如图 3-27 所示。图中上下两极板的电压分别为 $V_1 - 1$，$V_2 = 0$，侧面的边界条件为 $\partial V/\partial n = 0$。

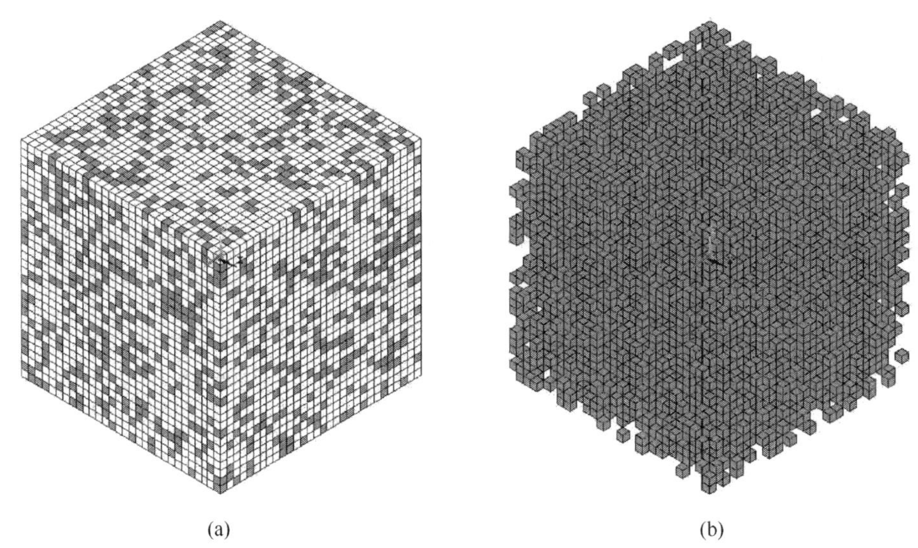

图 3-26　三维异质材料等效介电常数计算模型和拓扑结构

(a)三维异质材料等效介电常数计算模型，填充材料占 30%；(b)填充材料拓扑结构

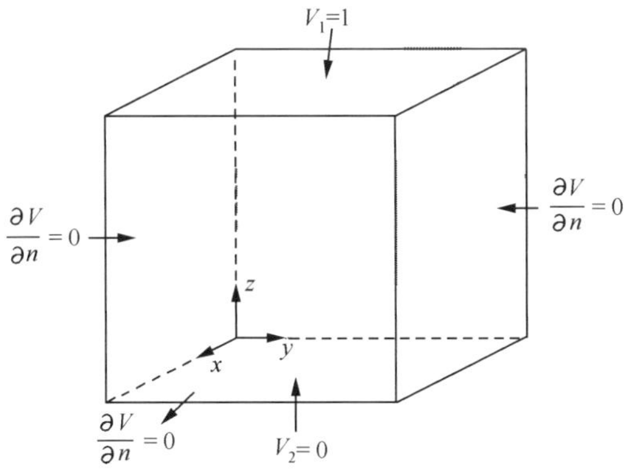

图 3-27　仿真模型边界条件

从电路理论的观点看，若 d 很小，则模型中平行板电容器内存储的电能为

$$W_c = \frac{1}{2}\varepsilon_0\varepsilon_e \frac{S}{d}(\varphi_1 - \varphi_2)^2 \tag{3-34}$$

式中，$\varepsilon_0 = 8.85\times10^{-12}$ F/m；ε_e 是异质材料的等效复介电常数；W_c 是由电路理论计算得到的电能。

从电磁场理论的观点看，由于异质材料的影响，平板电容器内的电位分布 φ 不均匀，电场分布 $\boldsymbol{E} = -\nabla\varphi$ 也不均匀，电容器内电位分布 φ 满足 Laplace 方程：

$$\nabla\cdot(\varepsilon\nabla\varphi) = 0 \tag{3-35}$$

式中，ε 是电容器内材料的介电常数分布。因此，求解方程(3-35)，即可得出电容器内异质材料存储的电能，即

$$W_F = \frac{1}{2}\int_v(\varepsilon_0\varepsilon_1 E_1^2 + \varepsilon_0\varepsilon_2 E_2^2)\mathrm{d}v \tag{3-36}$$

式中，E_1，E_2 分别是基底(ε_1)和填充物材料(ε_2)内的电场分布；v 是平行板电容器的体积；W_F 是由电磁场理论计算得到的电能。令 $W_C = W_F$，即可求得等效复介电常数 ε_e：

$$\varepsilon_e = \int_v(\varepsilon_1 E_1^2 + \varepsilon_2 E_2^2)\mathrm{d}v \tag{3-37}$$

模型网格采用的是二阶六面体网格(20 个节点)，并采用自适应网格划分方式。模型的网格数与等效介电常数的关系如图 3-28 所示。从图 3-28 中可以看出，当模型的网格数达到 27 000(182 736 个节点)时，等效介电常数的变换逐渐趋于稳定，继续增加网格对计算结果影响不大，因此，仿真采用 27 000 个网格进行。

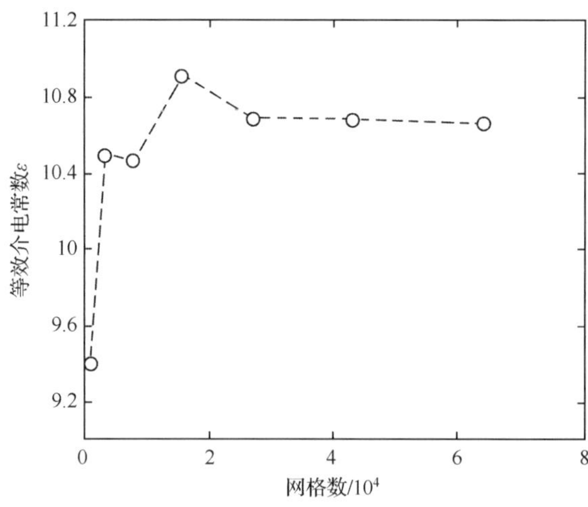

图 3-28　等效介电常数与网格的关系($f=30\%$，$\varepsilon_1=30$，$\varepsilon_2=1$)

3.5.2 仿真结果与讨论

在大多数实际情况下，基底相的介电常数要小于填充相介电常数，通过固定基底材料介电常数 $\varepsilon_1 = 1$，并逐渐增大填充相介电常数 ε_2，仿真了异质材料等效介电常数随填充比的变化，并与 Bruggeman 公式、Hashin-Shtrikman 边界以及填充材料为立方的周期结构进行了对比，结果如图 3-29 所示。仿真过程中，对每一个填充比都分别生成了 10 组伪随机码，对应 10 个不同的拓扑结构，并分别对其进行了计算。图 3-29 中圆形标记显示了相同的填充比下，10 个不同拓扑结构得到的仿真结果的叠加，图 3-29(c)为 $\varepsilon_2 = 30$，$\varepsilon_1 = 1$，填充比 35%～40%时仿真结果的放大。对于不同的填充比，等效介电常数的相对计算误差如图 3-30 所示，由图可见，相对计算误差为－0.04～0.03，填充比为 $f > 50\%$时，相对误差小于0.02，这说明采用的仿真方法是有效的。

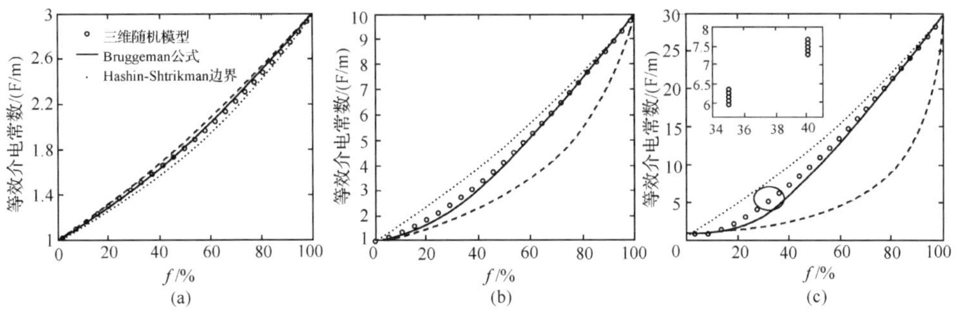

图 3-29　仿真结果与经典公式的比较

(a)$\varepsilon_1=1,\varepsilon_2=3$；(b)$\varepsilon_1=1,\varepsilon_2=10$；(c)$\varepsilon_1=1,\varepsilon_2=30$

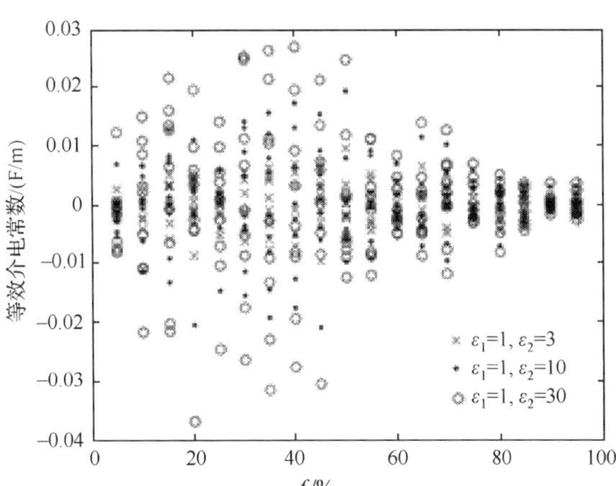

图 3-30　三维随机模型等效介电常数相对误差

从图 3-29 可以看出，三维随机模型的等效介电常数仿真结果与 Bruggeman 公式一致，并位于 Hashin-Shtrikman 上下界之间，填充比越大仿真值越靠近 Hashin-shtrikman 上界。当填充材料与基底材料的介电常数差别小时，三维随机模型得到的仿真结果与周期模型接近[图 3-29(a)]，而当填充材料与基底材料的介电常数差别增大时，三维随机模型得到的仿真结果大于周期模型。

当填充比 $f=70\%$，基底相介电常数 $\varepsilon_1=2$，填充相介电常数 ε_2 逐渐增大时，在平面 $z=0$ 内，电场分布如图 3-31(a)～(c)所示。从图中可以看出，当填充相介电常数 $\varepsilon_2=10$ 时，最大和最小电场分别为 2.678V/m 和 0.092V/m，其比值为 29.1；当 $\varepsilon_2=30$ 时，最大和最小电场分别为 4.238V/m 和 0.032V/m，其比值为 132.4；当 $\varepsilon_2=60$ 时，最大和最小电场分别为 5.005V/m 和 0.025V/m，其比值为 200.2。因此，基底相和填充相介电常数相差越大，异质材料内的局域场增强现象越明显。

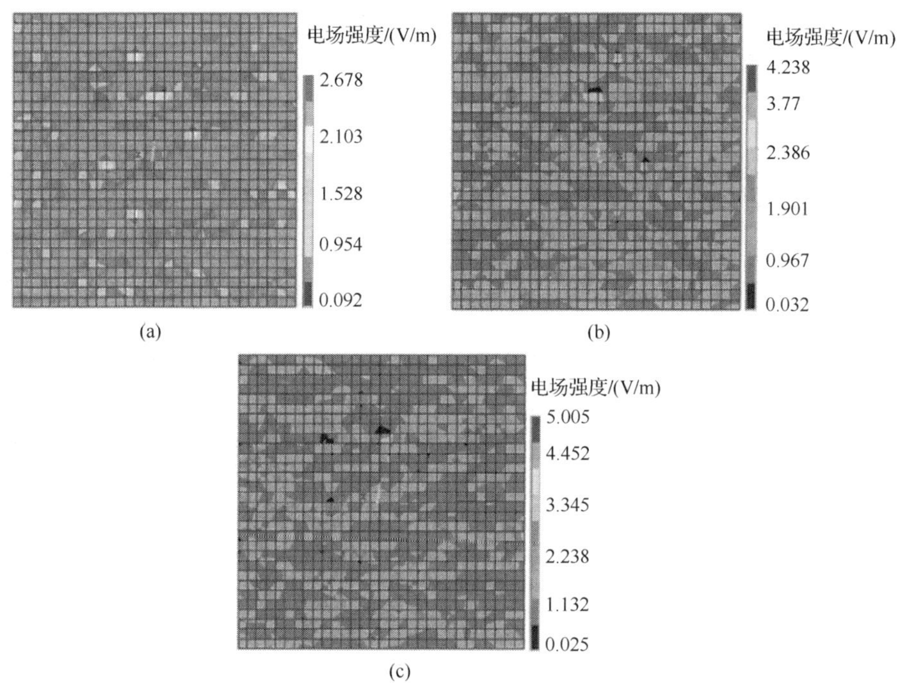

图 3-31 填充比 $f=70\%$，基底相 $\varepsilon_1=2$ 时，在 $z=0$ 平面内的电场分布

(a)$\varepsilon_2=10$；(b)$\varepsilon_2=30$；(c)$\varepsilon_2=60$

研究表明，基于三维准静电模型仿真两相介质混合时，三维准静电模型可以在较大填充比及两相介电常数差异较大的情况下有效地模拟介质-介质型两相异质材料的等效介电常数，并与理论公式相符。在填充比相同的情况下，异质材料内两相介质介电常数差异越大，则其内最大电场越大。

3.6　异质材料微波吸收特性

异质材料是由两相或多相构成的混合媒质，在电磁波波长远大于其微观不均匀性的条件下，异质材料的介电特性通常用其等效介电常数来描述。异质材料的等效介电常数与各组分的本征电磁参数和各组分含量有关，研究异质材料电磁特性对探索其加热机理具有重要的意义。本节分别将研究碱式碳酸钴基异质材料、偏钒酸铵基异质材料、钛精矿基异质材料和氧化钛精矿基异质材料的微波吸波特性。

3.6.1　碱式碳酸钴异质材料微波吸波特性

依据微波谐振腔微扰法，测得碱式碳酸钴以及相关异质材料的微波波谱图如图 3-32 所示。

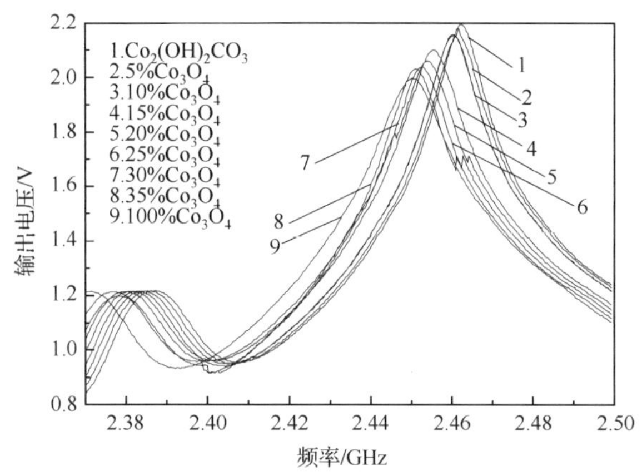

图 3-32　碱式碳酸钴及碱式碳酸钴和四氧化三钴混合物料微波波谱图

根据文献[66]和文献[67]研究结果可知，异质材料对微波吸收特性增强、等效介电常数增大主要体现在微波传感器输出信号电压减小（或衰减增大）、谐振频率减小（或相对频移增大）以及带宽增大三个方面。

图 3-32 中谱线从左到右依次为四氧化三钴、配加四氧化三钴量分别为 35％、30％、25％、20％、15％、10％、5％的碱式碳酸钴和碱式碳酸钴微波波谱线。由图可以看到，第一高峰值处的输出电压和频率都随四氧化三钴配比增加而减小。以空腔的输出电压和频率为参照值，分别以电压衰减和相对频移对配比作图，得到碱式碳酸钴以及相关物质的电压衰减和相对频移随四氧化三钴配比变化曲线（图 3-33、图 3 34）。

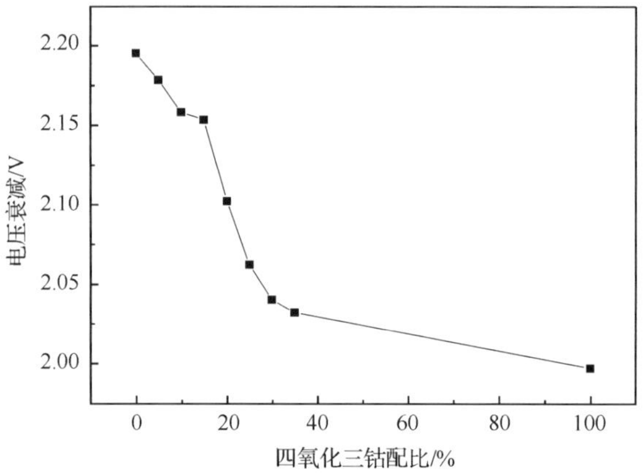

图 3-33　四氧化三钴配比与电压衰减的关系

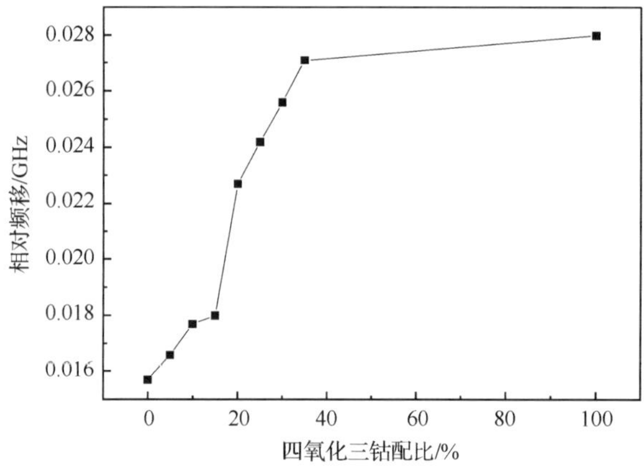

图 3-34　四氧化三钴配比与频移的关系

图 3-33 及图 3-34 中，碱式碳酸钴在微波谐振腔中的衰减电压最大，相对频移最小，而四氧化三钴在微波谐振腔中的衰减电压最小，相对频移最大。异质材料在微波谐振腔中的衰减电压随着四氧化三钴配比增大而减小，而相对频移则随四氧化三钴配比增大而增大。即存在 $\varepsilon''_{碱式碳酸钴} < \varepsilon''_{5\%四氧化三钴} < \varepsilon''_{10\%四氧化三钴} < \varepsilon''_{15\%四氧化三钴} < \varepsilon''_{20\%四氧化三钴} < \varepsilon''_{25\%四氧化三钴} < \varepsilon''_{30\%四氧化三钴} < \varepsilon''_{35\%四氧化三钴} < \varepsilon''_{四氧化三钴}$，也就是说，碱式碳酸钴异质材料对微波的吸收性能随四氧化三钴配比增大而提高。

3.6.2　偏钒酸铵异质材料微波吸波特性

依据微波谐振腔微扰法，测得偏钒酸铵以及相关异质材料的微波波谱图如图 3-35所示。

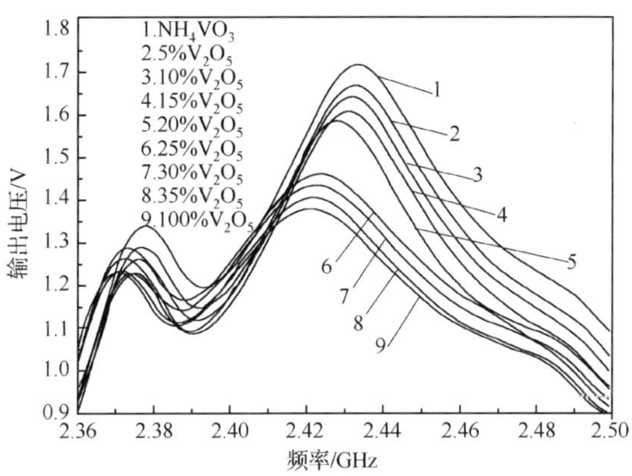

图 3-35 偏钒酸铵及偏钒酸铵和五氧化二钒混合物料微波波谱图

图 3-35 中谱线从上到下依次为偏钒酸铵、配加五氧化二钒量分别为 5%、10%、15%、20%、25%、30%、35%的偏钒酸铵和五氧化二钒的微波波谱线。由图 3-35可以看到,第一高峰值处的输出电压和频率都随五氧化二钒配比的增加而减小。以空腔的输出电压和频率为参照值,分别以衰减电压和相对频移对配比作图,得到偏钒酸铵以及相关异质材料的衰减电压和相对频移随五氧化二钒配比变化曲线,如图 3-36 及图 3-37 所示。

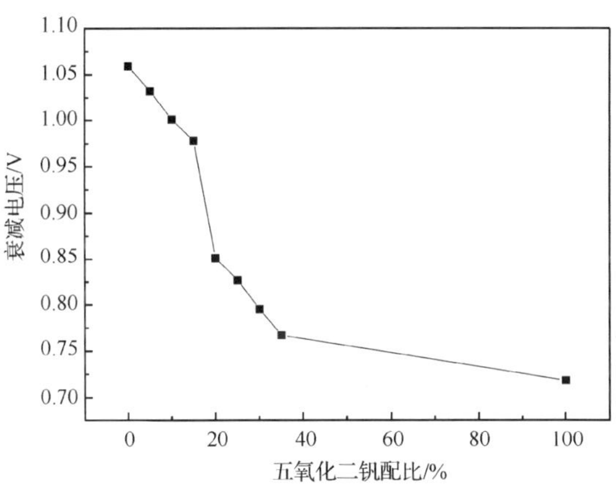

图 3-36 五氧化二钒配比与衰减电压的关系

图 3-36 及图 3-37 中,偏钒酸铵在微波谐振腔中的衰减电压最大,相对频移最小,而五氧化二钒在微波谐振腔中的衰减电压最小,相对频移最大。物料在微波谐振腔中的衰减电压随着五氧化二钒配比的增大而单调递减,而相对频移则随五氧化二钒配比的增大而单调递增,存在 $\varepsilon''_{NH_4VO_3} < \varepsilon''_{5\%V_2O_5} < \varepsilon''_{10\%V_2O_5} < \varepsilon''_{15\%V_2O_5} < \varepsilon''_{20\%V_2O_5} < \varepsilon''_{25\%V_2O_5} < \varepsilon''_{30\%V_2O_5} < \varepsilon''_{35\%V_2O_5} < \varepsilon''_{V_2O_5}$ [68,69]。

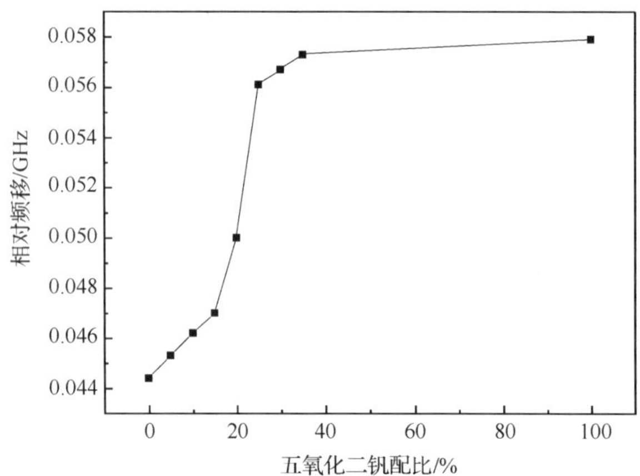

图 3-37　五氧化二钒配比与频移的关系

3.6.3　椰壳炭和钛精矿异质材料微波吸波特性

将椰壳炭-钛精矿异质材料放入微波谐振腔内，实验测得椰壳炭-钛精矿异质材料的微波波谱图如图 3-38 所示。波谱图从右到左为钛精矿中含碳量由低到高的微波波谱变化趋势。

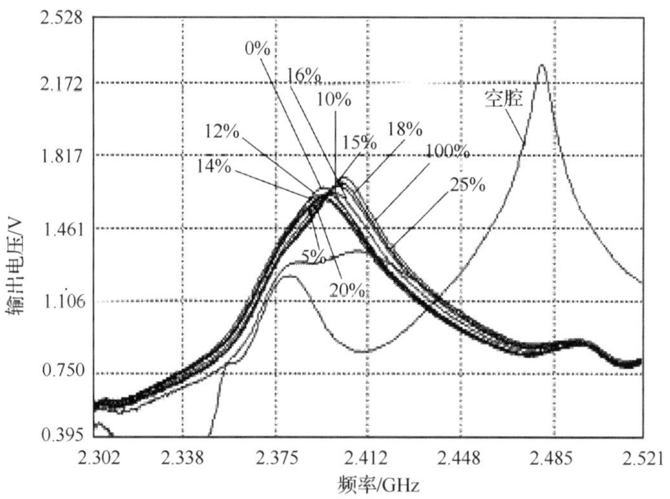

图 3-38　钛精矿和椰壳炭不同比例的微波波谱图

通过分析此波谱变化趋势得到波谱线第一高峰处电压衰减值和频率，然后由电压衰减值和相对频移可以比较得出椰壳炭-钛精矿异质材料的最佳配比，分析结果如图 3-39及图 3-40 所示。

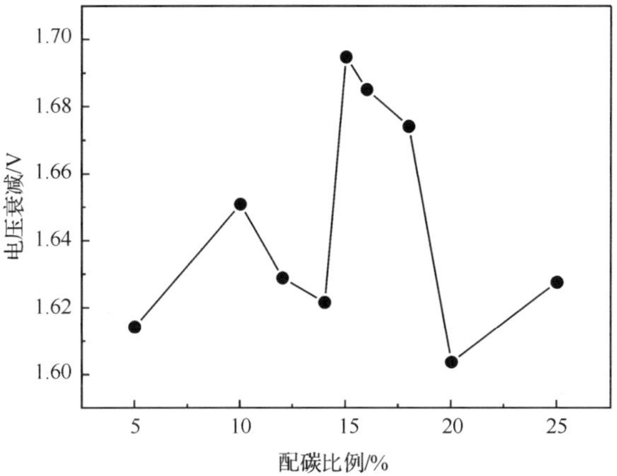

图 3-39 电压衰减与椰壳炭配入比例的关系

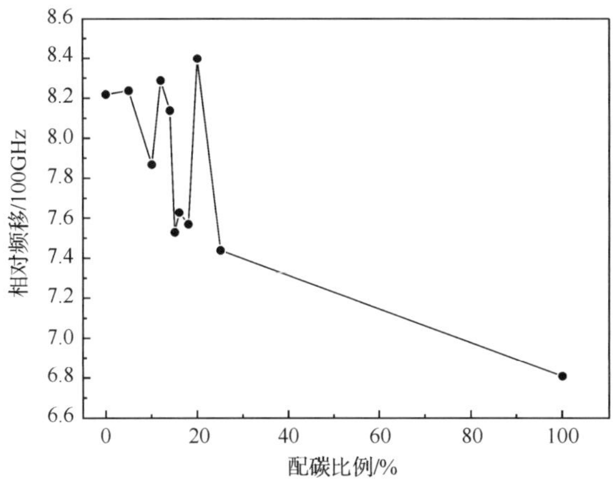

图 3-40 相对频移与椰壳炭配入比例的关系

由图 3-38 可以看到,第一高峰值处的电压衰减值 $V_{20}<V_5<V_{14}<V_{25}<V_{12}<V_{10}<V_{18}<V_{16}<V_{15}$(纵坐标);相对频移 $\Delta\omega_{20}>\Delta\omega_{12}>\Delta\omega_5>\Delta\omega_0>\Delta\omega_{14}>\Delta\omega_{10}>\Delta\omega_{16}>\Delta\omega_{18}>\Delta\omega_{15}>\Delta\omega_{25}>\Delta\omega_{100}$(横坐标)。因此,有 $\varepsilon''_{r\ 20}>\varepsilon''_{r\ 5}>\varepsilon''_{r\ 14}>\varepsilon''_{r\ 25}>\varepsilon''_{r\ 12}>\varepsilon''_{r\ 10}>\varepsilon''_{r\ 18}>\varepsilon''_{r\ 16}>\varepsilon''_{r\ 15}$和 $\varepsilon''_{r\ 0}>\varepsilon''_{r\ 10}$。图 3-39 电压衰减值最低值为椰壳炭占矿比 20%;从图 3-40 分析也可以得到相对频移最大值对应的椰壳炭占矿比为 20%。因此,椰壳炭和钛精矿最佳配比为 20%时,$\varepsilon''_{r\ 20}$为所被测值中最大数,即配加 20%椰壳炭的椰壳炭-钛精矿异质材料微波吸波性能最强。文献[70]研究了钛精矿的微波碳热还原,发现钛精矿的微波碳热还原速率与样品的含碳量关系十分密切,含碳量(质量分数)小于 20%时还原速率随含碳量增加而明显增加;大于 20%则效果不明显,其研究结果与测试结果相吻合。(符号所表示物理意义为:V

是衰减值；ω 是谐振角频率；ε''_r 是物料的复介电常数虚部；下标数字是各碳质还原剂配入百分数，以下同。）

3.6.4　焦炭和钛精矿异质材料微波吸波特性

实验测得不同焦炭-钛精矿异质材料的微波波谱图如图 3-41 所示。通过分析此波谱变化趋势并由程序计算出波谱线第一高峰处电压衰减值和频率，然后由电压衰减值和相对频移可以比较得出本实验条件下的钛精矿和焦炭的最佳配比，分析结果如图 3-42 及图 3-43 所示。

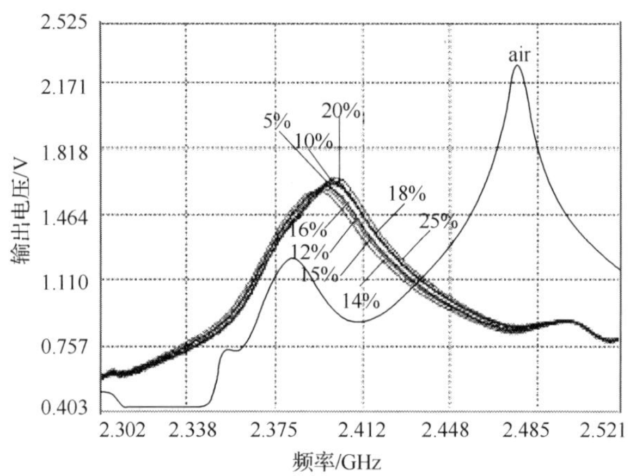

图 3-41　钛精矿和焦炭不同比例的微波波谱图

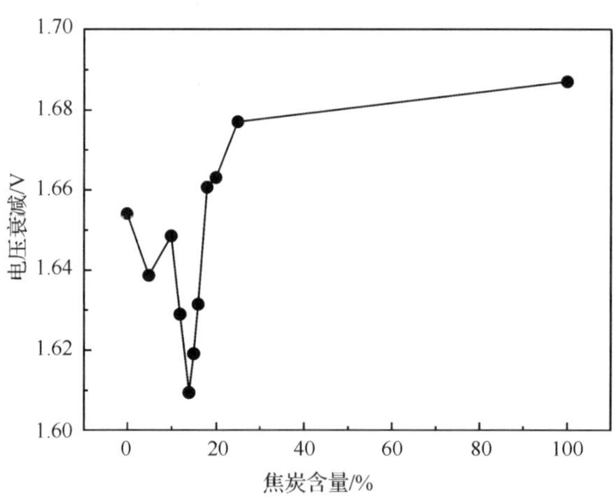

图 3-42　电压衰减与焦炭含量的关系

由图 3-41 可以看到第一高峰值处的电压衰减值 $V_{14}<V_{15}<V_{12}<V_{16}<V_5<V_{10}<V_0<V_{18}<V_{20}<V_{25}<V_{100}$（纵坐标）；相对频移 $\Delta\omega_{14}>\Delta\omega_{15}>\Delta\omega_{16}>\Delta\omega_{12}>$

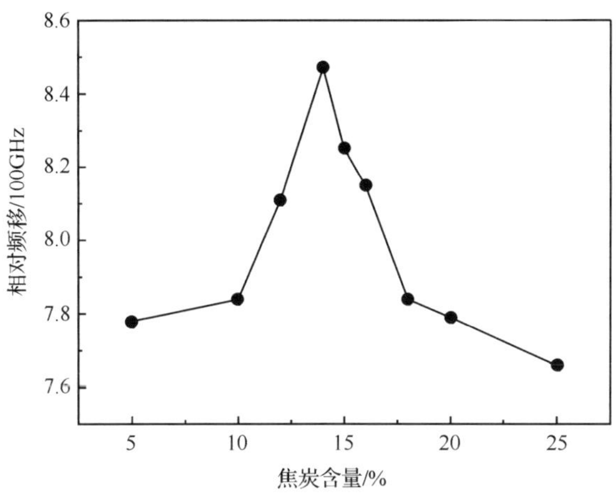

图 3-43 相对频移与焦炭含量的关系

$\Delta\omega_{10} > \Delta\omega_5 > \Delta\omega_{18} > \Delta\omega_{20} > \Delta\omega_{25}$（横坐标）；因此有 $\varepsilon''_{r14} > \varepsilon''_{r15} > \varepsilon''_{r12} > \varepsilon''_{r16} > \varepsilon''_{r5} > \varepsilon''_{r10} > \varepsilon''_{r20} > \varepsilon''_{r18} > \varepsilon''_{r20} > \varepsilon''_{r25} > \varepsilon''_{r100}$ 。从图 3-42 可以看到衰减值最低值为焦炭占矿比 14%；从图 3-43 分析也可以得到相对频移最大值点配入比为 14%。因此，焦炭和钛精矿最佳配比为 14%。此外，还可以从图 3-43 分析得到 $\Delta\omega_0 > \Delta\omega_{100}$，从而 $\varepsilon''_{r0} > \varepsilon''_{r100}$，钛精矿的吸波特性好于焦炭，焦炭的大量加入会降低钛精矿吸波特性，从而降低两者混合料在微波场中的能量利用率。因此，焦炭配量为 14%时，焦炭-钛精矿异质材料的吸波特性最好，这为采用焦炭微波碳热还原钛精矿提供了理论依据。

3.6.5 无烟煤和钛精矿异质材料微波吸波特性

实验测得无烟煤-钛精矿的微波波谱图如图 3-44 所示。波谱图从左到右为钛精矿含碳量由低到高的微波波谱变化趋势。通过分析此波谱变化规律得到波谱线第一高峰处电压衰减值和频率，然后由电压衰减值和相对频移可以比较出本实验条件下的无烟煤-钛精矿异质材料的最佳配比，分析结果如图 3-45 及图 3-46 所示。

从图 3-44 及图 3-45 可以看到电压衰减值的趋势是从 0%到 100%依次增加，而相对频移趋势是从 5%到 25%依次减少。因此，从微波场的角度来衡量，无烟煤和钛精矿最佳配比为 5%～25%是越小越好。此外，从图 3-46 也可以看出，无烟煤吸波特性弱于钛精矿，大量的无烟煤加入会减弱钛精矿混合料的吸波特性，并可减低两者混合料在微波场中的能量利用率。因此，无烟煤配量为 5%时，无烟煤-钛精矿异质材料的吸波特性最好。

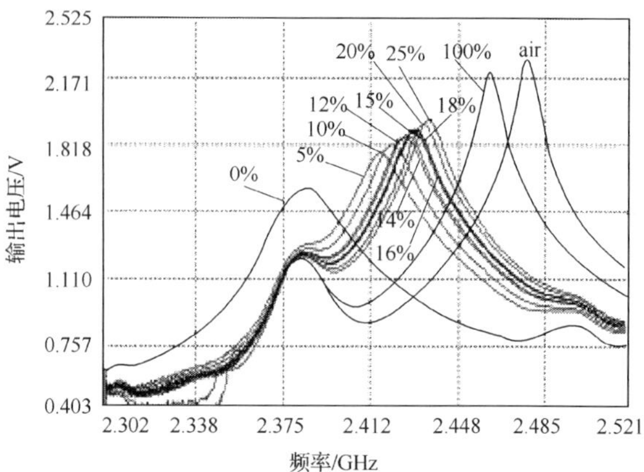

图 3-44　钛精矿和无烟煤不同比例的微波波谱图

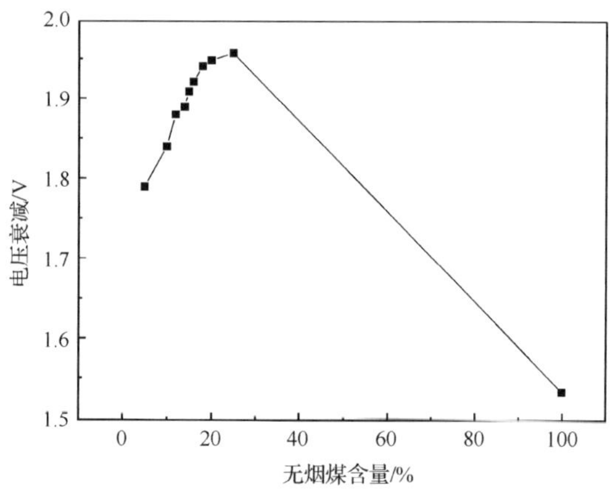

图 3-45　电压衰减与无烟煤含量的关系

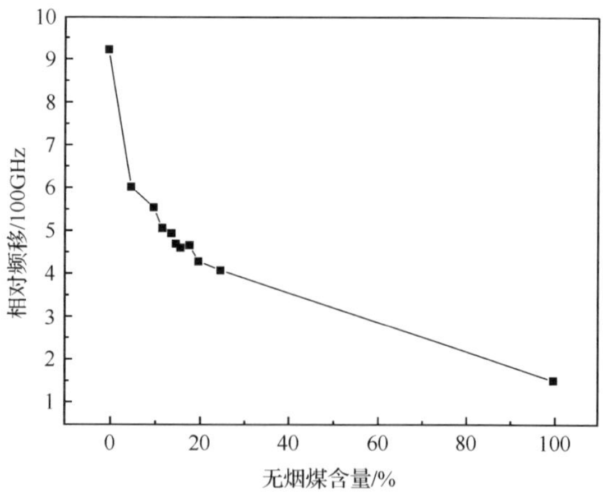

图 3-46　相对频移与无烟煤含量的关系

3.6.6 椰壳炭和氧化钛精矿异质材料微波吸波特性

实验测得椰壳炭-氧化钛精矿异质材料的微波波谱图如图 3-47 所示。波谱图从左到右为氧化钛精矿中含碳量由低到高的微波波谱变化趋势。通过分析此波谱变化趋势并由程序计算出波谱线第一高峰处电压衰减值和频率,然后由电压衰减值和相对频移可以比较出本实验条件下椰壳炭-氧化钛精矿异质材料的最佳配比,分析结果如图 3-48 及图 3-49 所示。

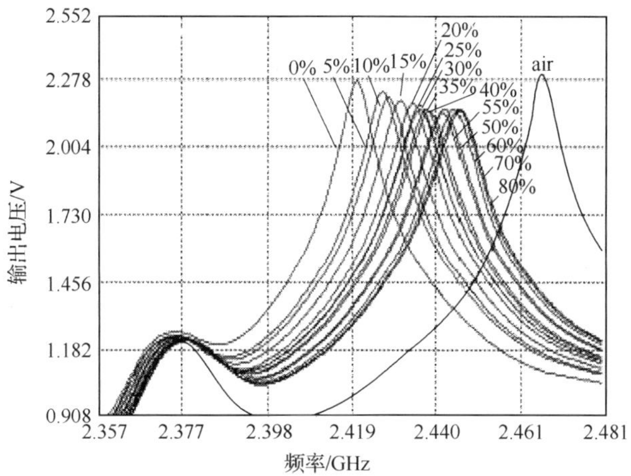

图 3-47 氧化钛精矿和椰壳炭不同比例的微波波谱图

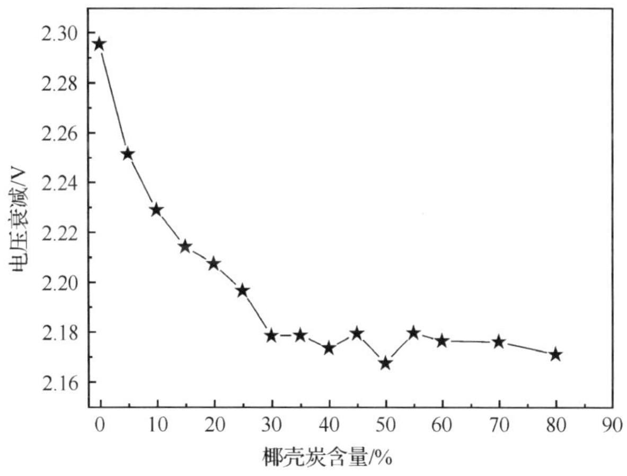

图 3-48 衰减与椰壳炭含量的关系

由图 3-48 可以看到,第一高峰值处的电压衰减值 $V_{50}<V_{80}<V_{40}<V_{70}<V_{60}<V_{30}<V_{35}<V_{45}<V_{25}<V_{20}<V_{15}<V_{10}<V_{5}<V_{0}<V_{空腔}$;因此有 $\varepsilon''_{r50}>\varepsilon''_{r80}>\varepsilon''_{r40}$

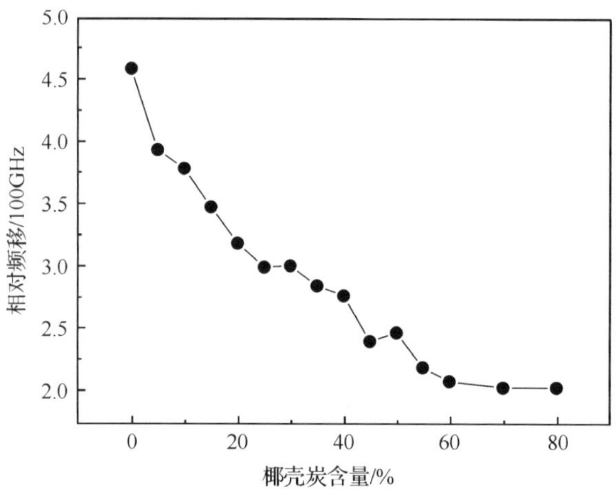

图 3-49 相对频移与椰壳炭含量的关系

$>\varepsilon''_{r70}>\varepsilon''_{r60}>\varepsilon''_{r30}>\varepsilon''_{r35}>\varepsilon''_{r45}>\varepsilon''_{r25}>\varepsilon''_{r20}>\varepsilon''_{r15}>\varepsilon''_{r10}>\varepsilon''_{r5}>\varepsilon''_{r0}>\varepsilon''_{r空腔}$；由图 3-49 可以看到，第一高峰值处的相对频移 $\Delta\omega_0>\Delta\omega_5>\Delta\omega_{15}>\Delta\omega_{20}>\Delta\omega_{30}>\Delta\omega_{25}>\Delta\omega_{35}>\Delta\omega_{40}>\Delta\omega_{50}>\Delta\omega_{45}>\Delta\omega_{55}>\Delta\omega_{60}>\Delta\omega_{70}>\Delta\omega_{80}$；因此有 $\varepsilon'_0>\varepsilon'_5>\varepsilon'_{15}>\varepsilon'_{20}>\varepsilon'_{30}>\varepsilon'_{25}>\varepsilon'_{35}>\varepsilon'_{40}>\varepsilon'_{50}>\varepsilon'_{45}>\varepsilon'_{55}>\varepsilon'_{60}>\varepsilon'_{70}>\varepsilon'_{80}$。此外，从图 3-48 可以比较明显看到电压衰减值比较低的为 30%～80%，其中最低点椰壳炭配入比为 50%。

3.6.7 焦炭和氧化钛精矿异质材料微波吸波特性

实验测得焦炭-氧化钛精矿异质材料的微波波谱图如图 3-50 所示。波谱图从右到左为氧化钛精矿中含碳量由低到高的微波波谱变化趋势。通过分析此波谱变化趋势并由程序计算出波谱线第一高峰处电压衰减值和频率，然后由电压衰减值和相对频移可以比较出本实验条件下氧化钛精矿和焦炭的最佳配比，分析结果如图 3 51 及图 3-52 所示。

由图 3-51 可知，第一高峰值处的电压衰减值 $V_{60}<V_{55}<V_{45}<V_{50}<V_{40}<V_{35}<V_{30}<V_{25}<V_{20}<V_{15}<V_{10}<V_5<V_0<V_{空腔}$，因此有 $\varepsilon''_{60}>\varepsilon''_{55}>\varepsilon''_{45}>\varepsilon''_{50}>\varepsilon''_{40}>\varepsilon''_{35}>\varepsilon''_{30}>\varepsilon''_{25}>\varepsilon''_{20}>\varepsilon''_{15}>\varepsilon''_{10}>\varepsilon''_5>\varepsilon''_0>\varepsilon''_{空腔}$；由图 3-52 可知，第一高峰值处的相对频移 $\Delta\omega_{60}>\Delta\omega_{45}>\Delta\omega_{40}>\Delta\omega_{55}>\Delta\omega_{30}>\Delta\omega_{50}>\Delta\omega_{25}>\Delta\omega_{35}>\Delta\omega_{20}>\Delta\omega_{15}>\Delta\omega_{10}>\Delta\omega_5>\Delta\omega_0>\Delta\omega_{空腔}$，因此有 $\varepsilon''_{r60}>\varepsilon''_{r45}>\varepsilon''_{r40}>\varepsilon''_{r55}>\varepsilon''_{r30}>\varepsilon''_{r50}>\varepsilon''_{r25}>\varepsilon''_{r35}>\varepsilon''_{r20}>\varepsilon''_{r15}>\varepsilon''_{r10}>\varepsilon''_{r5}>\varepsilon''_{r0}>\varepsilon''_{r空腔}$。此外，从图 3-51 可以比较明显看到衰减值比较低的范围为 30%～60%。实际生产过程中，焦炭用量为 30%时，ε''_{r30} 为被测值中比较大的值，此时焦炭-氧化钛精矿异质材料在所测定比例范围内吸波特性最好。

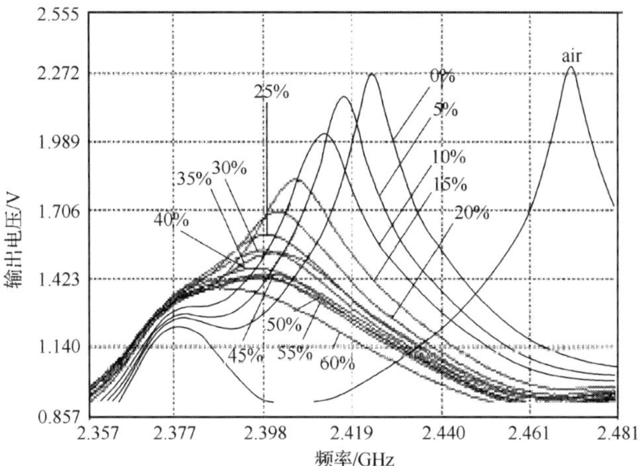

图 3-50　氧化钛精矿和焦炭不同比例的微波波谱图

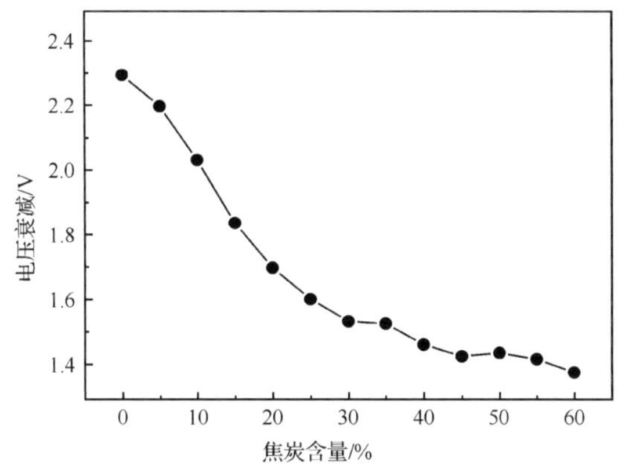

图 3-51　电压衰减与焦炭含量的关系

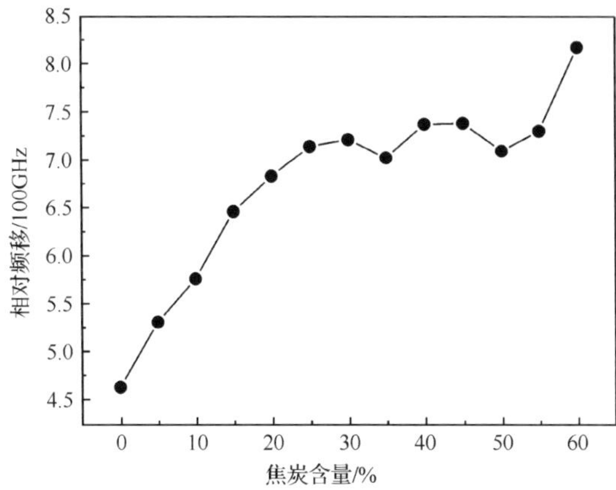

图 3-52　相对频移与焦炭含量的关系

3.6.8　石墨和氧化钛精矿异质材料微波吸波特性

实验测得石墨-氧化钛精矿异质材料的微波波谱图如图 3-53 所示。波谱图从左到右为氧化钛精矿含碳量由低到高的微波波谱变化趋势。通过分析此波谱变化规律并由程序计算出波谱线第一高峰处电压衰减值和频率,然后由电压衰减值和相对频移可以比较出本实验条件下石墨-氧化钛精矿异质材料的最佳配比,分析结果如图 3-54 及图 3-55 所示。

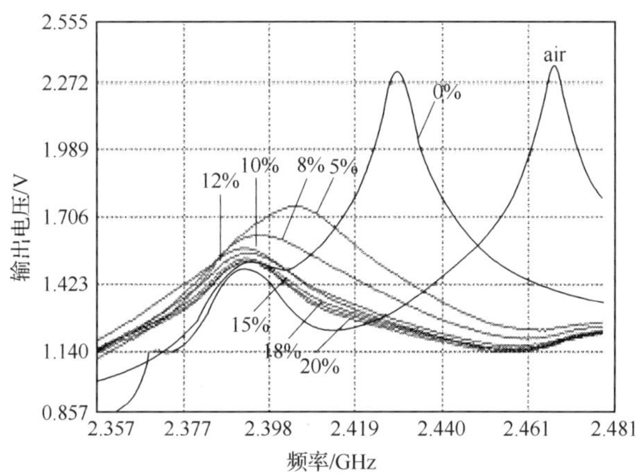

图 3-53　氧化钛精矿和石墨不同比例的微波波谱图

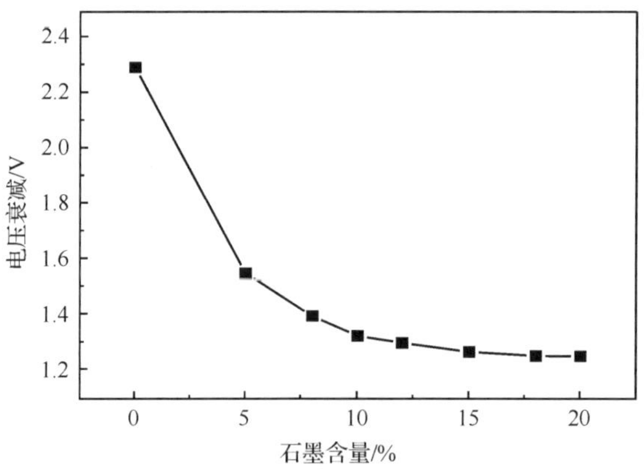

图 3-54　电压衰减与石墨含量的关系

由图 3-54 可以看出,第一高峰值处的电压衰减值 $V_{20}<V_{18}<V_{15}<V_{12}<V_{10}<V_{8}<V_{5}<V_{0}<V_{空腔}$(纵坐标),因此有 $\varepsilon''_{r20}>\varepsilon''_{r18}>\varepsilon''_{r15}>\varepsilon''_{r12}>\varepsilon''_{r10}>\varepsilon''_{r8}>\varepsilon''_{r5}>\varepsilon''_{r0}>\varepsilon''_{r空腔}$;图 3-55 中第一高峰值处的相对频移 $\Delta\omega_{10}>\Delta\omega_{18}>\Delta\omega_{15}>\Delta\omega_{12}>\Delta\omega_{20}>\Delta\omega_{8}>\Delta\omega_{5}>\Delta\omega_{0}$(横坐标),因此有 $\varepsilon''_{r10}>\varepsilon''_{r18}>\varepsilon''_{r15}>\varepsilon''_{r12}>\varepsilon''_{r20}>\varepsilon''_{r8}>\varepsilon''_{r5}$

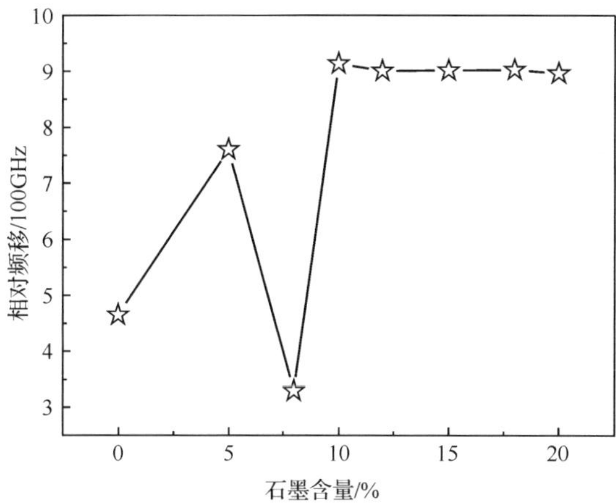

图 3-55　相对频移与石墨含量的关系

$>\varepsilon''_{r0}$。从图 3-54 可以比较明显看到电压衰减值比较低的范围为 10%～20%，其中最低点值石墨配入比为 20%，说明此时石墨-氧化钛精矿异质材料的微波吸波性能最好。

参 考 文 献

[1] Clark D E ,Folz D C,West J K. Processing materials with microwave energy. Materials Science and Engineering A,2000,287(2):153-158.

[2] Appleton T J,Colder R I,Kingman S W,et al. Microwave technology for energy-efficient processing of waste. Applied Energy,2005,81(1):85-113.

[3] Katsumi T, Fumiyasu K, Masashi K. Development of the Microwave heated catalyst system. JSAE Review, 1999, 20(3): 431-434.

[4] Campbell C K. Free space permittivity measurements on dielectric materials at millimeter wavelengths. IEEE Transactions Instrument and Measurement,1978,7:54-62.

[5] Jenkins S,Hodgetts T E,Clarke R N,et al. Dielectric measurements on reference liquids using automatic network analysers and calculable geometries. Measurement Science and Technology,1990,1:691-702

[6] 田步宁,杨得顺,唐家明,等. 传输/反射法测量复介电常数的若干问题. 电波科学学报,2002,17(1):10-15.

[7] Wolfson B J,Wentworth S M. Complex permittivity and permeability measurement using a rectangularwaveguide. Microwave and Optical Technology Letters,2000,27(11):180-182.

[8] Jarvis B,Vanzura E, Kissick W. Improved technique for determining complex permittivity with the transmission/reflection method. IEEE Transactions Microwave Theory Technology,1990,1(38):1096-1103.

[9] Metaxas A C, Meredith R J. Industrial microwave heating. London: Peter Peregrinus Ltd, 1983:32-38.

[10] 吴昌英,丁君,韦高,等.一种微波介质谐振器介电常数测量方法.测试技术,2008,27(6):95-97.

[11] Ghodgaonkar D K, Vasundara V V, Vijay K V. A free space method for measurement of dielectric constants and loss tangents at microwave frequecies. IEEE Transactions Instrument and Measurement,1989,37(3):789-793.

[12] Collen A L. A new free-wave method for ferrite measurements atmillimeter wavelengths. Radio Science,1987,22(4):1168-1170.

[13] 卢子焱,唐宗熙,张彪.微波电介质材料复介电常数的扫描测量.电子科技大学学报,2007,36(1):44-46.

[14] 黄铭,彭金辉,张世敏,等.沥青石墨粉混合物吸波特性及应用//12届全国微波应用学术会议论文集,成都,2005:79-81.

[15] Carter R G. Accuracy of microwave cavity perturbation measurements. IEEE Transactions on Microwave Theory and Techniques,2001,49(5):918-923.

[16] Brosseau C. Modelling and simulation of dielecteic heterostructures: a physical survey from a historical perspective. Journal Physics D: Applied Physics,2006,39:1277-1294.

[17] Brosseau C , Beroual A. Computational electromagnetics and the rational design of new dielectric heterostructures. Progress in Materials Science,2003,48:373-456.

[18] Faraday M. Experimental relations of gold (and other metals) to light. Bayerische Staatsbibliothek,1957,147:145-181.

[19] Maxwell J C. A Treatise on Electricity and Magnetism. 2nd ed. Oxford: Clarendon. 1881.

[20] Bruggeman D A G. Berechnung verschiedener physikalischer konstanten von heterogenen substanzen,I. Dielektrizitätskonstanten und leitfähigkeiten der mischkärper aus isotropen substanzen. Annals of Physics,1935,24:636-664.

[21] Sihvola A H, Kong J A. Effective permittivity of dielectric mixtures. IEEE Transactions on Geoscience and Remote Sensing,1988,26(4):420-429.

[22] Sihvola A. Electromagnetic Mixing Formulas and Applications. London: IET, 1999.

[23] Sihvola A. Self-consistency aspects of dielectric mixing theories. IEEE Transactions on Geoscience And Remote Sensing,1989,27:403-415.

[24] Elliott R J,Krumhansl J A, Leath P L. The theory and properties of randomly disordered crystals and related physical systems. Reviews Modern Physics,1974,46:465-543.

[25] Kohler W E, Papanicolaou G C. Some applications of the coherent potential approximation. //Multiple Scattering and Waves in Random Medium. New York: North-Holland Publishing Compang Holland, 1981.

[26] Wiener O. Zur theorie der refraktionskonstanten. Berichteüber die Verhandlungen Königlich-Sächsischen Gesellschaft der Wisseschaften zu Leipzig,1910:256-277.

[27] Beran M. Use of the variational approach to determine bounds for the effective permittivity

in random media. Nuovo Cimento Della Societa Italiana di Fisica,1965,38:771-782.

[28] Hashin Z, Shtrikman S. A variational approach to the theory of the effective magnetic permeability of multiphase materials. Journals Application Physics,1962,33:3125-3131.

[29] Bergman D J. Exactly solvable microscopic geometries and rigorous bounds for the complex dielectric constant of a two-component composite material. Physical Reviews Letter,1980,44:1285-1287.

[30] Bergman D J. Bounds for the complex dielectric constant of a two-component composite material. Physical Reviews B,1981,23:3058-3065.

[31] Milton G W. Bounds on the electromagnetic,elastic,and other properties of two-component composites. Physics Reviews Letter,1981,46:542-545.

[32] Broadbent S R, Hammersley J M. Percolation processes I. Crystals and mazes. Proceeclings of the cambridge philosophical society, 1957, 53: 629-641.

[33] Stauffer D, Aharony A. Introduction to Percolation Theory. London: Taylor and Francis,1994.

[34] Kirkpatrick S. Percolation and conduction. Reviews Modern Physics,1973,45:574-588.

[35] Isichenko M B. Percolation,statistical topography,and transport in random media. Reviews Modern Physic,1992,64:961-1043.

[36] 金建铭.电磁场有限元方法.王建国译.西安:西安电子科技大学出版社,1998.

[37] Yee K. Numerical solution of inital boundary value problems involving Maxwell's equations in isotropic media. IEEE Transaction on Antennas and Propagation,1966,14(3):302-307.

[38] 葛德彪,闫玉波.电磁波时域有限差分方法.西安:西安电子科技大学出版社, 2005.

[39] Harrington R F. Field computation by moment methods. Melbourne:Krieger, 1982.

[40] Christopoulos C. The transmission-line modeling method TLM. New York: IEEE Press, 1998.

[41] Bossavit A. Computational Electromagnetism: Variational Formulations, Complementarity, Edge Elements. New York:Academic, 1998.

[42] Rubinstein R Y. Simulation and the Monte Carlo Method. New York:John Wiley, 1981.

[43] Talbot P,Konn A M, Brosseau C. Electromagnetic characterization of fine-scale particulate-composite materials. Journal of Magnetism and Magnetic Materials,2002,249:481-485.

[44] Sareni B, Krähenbühl L. Complex effective permittivity of a lossy composite material. Journal Application Physics, 2006, 80(8): 4560-4565.

[45] Mejdoubi A, Brosseau C. Electrostatic resonance of clusters of dielectric cylinders:A finite element simulation. Physics Letters A,2008,372:741-748.

[46] Kärkkäinen K K,Sihvola A H, Nikoskinen K I. Effective permittivity of mixtures: Numerical validation by the FDTD method. IEEE Transaction on Geoscience and Remote Sensing, 2000,38(3):1303-1308.

[47] Kärkkäinen K K. Analysis of a three-dimensional dielectric mixture with finite difference method. IEEE Transaction on Geoscience and Remote Sensing,2001,39(5):1013-1018.

[48] Wu F. Quasi-static effective permittivity of periodic composites containing complex shaped dielectric particles. IEEE Transaction on Antennas and Propagations, 2001, 49 (8): 1174-1182.

[49] Whites K W, Wu F. Effects of particle shape on the effective permittivity of composite materials with measurements for lattices of cube. IEEE Transaction on Microwave Theory and Techniques,2002,50(7):1723-1729.

[50] Serdyuk Y V, Podoltsev A D. Numerical simulations of dielectric properties of composite material with periodic structure. Journal of Electrostatics,2005,63:1073-1091.

[51] Almond D P, Vainas B. The dielectric properties of random R-C networks as an explanation of the 'universal' power law dielectric response of solids. Journals Physics:Condense Matter,1999,11:9081-9093.

[52] Bouamrane R, Almond D P. The 'emergent scaling' phenomenon and the dielectric properties of random resistor-capacitor networks. Journals Physics:Condense, Matter,2003,15: 4089-4100.

[53] Almond D P, Bowen C R. Anomalous power law dispersions in ac conductivity and permittivity shown to be characteristics of microstructural electrical networks. Physical Reviews Letter,2006,92(15):157601-157603.

[54] Almond D P, Bowen C R, Rees D A. Composite dielectrics and conductors: simulation, characterization and design. Journals Physics D:Application Physics,2006,39:1295-1304.

[55] 肖哲,黄铭,巫越凤,等. 三维 RC 网络仿真异质材料的通用介质响应. 物理学报,2008, 57(2):957-961.

[56] Huang M,Yang J J,Xiao Z,et al. Modelling the dielectric response in heterogeneous materials using 3D RC networks. Modern Physics Letters B,2009,23(25):3023-3033.

[57] Maxwell-Garnett J C. Colours in metal glasses and in metallic films. Philosophical Transaction of the Royal Society,1904,203:385-420.

[58] Bruggeman D A G. Effective medium model for the optical properties composite materials. Applied Optics,1935,24:636-642.

[59] Stogryn A. Strong fluctuation theory for moist granular media . IEEE Transactions on Geoscience and Remote Sensing,1985,GE223(6):78-83.

[60] Lakhtakia A. Application of strong permittivity fluctuation theory for isotropic, cubically nonlinear, composite mediums. Optics Communications,2001,192(7):145-151.

[61] Doicu A, Wriedt T. T-matrix method for electromagnetic scattering from scatters with complex structure. Journal of Quantitative Spectroscopy & Radiative Transfer,2001,70: 663-673.

[62] 杨晶晶. 异质材料电磁特性模拟及应用研究. 昆明:昆明理工大学博士学位论文,2010.

[63] Bergman D J. Exactly solvable microscopic geometries and rigorous bounds for the complex dielectric constant of a two-component composite material. Physics Reviews Letter,1980, 44:1285-1287.

[64] 牛皓,彭金辉,魏昶,等. 微波场中不同配碳量锌窑渣吸波特性的研究. 四川大学学报(科学工程版),2007,39(6):96-101.

[65] Cheng H P,Wang H W,Kan S W,et al. Microwave absorbing materials using Ag-NiZn ferrite core-shell nanopowders are fillers. Journal of Magnetism and Magnetic, 2004, 84: 113-115.

[66] 黄铭,彭金辉,王威廉,等. 微波快速测定硫化镍精矿水分新方法研究. 金属矿山,2006,(5):39-41.

[67] 邱晔,彭金辉,黄铭,等. 微波谐振腔微扰法快速检测烟丝含水率. 烟草科技,2008,(6):38-40.

[68] Huang M,Peng J H,Yang J J. Microwave cavity perturbation technique for measuring the moisture content of sulphide minerals concentrates. Minerals Engineering,2007,20(1):92-94.

[69] Peng J H,Huang M Y,Zhang Z Y,et al. Non-isothermal kinetics and absorption property of leaching primary titanium-rich materials by microwave heating. The Chinese Journal of Nonferrous Metals,2008,18(special 1):s207-s214.

[70] Hua Y X, Liu C P. Microwave-assisted carbothermic reduction of ilmenite. Acta Metallurgica Sinica(English Letter),1996,9(3):164-167.

第 4 章　微波升温性能

对于特定的物质,温度的升高只取决于微波功率 P 的大小,严格地说是取决于物料内微波的能量密度,即单位质量中微波功率的大小。随着时间的延长,有限空间中的微波能总是越来越多,结果能量密度也越来越大。

4.1　物料在微波场中的升温速率方程

彭金辉等[1]开展了物料在微波场中的升温速率研究。研究认为,尽管各种物质在微波场中的升温速率存在着差异,但其升温曲线却极为相似,即试样的吸热升温过程分为两个阶段。初始阶段为物料快速升温过程,此过程也是物料吸热升温最主要的阶段,吸波物料的温度在短时间内上升到较高的温度。之后,物料的温度升高变得缓慢,甚至完全不再升高,此时,物料在微波场中的温度达到最大值,这一阶段称为物料温升的第二阶段。

1)第一阶段升温速率方程

按傅里叶(Fourier)传热定律,热流密度 $\boldsymbol{q}$ 的大小与温度成正比,但方向相反,即

$$\boldsymbol{q} = -\lambda \mathrm{grad}\ T \tag{4-1}$$

式中,λ 是物料的热导率;T 是温度;$\boldsymbol{q}$ 是热流密度;grad T 是温度梯度。

具有内热源的物料,单位体积的热平衡条件为

$$\mathrm{div}\boldsymbol{q} = Q - C_{\mathrm{P}} \frac{\partial T}{\partial t} \tag{4-2}$$

式中,C_{P} 是物料的热容;Q 是内热源密度,其值为物料吸收的微波能 P 与化学反应热 $W_{反}$ 之和,即

$$Q = P + W_{反} \tag{4-3}$$

而

$$P = 2\pi f E^2 \varepsilon_{\mathrm{r}} \tan\delta \tag{4-4}$$

将式(4-2)～式(4-4)代入式(4-1)中得到

$$\nabla(\nabla T) = \nabla^2 T = \frac{c}{\lambda} \frac{\partial T}{\partial t} - \frac{P + W_{反}}{\lambda} \tag{4-5}$$

式中

$$\nabla^2 T = \frac{\partial^2 T}{\partial x^2} + \frac{\partial^2 T}{\partial y^2} + \frac{\partial^2 T}{\partial z^2} \tag{4-6}$$

由于微波加热速度快、时间短，因而物料散失到环境中的热量是很小的；同时，对于纯物质，由于微波辐射较为全面，内外同时加热，可以认为物料内温度分布均匀；对于异质材料，在大功率的微波作用下，有时加热仅需 0.01s 即可达到要求，因而可以忽略相互之间的热传递。故有

$$\mathrm{div}\boldsymbol{q} = 0, \quad \nabla^2 T = 0$$

在惰性气体中，物料一般不发生化学反应，同时在微波加热时，一般也不要求有化学反应，所以 $W = 0$。

假定物料中电磁场均匀，物料的热容、热导率、介电常数和介质损耗系数随温度变化很小，可视为常数，则 P 为常数，所以式(4-5)可以简化为

$$\frac{T}{t} = 常数 \tag{4-7}$$

积分式(4-7)，可得

$$T = at + b \tag{4-8}$$

即温度与时间维持线性关系，但常数 a，b 因物质种类的不同而不同。

2)第二阶段升温速率方程

与第一阶段升温过程相比较，第二阶段试样升温较缓慢，以试样温度对时间进行函数拟合，得到第二阶段升温速率方程为 $T = (ct + d)^{1/2}$，式中 c、d 为常数。

4.2　纯物料在微波场中的升温性能

准确称取一定量的干燥样品于微波专用陶瓷坩埚内并放置于微波反应器腔体中，然后将带屏蔽套的热电偶插于物料中。开启微波加热开关并调节微波输出功率，将物料从室温开始加热，记录微波辐射时间和每一时刻的样品温度。

为简便起见，可将物料温度的升高看成是加热时间的一个函数。用横坐标表示加热时间，纵坐标表示物料温度的升高，则可测得各种物质在微波场中的升温特性曲线。

4.2.1　强吸波物料的升温性能

称取四氧化三钴、五氧化二钒和八氧化三铀各 10g，然后分别放置于频率为 2.45GHz，输出功率为 0～3kW 的微波箱式反应器腔体中，调节微波输出功率为 820W，四氧化三钴、五氧化二钒和八氧化三铀在微波场中的升温性能曲线如图 4-1、图 4-2 及图 4-3 所示。

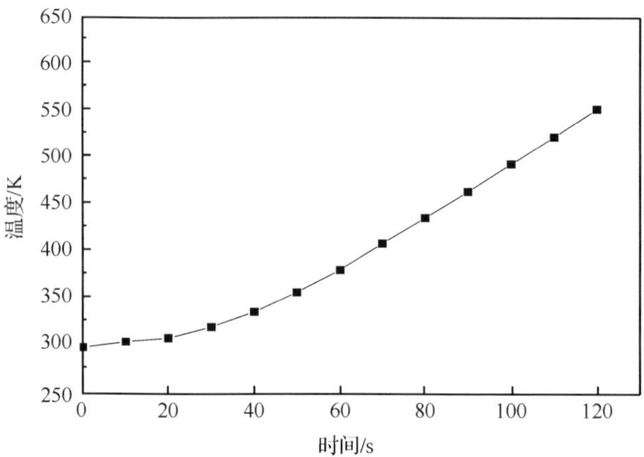

图 4-1　四氧化三钴在微波场中的升温曲线

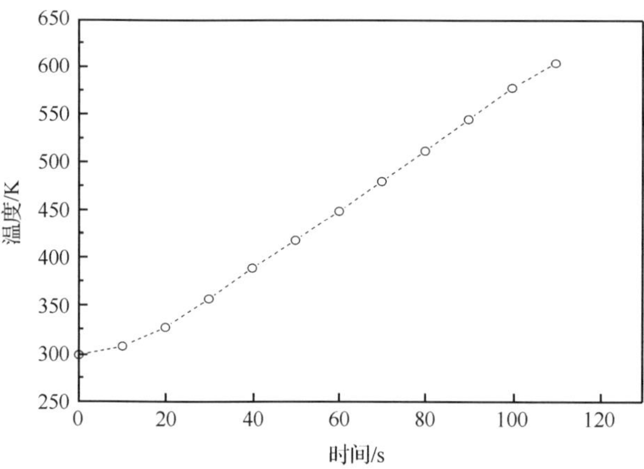

图 4-2　五氧化二钒在微波场中的升温曲线

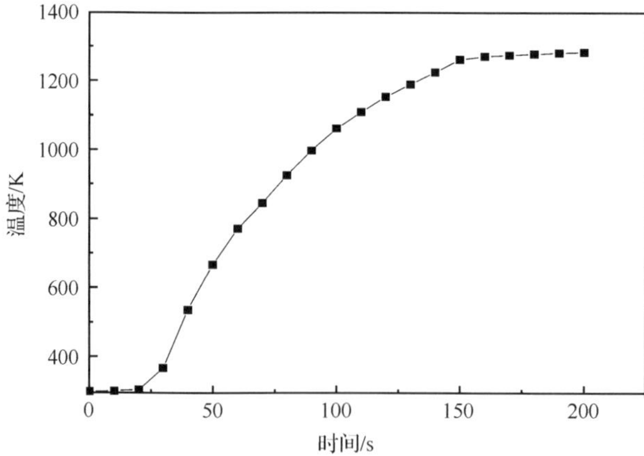

图 4-3　八氧化三铀在微波场中的升温曲线

由图 4-1、图 4-2 及图 4-3 可知，四氧化三钴、五氧化二钒和八氧化三铀在微波场中升温很快，微波辐射 110s 后，四氧化三钴、五氧化二钒和八氧化三铀温度分别可达到 523K，605K 和 1113K，显示了较强的吸波性能，其原因在于这三种物质的介电损耗因子 ε'' 均较大，对微波的吸收性能较强[2-4]。

太原理工大学陈津等[5]也开展了微波碳热还原实验研究，分别测定了磁铁矿粉、赤铁矿粉和无烟煤粉等物料在微波场中的升温性能，测量结果如图 4-4 所示。

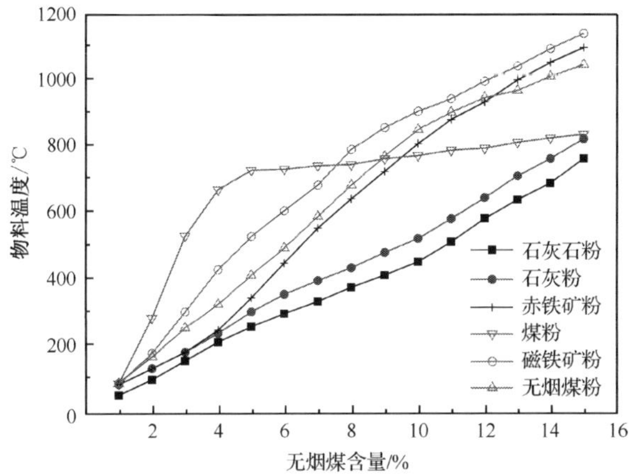

图 4-4　冶金原料在微波场中的升温曲线

研究结果表明，磁铁矿粉、赤铁矿粉和无烟煤粉对微波具有良好的吸收性能，而石灰粉和石灰石粉对微波的吸收能力较差。

郭胜惠等[6]研究了物料粒度为 10～20mm，输出功率为 3kW 条件下电熔氧化锆在微波场中的升温行为，如图 4-5 所示。

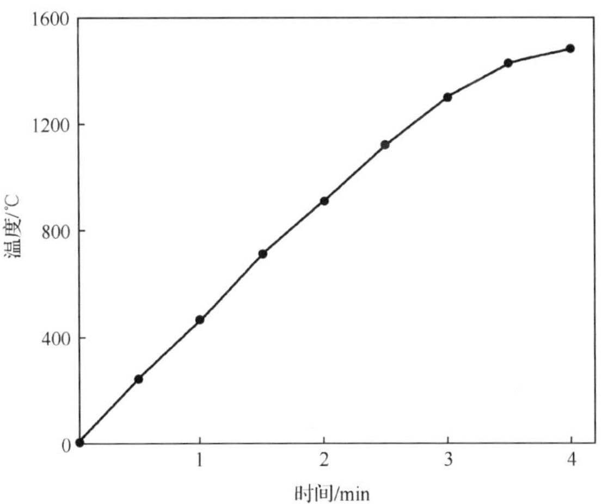

图 4-5　电熔氧化锆在微波场中的升温曲线

由图 4-5 可以看出,微波辐射 4min,电熔氧化锆升温至 1475℃,其平均升温速率达 369℃/min,说明电熔氧化锆微波吸波性能较好,这主要与晶体生成固溶体时晶体内部存在氧空位、晶格畸变和晶体缺陷增加、介质损耗增加有关[7]。

碳化硅作为典型的非氧化物半导体材料,具有价格低、常温下介电常数高的特点,能够强烈吸收微波而迅速升温,但高温时对微波的吸收大大降低,所以既能满足对被烧结材料的预加热,同时又不会影响被烧结材料吸收微波。因而,碳化硅作为微波加热的辅助加热材料得到了广泛应用。刘智等[8]研究了碳化硅用量、粒度等参数对其在微波场中的升温特性的影响(图 4-6、图 4-7)。

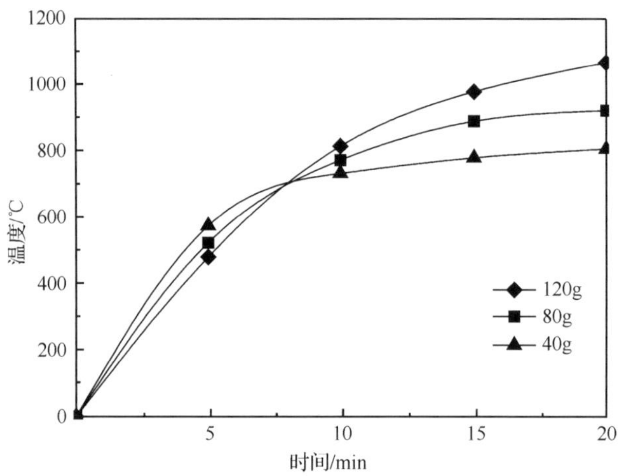

图 4-6　物料量对碳化硅升温性能的影响

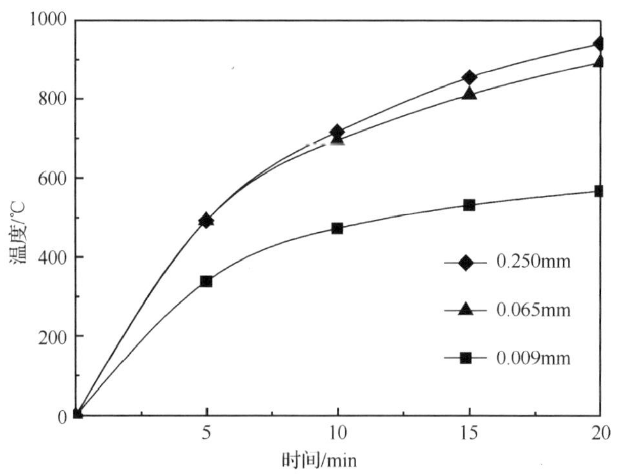

图 4-7　粒度对碳化硅升温性能的影响

从图 4-6 可以看出，在低温段，质量越小，升温速率越快，而在高温段，质量越大，升温速率越快。在 30 min 内，质量小的试样最高升温至 836℃，质量大的坯件最高升温至 1064℃。另外，质量越大的试件不仅高温时升温速率较快，最后达到的平衡温度也较高。这是因为，在低温段，对于质量小的试件，微波功率密度相对过剩，热散失相对较少，SiC 迅速升温；而对于质量大的试件，微波功率密度相对不足，导致其在低温段升温较慢。在高温段，SiC 的介电常数变小，微波功率密度相对过剩，热散失迅速增加，质量小的试件发热量相对较少，导致其在高温段升温速率缓慢，达到的平衡温度较低；而质量大的试件发热量相对较多，其在高温段升温速率相对较快，最后达到的平衡温度较高。

图 4-7 中，粒度越大，升温速率越慢，粒度越小，升温速率越快。在 30min 内，粒度为 0.250mm 的试样最高升温至 568℃，而粒度为 0.009mm 的试样最高升至 1083℃。这主要是由于随试件温度的升高，试件的气孔密度降低，气孔尺寸增大，引起其有效介电损耗系数增加。

毕先钧等[9]考察了部分金属氧化物在微波场中的升温行为并对其进行了理论分析(图 4-8)。

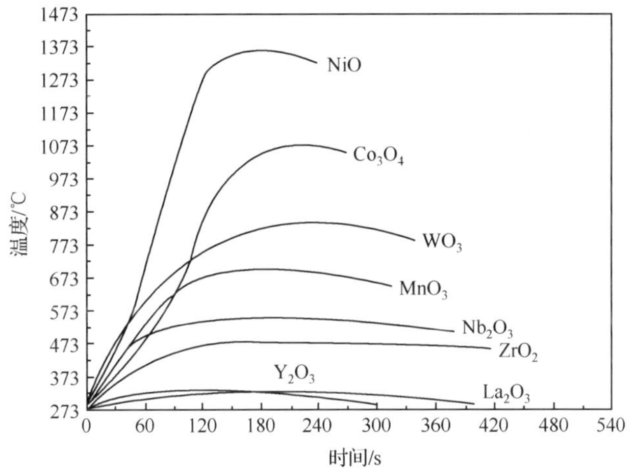

图 4-8　金属氧化物在微波场中的升温曲线

研究发现，氧化镧和氧化钇不能被微波加热；氧化锆和氧化铌在微波场中升温很小，几乎不被加热；氧化钼和氧化钨在微波场中有较大的升温；氧化亚镍和四氧化三钴在微波场中升温最快。氧化亚镍和四氧化三钴升温很快主要因为二者中金属元素具有变价态，在一定条件下可以以不同价态的离子共存于同一晶体中，形成非计量比的缺陷结构，从而产生偶极子，在微波场中有较大损耗，表现出较强的吸收微波的能力；而尽管氧化锆和氧化铌中的金属元素也可能形成变价态，但 Zr^{4+} 和 Nb^{5+} 均具有稳定的电子结构，它们的二价态反而不稳定，也就是说两种价态共存的概率较小，产生晶格缺陷的偶极浓度也很小，所以氧化锆和氧化铌在微波场中升温很小，几乎不被加热。

4.2.2 弱吸波物料的升温性能

称取碱式碳酸钴、偏钒酸铵、三碳酸铀酰铵和重铀酸铵各 10g，然后分别放置于频率为 2.45GHz，输出功率为 0～3kW 的微波反应器腔体中，调节微波输出功率为 820W，碱式碳酸钴、偏钒酸铵、三碳酸铀酰铵和重铀酸铵在微波场中的升温性能曲线如图 4-9 及图 4-10 所示。

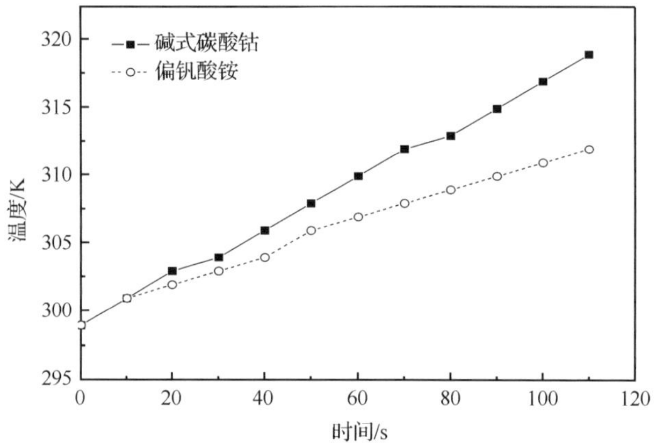

图 4-9 碱式碳酸钴和偏钒酸铵在微波场中的升温曲线

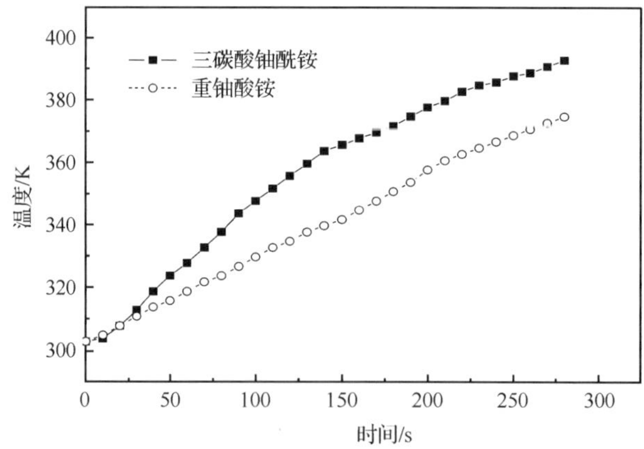

图 4-10 三碳酸铀酰铵和重铀酸铵在微波场中的升温曲线

由图 4-9 及图 4-10 可知，碱式碳酸钴、偏钒酸铵、三碳酸铀酰铵和重铀酸铵在微波场中升温都较慢。微波辐射 110s 后，碱式碳酸钴、偏钒酸铵、三碳酸铀酰铵和重铀酸铵的温度分别升高 46K、38K、83K 和 60K，并且随着微波辐射时间的延长，四者升温逐渐变缓，有趋于恒温的趋势。

如果考虑热的辐射损失以及反应的热效应，则样品在微波场中的升温速率可表示为[10-12]

$$\frac{\mathrm{d}T}{\mathrm{d}t}=\frac{1}{\rho C_{\mathrm{P}}}\left(2\pi\varepsilon_0\varepsilon'' f_{\text{微波}}E^2-\frac{eaA}{V_{\text{样}}}T^4-\sum_{i=1}^{m}n_i\Delta H^0_{T,t}\frac{\mathrm{d}F_i}{\mathrm{d}t}\right) \tag{4-9}$$

式中，T 是温度；t 是时间；ρ 是密度；C_{P} 是热容；ε_0 是真空中的介电常数；ε'' 是介电损耗因子；$f_{\text{微波}}$ 是微波频率；E 是电场强度；e 是样品的热辐射系数；a 是 Stefan-Boltzmann 常数；A 是样品表面积；$V_{\text{样}}$ 是样品体积；n_i 是单位体积样品中组元 i 的物质的量；$\Delta H^0_{T,t}$ 是反应 i 的热效应；F_i 是反应 i 的转化率。

当微波输入功率一定时，总的升温速率主要决定于 ε''、e、$\Delta H^0_{T,t}$、$\mathrm{d}F/\mathrm{d}t$；对于碱式碳酸钴、偏钒酸铵、三碳酸铀酰铵和重铀酸铵，微波辐射 110s 仍未发生分解，故 e、$\Delta H^0_{T,t}$、$\mathrm{d}F/\mathrm{d}t$ 均可视为常数。因此，反应速率 $\mathrm{d}F/\mathrm{d}t$ 取决于样品 ε'' 的大小。图 4-9 及图 4-10 升温曲线表明，碱式碳酸钴、偏钒酸铵、三碳酸铀酰铵和重铀酸铵在微波场中升温较慢，且随着微波辐射时间的延长而趋于恒温，所以上述四者对微波的吸收性能较弱，即 ε'' 较小。

另外，研究者还测定了一些氧化物和硫化物在微波场中的升温情况，具体情况见表 4-1。

表 4-1　部分氧化物和硫化物在微波场中的升温性能

物质名称	化学组成	温度/K	时间/s	$\Delta T/\Delta t$
氧化铝	Al_2O_3	430	150	0.88
氧化钙	CaO	449	150	1.01
氧化镁	MgO	362	150	0.43
氧化铌	Nb_2O_5	387	360	0.25
氧化钛	TiO_2	323	240	0.10
氧化铬	Cr_2O_3	403	420	0.25
氧化钼	MoO_3	342	330	0.13
石英	SiO_2	346	150	0.32
硫化钙	CaS	375	270	0.28
硫化钡	BaS	433	300	0.25

从表 4-1 可以看出，物质对微波的吸收能力主要决定于它们的组成、结构、杂质、质量及形态情况。从电导性来看，半导体型的矿物和化合物比绝缘体型的更能有效地吸收微波；从化学性质来看，过渡键型矿物和化合物比纯共价键和纯离

子键的能更有效地吸收微波；对于相同的阳离子，大多数硫化矿和硫化物比相应的氧化矿和氧化物具有更快的升温速率；矿物和化合物中的杂质对升温速率有显著的影响。

4.3　异质材料在微波场中的升温性能

4.3.1　碱式碳酸钴异质材料升温性能

称取碱式碳酸钴、四氧化三钴及碱式碳酸钴-四氧化三钴异质材料各 10g，然后分别放置于频率为 2.45GHz，输出功率为 0～3kW 的微波反应器腔体中，调节微波输出功率为 820W，得到碱式碳酸钴、四氧化三钴及碱式碳酸钴-四氧化三钴异质材料在微波场中的升温性能曲线(图 4-11)。

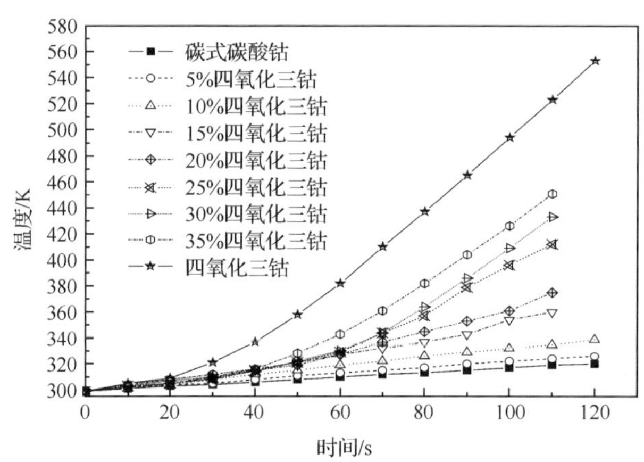

图 4-11　碱式碳酸钴、四氧化三钴及二者异质材料在微波场中的升温曲线

由图 4-11 可知，碱式碳酸钴在微波场中升温较慢，而四氧化三钴升温很快，碱式碳酸钴-四氧化三钴异质材料随着四氧化三钴配比的增加，异质材料的升温逐渐加快，这与其吸波特性测定结果相一致。

尽管从微波波谱图和升温曲线可知，四氧化三钴配比越大，异质材料的吸波性能越强，其在微波场中的升温越快。但是从煅烧工艺和经济性考虑，四氧化三钴配比过大可能会增加生产成本。另外，对于碱式碳酸钴异质材料，$\varepsilon''_{20\%}$ 与 $\varepsilon''_{15\%}$ 相差较大，而与 $\varepsilon''_{25\%}$ 相差较小。因此，选择配加 20％四氧化三钴的碱式碳酸钴异质材料为研究对象，考察微波功率、微波辐射时间和物料量对异质材料升温行为的影响。

1. 微波功率对升温行为的影响

在物料量为 10g 条件下，配加 20％四氧化三钴的碱式碳酸钴异质材料在不同功率的微波场中的升温曲线如图 4-12 所示。

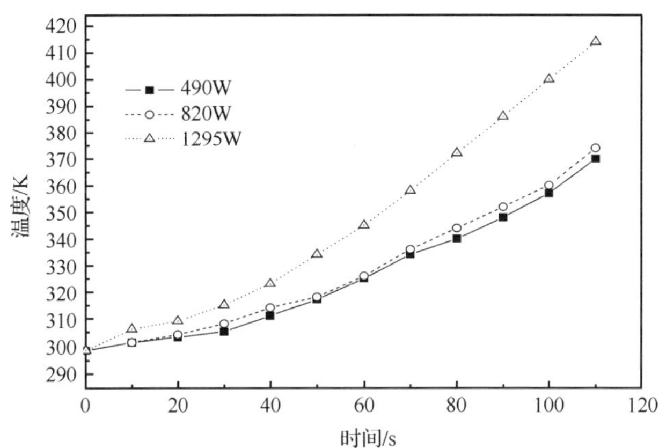

图 4-12　配加 20％四氧化三钴的碱式碳酸钴异质材料在不同功率微波场中的升温曲线

由图 4-12 可知，当微波输出功率为 1295W 时，物料在微波场中辐射 110s 即升温至 415K，而在相同的加热时间下，微波输出功率为 490W 时，物料温度仅升至 371K。这表明，微波功率越大，物料升温速率越快。其原因在于如果微波的输出功率为 P，物料对微波的吸收系数为 μ，则物料吸收的微波功率 P_{ab} 为

$$P_{ab} = \mu P \tag{4-10}$$

设 C_P 为物料的热容，M 为物料的质量，T 为物料的温度，t 为微波辐射时间，T_0 为物料的初始温度，则根据能量守恒定律得

$$C_P M \mathrm{d}T = P_{ab}\mathrm{dt} = \mu P\,\mathrm{dt} \tag{4-11}$$

积分得

$$T = T_0 + \int_0^t \frac{\eta P}{C_P M}\mathrm{d}t \tag{4-12}$$

式(4-12)表明，在一定范围内，增加微波的输出功率可以提高物料的温度。

2. 微波辐射时间对升温行为的影响

在微波功率为 820W，物料量为 10g 条件下，微波辐射时间对配加 20％四氧化三钴的碱式碳酸钴异质材料升温行为的影响如图 4-13 所示。

由图 4-13 可以看出，碱式碳酸钴中配有强吸波物质四氧化三钴，使得异质材料升温较快，物料在微波场中加热 110s 后，温度即可达 375K。同时，随着微波辐射时间的延长，物料温度逐渐升高。碱式碳酸钴异质材料试样温度 T 与时间 t 的

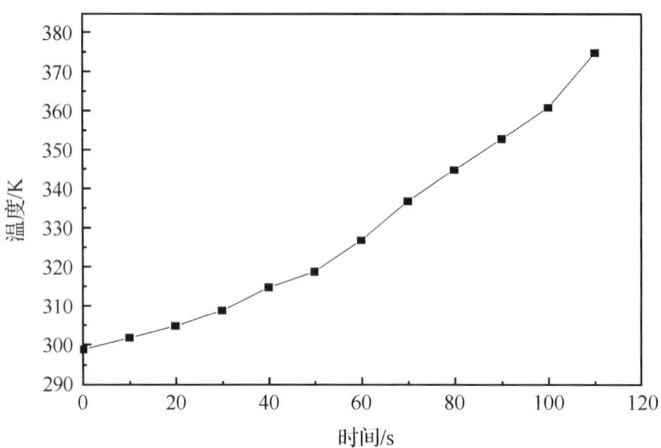

图 4-13　配加 20%四氧化三钴的碱式碳酸钴异质材料在微波场中不同辐射时间的升温曲线

经验关系分别为：$T=0.004t^2+0.226t+298.915(R=0.998)$；$T=229.29+0.2643t(R=0.998)$，其中 R 表示拟合函数相关系数；T 表示温度。

3. 物料量对升温行为的影响

与常规加热方式不同，物料在微波场中的升温特性与放入质量紧密相关。微波功率为 820W，不同质量碱式碳酸钴异质材料在微波场中的升温曲线如图 4-14 所示。

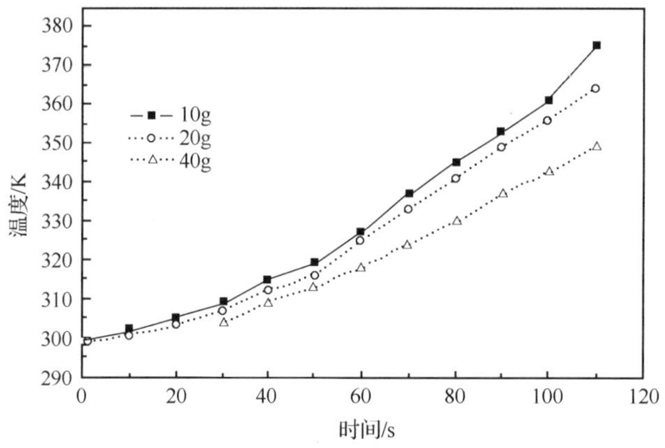

图 4-14　不同质量的碱式碳酸钴异质材料在微波场中的升温曲线

由图 4-14 可知，质量为 10g 和 20g 的物料在不同时间点的温度差异不大，而与 40g 的物料温度差距明显。物料量少时，在热散失量相对较小的情况下，微波功率密度相对过剩，所以物料温度差别不大。而物料量大于一定量后，微波功率密度相对不足，导致其升温较慢，此时物料质量对微波加热的影响显著。在本实验范围内，物料温度随时间的变化与物料质量成反比。

综上可知，在本实验研究范围内，配加 20%四氧化三钴的碱式碳酸钴异质材料在微波场中的升温速率与微波输出功率成正比例增大，而与物料量成反比关系；与微波输出功率和微波辐射时间相比，物料量对物料升温速率的影响不很显著，属于次要影响因素。

4.3.2　偏钒酸铵异质材料升温性能

称取偏钒酸铵、五氧化二钒及偏钒酸铵-五氧化二钒异质材料各 10g，然后分别放置于频率为 2.45GHz，输出功率为 0～3kW 的微波反应器腔体中，调节微波输出功率为 820W，得到偏钒酸铵、五氧化二钒及偏钒酸铵-五氧化二钒异质材料在微波场中的升温性能曲线(图 4-15)。

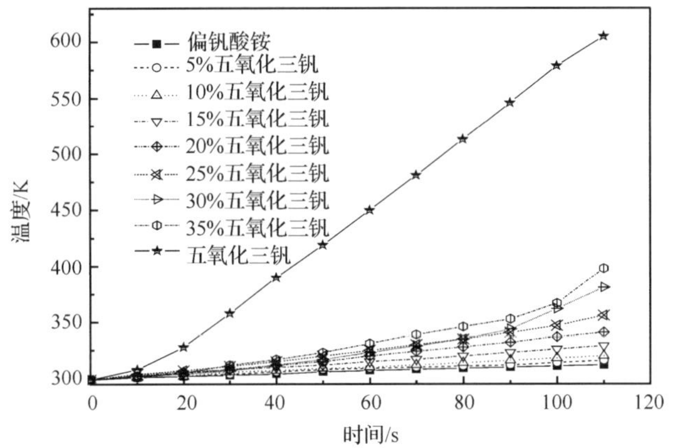

图 4-15　偏钒酸铵、五氧化二钒及二者异质材料在微波场中的升温曲线

由图 4-15 可知，偏钒酸铵在微波场中升温缓慢，而五氧化二钒升温非常迅速，微波加热 110s 即可升温至 600K，偏钒酸铵-五氧化二钒异质材料随着五氧化二钒配比的增加升温加快。其原因在于，根据 Maxwell-Garnett 异质材料等效媒介理论，高介电常数物料配比越大，异质材料等效介电常数越大，吸波性能越强，升温越快。

从微波波谱图和升温曲线可知，五氧化二钒配比越大，异质材料的吸波性能越强，其在微波场中的升温越快。但是从煅烧工艺和经济性考虑，五氧化二钒配比过大可能会增加生产成本。另外，对于偏钒酸铵，$\varepsilon''_{15\%}$ 与 $\varepsilon''_{10\%}$ 差距明显，而与 $\varepsilon''_{20\%}$ 差距不太显著。因此，选择配加 15%五氧化二钒的偏钒酸铵异质材料为研究对象，考察微波功率、微波辐射时间和物料量对异质材料升温行为的影响。

1. 微波功率对升温行为的影响

在物料质量为 10g 条件下，偏钒酸铵异质材料在不同功率的微波场中的升温曲线如图 4-16所示。

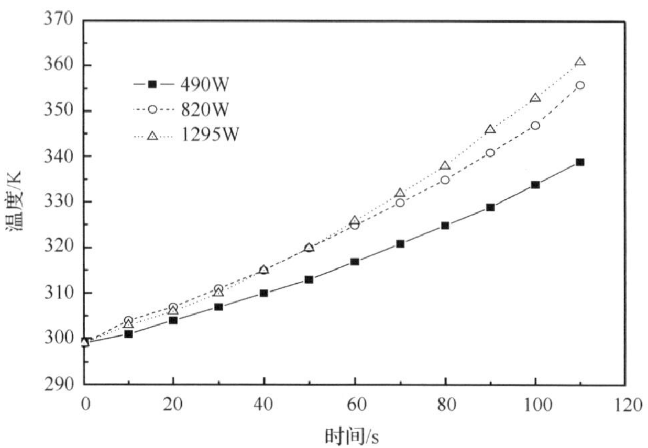

图 4-16 偏钒酸铵异质材料在不同功率微波场中的升温曲线

由图 4-16 可知，对于偏钒酸铵异质材料，物料在微波场中辐射 100s 后，微波输出为 1295W 的物料温度比 490W 的物料温度高 22K。

2. 微波辐射时间对升温行为的影响

在微波功率为 820W，物料质量为 10g 条件下，微波辐射时间对偏钒酸铵异质材料升温行为的影响如图 4-17 所示。

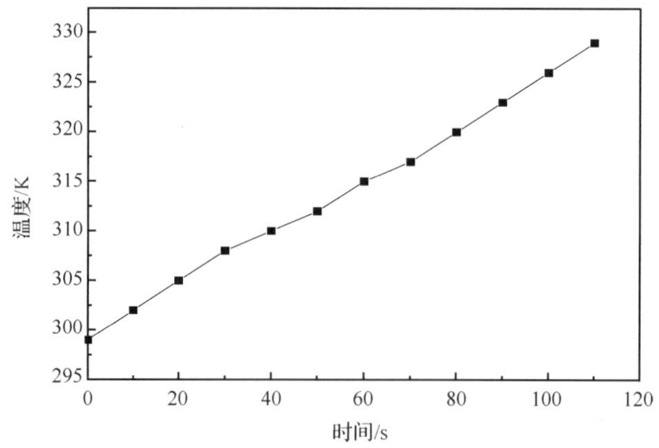

图 4-17 偏钒酸铵异质材料在微波场中不同辐射时间的升温曲线

由图 4-17 可以看出，偏钒酸铵中配有强吸波物质五氧化二钒，使得异质材料升温较快，物料在微波场中加热 110s 后，温度即可达 329K。同时，随着微波辐射时间的延长，物料温度逐渐升高。偏钒酸铵异质材料试样温度 T 与时间 t 的经验关系分别为：$T=229.29+0.2643t$（相关系数 $R=0.998$）。

3. 物料量对升温行为的影响

在微波功率为 820W 条件下，不同质量偏钒酸铵异质材料在微波场中的升温曲线如图 4-18 所示。

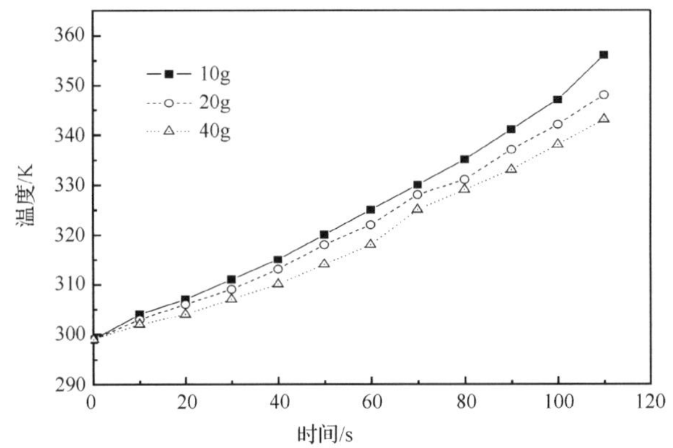

图 4-18　不同质量的偏钒酸铵异质材料在微波场中的升温曲线

由图 4-18 可知，质量为 10g 和 20g 的物料在不同时间点的温度差异不大，而与 40g 的物料温度差距明显。

综上可知，配加 15％五氧化二钒的偏钒酸铵在微波场中的升温速率与微波输出功率成正比例增大，而与物料量成反比关系，与微波输出功率和微波辐射时间相比，物料量对升温性能的影响属于次要因素。

4.3.3　三碳酸铀酰铵异质材料升温性能

称取三碳酸铀酰铵及三碳酸铀酰铵-八氧化三铀异质材料各 10g，然后分别放置于频率为 2.45GHz，输出功率为 0～3kW 的微波反应器腔体中，调节微波输出功率为 820W，得到三碳酸铀酰铵、八氧化三铀及三碳酸铀酰铵-八氧化三铀异质材料在微波场中的升温性能曲线（图 4-19）。

由图 4-19 可以看出，微波辐射 4min 后，三碳酸铀酰铵温度升高 83K，而配有 20％八氧化三铀的三碳酸铀酰铵的温度可达 1127K；并且随着八氧化三铀配比的增加，三碳酸铀酰铵-八氧化三铀异质材料升温速率逐渐提高。其原因在于，三碳酸铀酰铵微波吸波性能较弱，而八氧化三铀的吸波性能很强[131]。

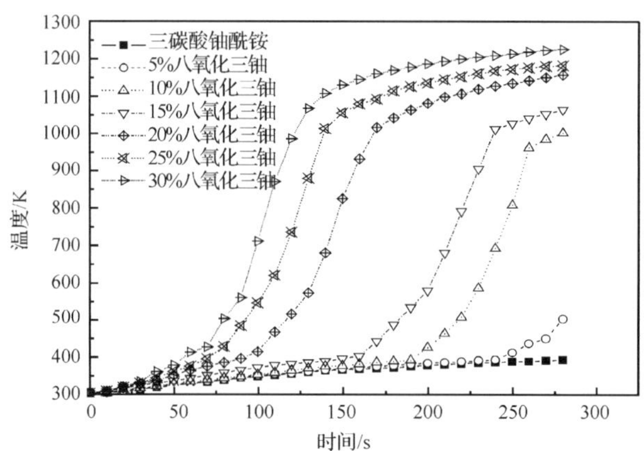

图 4-19　三碳酸铀酰铵及三碳酸铀酰铵-八氧化三铀异质材料在微波场中的升温曲线

另外，从升温曲线可以看出，配有 20%八氧化三铀的三碳酸铀酰铵异质材料在微波场中的升温过程明显分为三段。303～396K 为初始阶段，此阶段物料吸波性能差，升温缓慢；当微波加热 100s 后，由于三碳酸铀酰铵发生部分分解导致异质材料中八氧化三铀配比增大，物料的吸波性能显著提高，物料温度急剧升高；当微波辐射 200s 后，三碳酸铀酰铵基本分解完毕，此时物料全部煅烧为八氧化三铀，物料升温减缓并趋于恒温。

4.3.4　重铀酸铵异质材料升温性能

称取重铀酸铵及重铀酸铵-八氧化三铀异质材料各 10g，然后分别放置于频率为 2.45GHz，输出功率为 0～3kW 的微波反应器腔体中，调节微波输出功率为 820W，得到重铀酸铵及重铀酸铵-八氧化三铀异质材料在微波场中的升温性能曲线（图 4-20）。

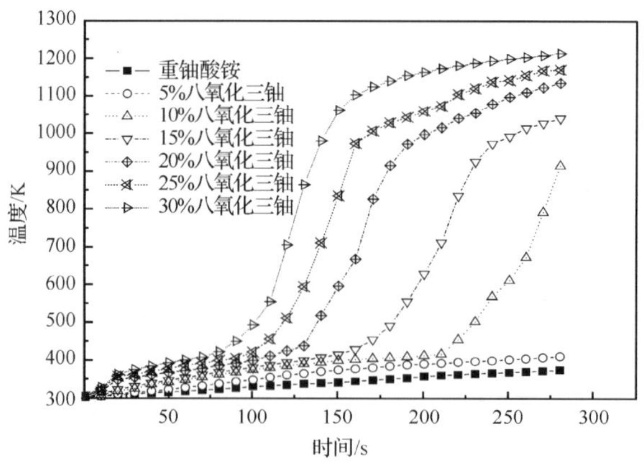

图 4-20　重铀酸铵及重铀酸铵-八氧化三铀异质材料在微波场中的升温曲线

由图 4-20 可以看出,微波辐射 4min 后,重铀酸铵温度升高 94K,而配有 20%八氧化三铀的重铀酸铵的温度可达 975K;并且随着八氧化三铀配比的增加,重铀酸铵-八氧化三铀异质材料升温速率逐渐提高。此外,配有 20%八氧化三铀的重铀酸铵异质材料在微波场中的升温过程明显分为三段,经历缓慢升温—急剧升温—升温减缓并趋于恒温的历程。

4.3.5　转炉钢渣升温性能

钢渣作为转炉炉渣,由于磷含量高目前尚无法综合利用,国内外钢渣除磷研究都表明高温下很难实现对钢渣磷的去除。周朝刚等[13]利用微波对物料加热均匀以及选择性加热的特点,开展了钢渣微波脱磷升温性能研究(图 4-21、图 4-22 及图 4-23)。

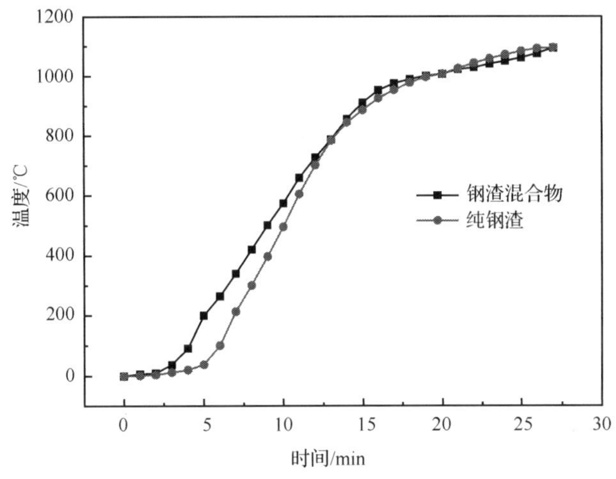

图 4-21　纯钢渣和钢渣混合物在微波场中的升温曲线

研究发现,纯钢渣和钢渣混合物的升温过程均经历三个阶段,其中第一阶段的升温速率最小,第三阶段的升温速率次之,第二阶段最快。在第一阶段含无烟煤粉的钢渣混合物升温速率较快,第二、三阶段则纯钢渣升温速率较快,达到 1100℃时所用时间差别不大。

由图 4-22 可以看出,焦炭粒的升温速率最快,无烟煤粉次之,烟煤最慢,达到 1300℃时焦炭粒所需时间最短。还原剂对钢渣升温特性的影响有两方面原因,一方面是由于化学成分不同,主要是指含的碳、氢、氧、硫和磷等元素及水分、灰分等,其中含碳量越高和灰分越低,单位质量的还原剂所能提供的热量和碳源的量就越多,就越有利于反应的进行,而含水分越多,消耗的热量也越多,则不利于还原;另一方面是由于其发热量和反应性能快慢不同,发热量越高,反应性能越快,就越利于升温,反之升温就慢。

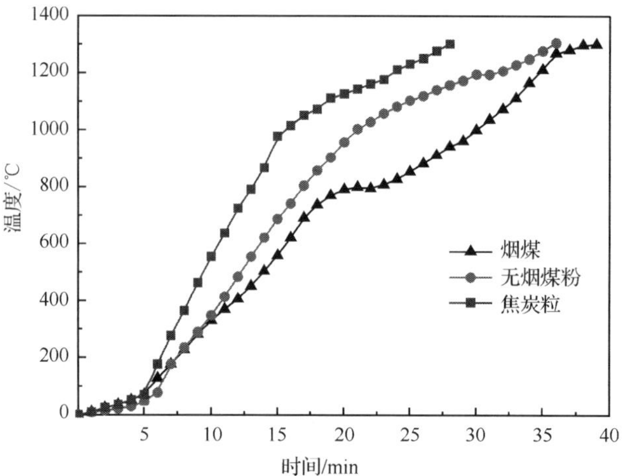

图 4-22　配有不同还原剂的钢渣在微波场中的升温曲线

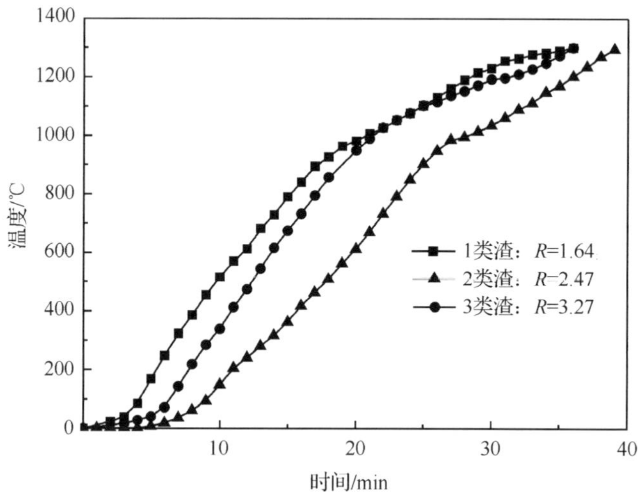

图 4-23　不同碱度钢渣在微波场中的升温曲线

从图 4-23 可以看出，钢渣碱度不同其在微波场中的升温也不同。这是由于转炉钢渣的主要化学成分有 CaO，SiO_2，FeO，MgO，MnO，P_2O_5 等，其中 FeO 和 P_2O_5 含量越高，加热时所需还原剂就越多，反应也就越激烈，升温就快，CaO/SiO_2 比值越低则钢渣碱度就越低，在微波加热钢渣时越利于还原反应的进行，对加热过程中温度会造成影响。

此外，研究者还测定了一些矿物在微波场中的升温行为，具体测定结果如表 4-2所示。

表 4-2　部分矿物在微波场中的升温行为

物质名称	化学组成	温度/K	时间/s	$\Delta T/\Delta t$
磁铁矿	Fe_3O_4	1026	150	4.85
赤铁矿	Fe_2O_3	455	420	0.37
钛铁矿	$FeTiO_3$	1260	150	6.41
黄铁矿	FeS_2	1292	405	2.45
辉钼矿	MoS_2	1060	150	5.08
磁黄铁矿	$Fe_{1-x}S$	955	40	16.43
方解石、白云石	—	不能被微波加热	300	—
硅酸盐(钾长石、石英、锆石)	—	不能被微波加热	300	—
硫酸盐(土石膏、重晶石)	—	不能被微波加热	300	—

参考文献

[1] 彭金辉,刘纯鹏.微波场中矿物及其化合物的升温特性.中国有色金属学报,1997,7(3):50-52.

[2] 刘文举,姚俊婷,王向宇,等.微波场下非贵金属氧化物的升温行为和烹饪油烟的催化净化性能研究.分子催化,2006,20(3):221-225.

[3] Huang M, Peng J H, Yang J J. Microwave cavity perturbation technique for measuring the moisture content of sulphide minerals concentrates. Minerals Engineering, 2007, 20(1): 92-94.

[4] Bao W M, Chang B X, Guo Z H. The research for applying microwave denitration on the conversion of high-enriched uranium. Atomic Energy Science and Technology, 1995, 29(3): 268-274.

[5] 陈津,刘浏,曾加庆,等.微波加热还原含碳铁矿粉实验研究.钢铁, 2004,39(6):1-5.

[6] 郭胜惠,彭金辉,陈果,等.电熔氧化锆在微波场中的吸波特性和升温行为.中南大学学报(自然科学版),2009,40(4):915-920.

[7] 周玉,雷廷权.陶瓷材料学.北京:科学出版社, 2004:60-65.

[8] 刘智,杨林,于传斌,等.微波混合加热中 SiC 预加热体工艺参数对升温特性的影响.大连轻工业学院学报,2006,25(2):135-138.

[9] 毕先钧,谢小光.金属氧化物在微波场中升温行为的理论分析.云南师范大学学报(自然科学版),1999,19(1):48-50.

[10] Alberty K A. Physical Chemistry. 7th ed. New York: Wiley, 1987:326-330.

[11] Mingos D M P, Baghuest D R. Applications of microwave dielectric heating effects to synthetic problems in chemistry. Chemical Socieity Reviews, 1991, 20:1-47.

[12] Hua Y X, Liu C P. Microwave-assisted carbothermic reduction of ilmenite. Acta Metallurgica Sinica, 1996, 9(3):164-170.

[13] 周朝刚,艾立群,吕岩,等.微波加热对钢渣升温特性的影响.河北理工大学学报,2011,33(3):25-30.

第5章　强吸波物料的煅烧

吸波材料是指能够有效吸收入射电磁波并使其散射衰减的一类材料，它通过材料的各种不同的损耗机制将入射电磁波转化成热能或者是其他能量形式。吸波材料按照吸波机理可以分为电吸收型、磁吸收型和随机吸收型；从结构上可以分为吸收型、干涉型和谐振型。吸波材料的吸波效果是由介质内部各种电磁机制来决定，如电介质的德拜弛豫、共振吸收、界面弛豫磁介质畴壁的共振弛豫、电子扩散和涡流等。

吸波材料的损耗机制主要分为电阻型损耗、电介质损耗和磁损耗三种[1,2]。

(1)电阻型损耗。电阻型损耗即电导率越大，载流子引起的宏观电流(包括电场变化引起的电流以及磁场变化引起的涡流)越大，从而有利于电磁能转变为热能。电导率高的材料对微波吸收的主要吸收机制就是电阻型损耗，如金属粉末、石墨等。然而由于受到电磁波在界面上反射条件的制约，电磁波会在材料表面激发高频振荡电流向外辐射电磁波，形成反射波。所以以电阻型损耗为主的吸波材料，不能采用大电导率的块状材料，而必须使用相互绝缘的导电粉末和纤维。

(2)电介质损耗。电介质损耗即介质反复极化产生的“摩擦”作用，电介质极化过程有电子云位移极化、离子位移极化、极性介质电矩转向极化、铁电体电畴转向极化以及壁位移。由于介质材料的电导率低，材料中几乎没有自由电子，所以在外电场的作用下，材料不会形成宏观电流，但材料中有很多具有固有振动频率的电偶极子将受到影响，当外界的电磁场的振动频率与材料的固有振动频率一致时，材料的虚部将达到最高值。钛酸钡等属于电介质型吸波材料，是依靠介质的电子极化、离子极化、分子极化或界面极化等弛豫衰减吸收电磁波。

(3)磁损耗。磁损耗为磁滞磁畴转向、畴壁位移、磁畴自然共振等反复磁化产生的“摩擦”作用。铁氧体材料是最典型的磁损耗材料。对于铁氧体，在低频段主要由磁滞、涡流和磁后效应引起；在高频段主要由磁壁共振和自然共振引起。铁氧体不同频段的损耗如图5-1所示。

针对常规方法存在的热分解时间长、能耗高、产品质量差等缺点，研究者开展了大量微波煅烧分解的研究工作，并取得了许多引人注目的研究成果。

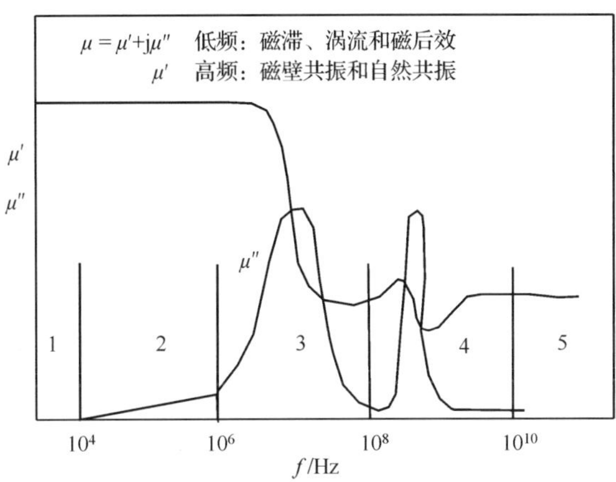

图 5-1 铁氧体不同频段的损耗机理

5.1 微波煅烧材料制备

5.1.1 微波煅烧制备氧化镁

活性氧化镁是具有水化能力的氧化镁。活性氧化镁一般是由菱镁矿石在反射窑炉中在 400～600℃条件下煅烧制备得到，由于其内部结构疏松，晶体间孔隙高，所以该氧化镁呈现很高的活性。活性氧化镁的化学组成、物理形态等指标与普通氧化镁没有太大的区别，但活性氧化镁的平均粒径小于 22000nm，微观形态为不规则颗粒或近球形颗粒或片状晶体，用柠檬酸（CAA 值）标示的活性为 12～25s（数值越小，活性越高）；用吸碘值表示的活性为 80～120mg I_2/100g MgO，比表面通常为 5～20m^3/g，视比容为 6～8.5mL/g。活性氧化镁是制备高功能精细无机材料、电子元件、油墨、有害气体吸附剂的重要原料，也是油漆、纸张及化妆品的填料，塑料、橡胶的填充剂和补强剂以及各种电子材料的辅助材料等[3-5]。

杨卜等[6]研究了微波煅烧碱式碳酸镁制备轻质活性氧化镁。图 5-2 为微波煅烧时间对碱式碳酸镁分解率的影响曲线。

由图 5-2 可以看出，碱式碳酸镁在 8～12min 内相对分解率最大，当煅烧时间为 12min 时，碱式碳酸镁的相对分解率达到 96.92%。以微波功率、煅烧时间和物料量为实验因素，每个因素选取三个水平，微波煅烧碱式碳酸镁制备活性氧化镁的正交实验结果如表 5-1 所示。

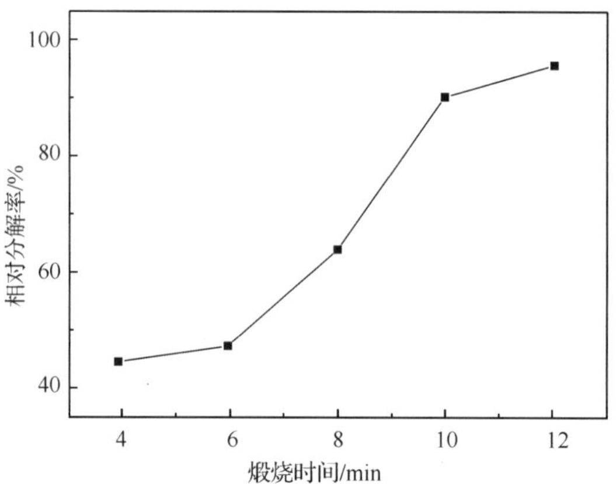

图 5-2　碱式碳酸镁微波煅烧时间对分解率的影响

表 5-1　正交实验结果

实验号	微波功率/W	煅烧时间/min	物料质量/g	分解率/%
1	700	8	2	66.26
2	700	10	3	90.91
3	700	12	4	80.48
4	490	8	3	59.23
5	490	10	4	61.69
6	490	12	2	91.94
7	350	8	4	37.95
8	350	10	2	59.38
9	350	12	3	51.36

由表 5-1 可知，最佳实验条件为：微波功率为 490W，煅烧时间为 12min，物料量为 2g，各因素对分解率影响的极差柱形图如图 5-3 所示。

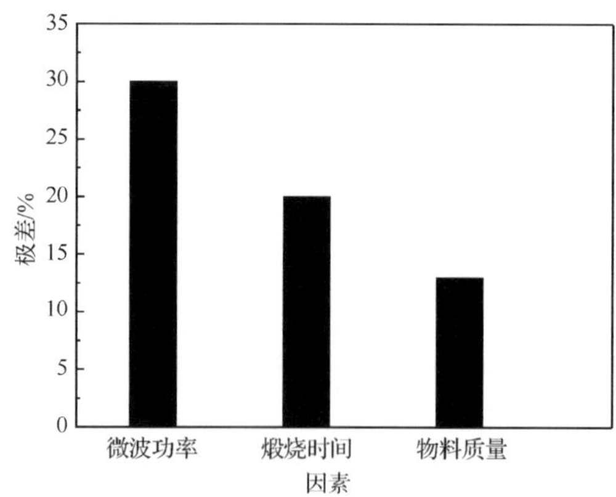

图 5-3　各因素对分解率影响的极差

由图 5-3 可知，影响碱式碳酸镁分解的主要因素是微波功率，其次是煅烧时间，物料质量影响最小。煅烧最佳工艺条件为：微波功率为 490W，煅烧时间为 12min。此时碱式碳酸镁分解率为 93.81%，活性氧化镁碘吸附值为 72.56mg/g。

樊希安等[7]探讨了微波加热氢氧化镁制备轻质活性氧化镁的可行性，分别考察了微波加热时间、物料量、微波功率对氢氧化镁分解率的影响（图 5-4～图 5-6）。

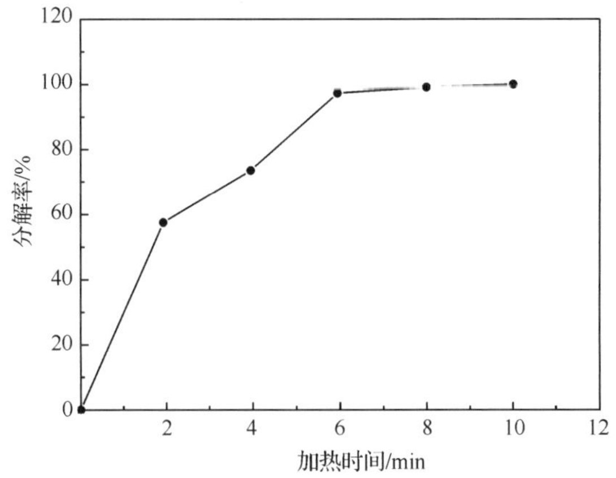

图 5-4　微波加热时间对分解率的影响

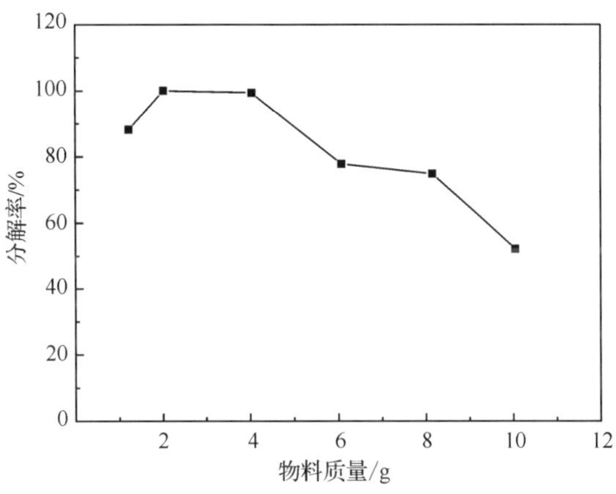

图 5-5　物料量对分解率的影响

图 5-4 为加热时间对氢氧化镁分解率的影响关系图。随着加热时间的延长，氢氧化镁的分解率不断增大。这是因为在微波功率一定的情况下，根据 Goodman 模型，晶体内的水都是以同样的方式由 OH^- 与邻近层的 OH^- 作用结合而成，所以随着加热时间的延长，氢氧化镁晶体中的 OH^- 与邻近层的 OH^- 不断结合，至 6～8min 时物料分解完毕[8]。

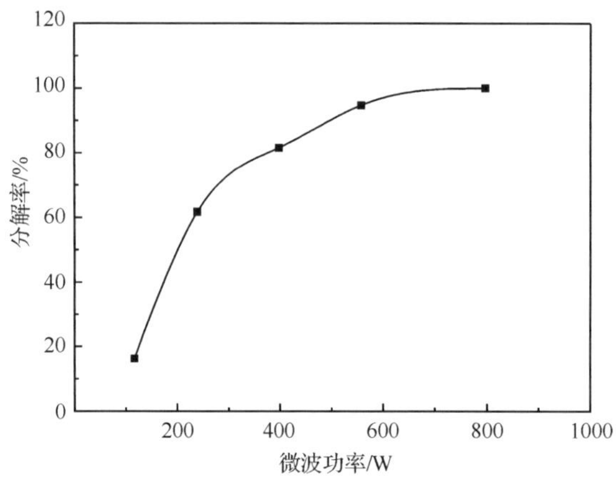

图 5-6　微波功率对分解率的影响

图 5-5 为物料量对氢氧化镁分解率的影响关系图。随着物料量的增加，氢氧化镁的分解率不断减小。当物料量增至 6g 时，分解率只有 78.45%；而物料量为 4g 时，分解率可以达 99.91%。这主要是由于物料量增加时，一方面料层加厚，水的蒸发时间延长，另一方面，微波加热的强度被分散，导致单位质量物料所吸收的微波减少。

从图 5-6 可以看出，随着微波功率加大，氢氧化镁的分解率不断增大，其原因在于微波功率直接决定煅烧温度，微波功率越大，物料的煅烧温度越高。

经优化，微波加热氢氧化镁制备轻质活性氧化镁的最佳工艺为：微波功率为 800W，微波辐射时间为 8min，物料量为 4g。与常规煅烧方式相比，微波煅烧时间仅为传统方法的 1/10；经对煅烧产品分析表征，氢氧化镁的分解率为 99.62%，氧化镁含量为 95.09%，碘吸附值为 76.68mg/g，产品指标达到了沪 Q/HGll-238-82 一级标准。

5.1.2　微波煅烧制备氧化锌

氧化锌（ZnO），俗称锌白，可溶于酸和强碱，难溶于水，主要由碳酸锌或氢氧化锌等锌化合物加热分解得到。氧化锌是一种常用的化学添加剂，广泛应用于塑料、硅酸盐制品、合成橡胶、润滑油、油漆涂料、药膏、黏合剂、食品、电池、阻燃剂等产品中[9]。此外，由于氧化锌的能带隙和激子束缚能较大、透明度高，有优异的常温发光性能，在半导体领域的液晶显示器、薄膜晶体管、发光二极管等产品中也有应用。

郭胜惠等[10]开展了微波煅烧碱式碳酸锌制备氧化锌的研究（图 5-7）。研究发现，在功率为 430W 的微波加热下，碱式碳酸锌的分解主要集中在 5～7min，而在煅烧初期和后期分解率均不高。通过正交实验分析表明，煅烧时间对碱式碳酸锌分解率影响最大，其次为物料质量，微波功率对碱式碳酸锌煅烧分解率影响最小。与常规回转窑煅烧时间 3～4h 相比[11]，微波煅烧碱式碳酸锌时间仅为常规的 1/20。

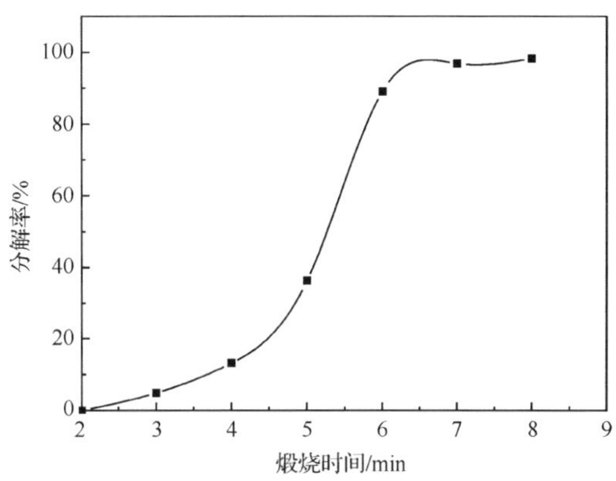

图 5-7　碱式碳酸锌分解率与煅烧时间的关系

杨卜等[12]探讨了微波煅烧草酸锌制备氧化锌，考察了微波功率、煅烧加热时间和物料量等因素对分解率的影响。在微波功率为 490W，物料量为 10g 条件下，煅烧时间对草酸锌分解率影响曲线如图 5-8 所示。

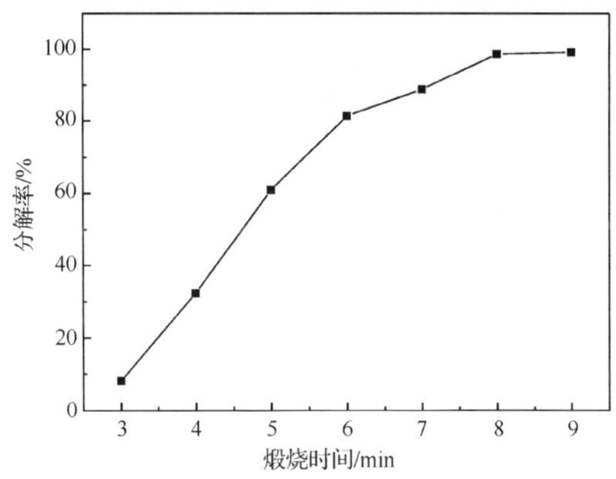

图 5-8　草酸锌微波煅烧时间与分解率的影响关系

由图 5-8 可知，草酸锌在 4～7min 内相对分解率最大，当煅烧时间为 9min 时，草酸锌的相对分解率达到 99.95%。通过正交实验确定了影响微波煅烧草酸锌的主要因素，得到了微波煅烧草酸锌的最佳工艺条件为：功率为 490W，煅烧时间为 8min，物料量为 12g。

范兴祥[13]从锌浮渣中通过碳酸盐沉淀、微波煅烧前驱体制备得到超细活性氧化锌。微波煅烧 10min 与常规煅烧 5h 相比，微波煅烧产物分散性好、团聚少、颗粒细、粒度均匀；而常规煅烧产物分散性差，存在团聚，颗粒较粗，粒度不均匀，其煅烧产物 SEM 结果如图 5-9 和图 5-10 所示。

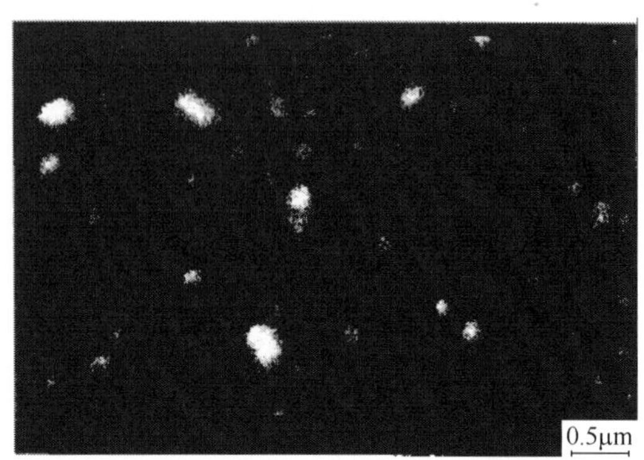

图 5-9　微波煅烧产物 SEM 照片

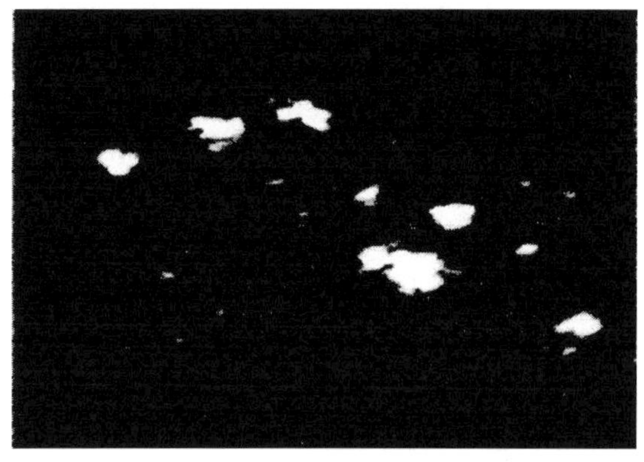

图 5-10　常规煅烧产物 SEM 照片

另外，针对化学沉淀法、均匀沉淀法和直接沉淀法等传统制备纳米氧化锌的方法存在工艺复杂、操作成本高、污染严重、加热不均匀等缺点[14]，曹俊等[15]、石晓波等[16]分别开展了直接沉淀-微波煅烧前驱体碱式碳酸锌和乙二酸锌制备纳米氧化锌的研究。实验结果显示，微波煅烧制备的纳米氧化锌粒径为 10～20nm，产品粒度均匀，分散性好。

5.1.3　微波煅烧制备氧化钼

我国钼矿资源十分丰富，是世界上主要产钼国家之一。钼主要来源于两种矿石：一种是以钼为主的原生钼矿石，另一种是含钼的硫化铜矿石。从铜钼矿石中回收钼是钼的重要来源，占到了 60%以上。钼酸铵是钼冶金过程中重要的中间产品，现主要采用传统氧化焙烧氨浸法、氧压煮法、碱压煮法、溶剂萃取法及离子交换法等制取。钼酸铵是生产钼粉、钼丝及钼基制品的主要原料，也广泛用于催化剂、阻燃剂、颜料及微量元素肥料等。

三氧化钼作为重要的钼氧化物，可由钼酸铵煅烧分解得到，其反应机理如下[17]：

130℃时

$$5(NH_4)_6Mo_7O_{24}\cdot 4H_2O = 7(NH_4)_4Mo_5O_{17} + 2NH_3\uparrow + 21H_2O$$

240℃时

$$4(NH_4)_4Mo_5O_{17} = 5(NH_4)_2Mo_4O_{13} + 6NH_3 + 3H_2O$$

260℃时

$$(NH_4)_2Mo_4O_{13} = 4MoO_3 + 2NH_3\uparrow + H_2O$$

魏勇[18]认为钼酸铵煅烧时，在 300～400℃形成不稳定的三氧化钼相，当温度高于 400℃时，不稳定的三氧化钼相发生晶型转变，形成稳定的三氧化钼相。

传统三氧化钼生产是将钼酸铵加入到回转窑中进行煅烧，这种方法能耗高、粉尘大、回收率不高、劳动条件恶劣，同时由于加热时间长引起粉末颗粒异常长大，加热不均匀发生粉末烧结现象。因此，长期以来人们一直在寻求一种新的替代方法。

秦文峰等[19]采用改装的家用微波炉（图 5-11）开展了微波煅烧钼酸铵制取高纯三氧化钼的研究。

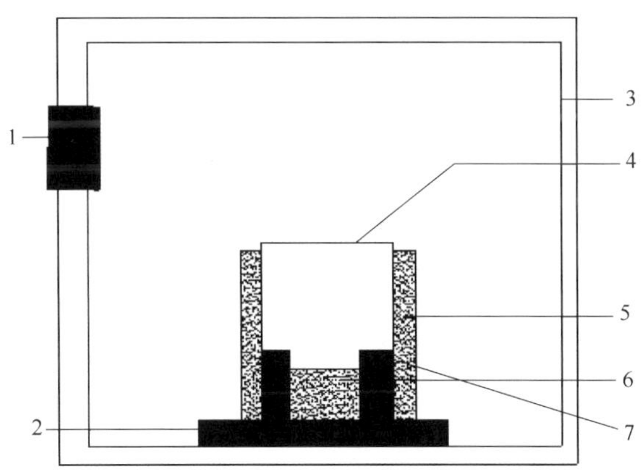

图 5-11　微波加热实验装置

1. 排风扇；2. 支撑物；3. 微波腔体；4. 坩埚；5. 保温材料；6. 钼酸铵；7. 辅助加热材料

通过正交实验及极差分析表明，物料量对钼酸铵分解率的影响最大，微波功率次之,煅烧时间对分解率的影响最小。实验确定的最佳工艺参数为:微波功率为700W,煅烧时间为6min,物料量为6g,此时钼酸铵分解率为99.67%。与常规煅烧方法相比,微波煅烧时间仅为常规方法的1/10。图5-12及图5-13为钼酸铵在微波和常规煅烧条件下的分解情况。

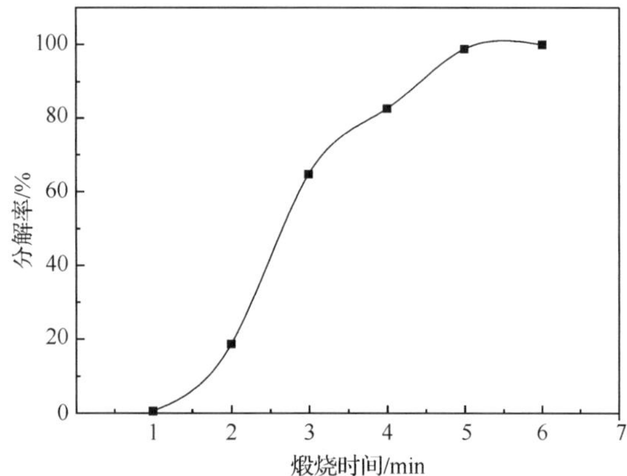

图5-12 钼酸铵微波煅烧时间对分解率的影响

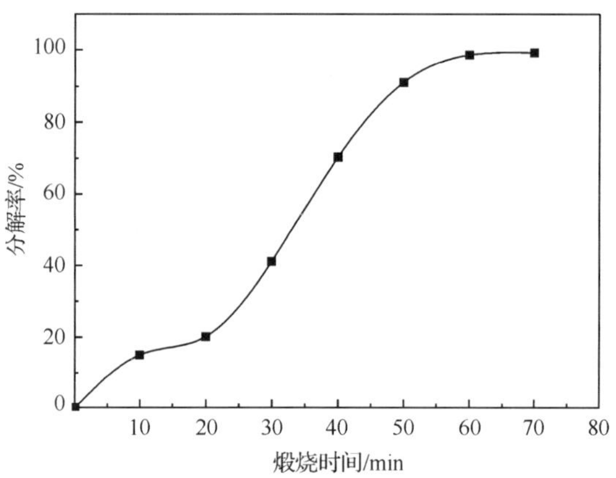

图5-13 钼酸铵常规煅烧时间对分解率的影响

由图5-12及图5-13可以看出,在相同物料条件下,采用微波煅烧钼酸铵仅用6min,而传统方法约需60min,微波煅烧时间仅为传统方法的1/10。

5.1.4 微波煅烧制备氧化钨

三氧化钨是淡黄色斜方晶粉末,密度为7.16g/cm³,熔点为1473℃,沸点为1750℃,850℃时显著升华,熔融时呈绿色。在空气中稳定,不溶于水和除氢氟酸以外的无机酸,能缓慢溶于氨水和浓热氢氧化钠溶液中。

三氧化钨由钨精矿与氢氧化钠或苏打高温熔融，或高温高压煮制成钨酸钠溶液，经离子交换或萃取提纯、蒸发工艺制得仲钨酸铵晶体，再经 700℃煅烧制得。如果是以白钨精矿为原料，也可用盐酸分解制成钨酸，经氨溶、蒸发工艺制得仲钨酸铵晶体，然后经 700℃煅烧制得三氧化钨。三氧化钨可用作制金属钨的原料，制造硬质合金、刀具、模具和拉钨丝，也可用于粉末冶金，还可用于 X 射线屏及防火织物，以及用作陶瓷器的着色剂和分析试剂等。仲钨酸铵的热分解反应可表示为

$$5(NH_4)_2O \cdot 12WO_3 \cdot 11H_2O = 12WO_3 + 10NH_3\uparrow + 16H_2O$$

仲钨酸铵热分解机理分为四个单独的阶段[20]，可以表示为表 5-2。

表 5-2　仲钨酸铵热分解机理

气氛	温度/℃					
空气	室温	180	225	325	500	>500
	APT	单水 APT	偏钨酸铵	ATB	WO_3	WO_3

传统的三氧化钨生产工艺是将粉末状仲钨酸铵放置在固定式炉或回转炉中进行煅烧[21]，这种生产方法的缺点是三氧化钨的生产时间长、生产成本高、窑炉热效率低、能耗大、产品的纯度和粒度难以保证，尤其是粉料易泄漏，车间工作环境差，影响产品的回收。针对上述问题，郭胜惠等[22]开展了微波煅烧仲钨酸铵制备三氧化钨的研究，获得了最佳工艺参数：微波功率为 650W，煅烧时间为 4min，物料量为 10g。图 5-14 为仲钨酸铵分解率与煅烧时间的关系。

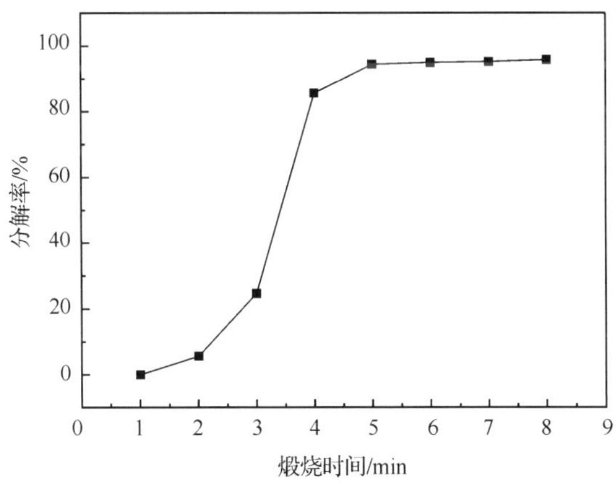

图 5-14　仲钨酸铵分解率与煅烧时间的关系

5.1.5 微波煅烧制备超细氧化铁

氧化铁由于其色谱广、无毒和价廉等，广泛用于建筑材料、涂料、橡胶、陶瓷、玻璃、造纸、油墨、油地美术颜料、医药、化妆品、高级精磨材料、磁性记录材料、宠物饲料添加剂等领域中[23]。氧化铁主要是靠化学方法合成，传统方法根据所用方法和方式的不同可分为湿法和干法两种。干法通常以羰基铁[$Fe(CO)_5$]或二茂铁($FeCP_2$)为原料，采用火焰热分解、气相沉积、低温等离子化学气相沉积法(PCVD)或激光热分解法制备；湿法多以工业绿矾、工业氯化(亚)铁或硝酸铁为原料，采用氧化沉淀法、水热法、强迫水解法、溶胶-凝胶法、胶体化学法、水溶胶萃取法等制备[24]。随着纳米技术的发展，如何制备高纯、超细、均匀的纳米氧化铁微粒尤为重要。

针对目前以可溶性 Fe^{3+} 盐为原料，经沉淀、脱水、还原及再氧化等步骤制备的 γ-Fe_2O_3 工艺复杂[25]，以铁的有机物热解直接得到的 γ-Fe_2O_3 产品不纯、价格高[26]，以及以电解铁粉为原料制得的 $FeCO_3$ 作前驱物，再进行热分解制备 γ-Fe_2O_3 需严格控制工艺条件等方法的不足[27]，吴东辉等[28]用硫酸亚铁为原料加 $NH_3 \cdot H_2O$ 得到的 $Fe(OH)_2$ 作前驱物，在有 CO_3^{2-} 存在下进行微波快速热分解可直接得到 γ-Fe_2O_3。这是由于在 $FeSO_4$ 溶液中加入氨水，Fe^{2+} 在碱性条件下更容易被氧化，所以在前驱体制备条件没有严格控制的情况下，必有部分 Fe^{2+} 氧化为 Fe^{3+}，因此，前驱体中存在部分 Fe_3O_4。由于 Fe_3O_4 具有较强的吸收微波的能力，在微波加热条件下体系的温度快速升高，在该条件下 $Fe(OH)_2$ 首先被空气中的氧氧化为 Fe_3O_4，进而继续被氧化为 γ-Fe_2O_3。该法具有对原料的要求不高、对前驱体的制备条件不必严格控制的优点。与常规的热处理方式相比，微波热分解产物的分散性较好且粒径减小。

针形 α-Fe_2O_3 作为气敏材料可降低气敏元件的工作温度并提高其灵敏度，而经还原、氧化后得到的针形 α-Fe_2O_3 还是理想的磁性记录材料[29]。但常见的制备方法是在有晶体生长剂存在的条件下，用 Fe^{3+} 盐强迫水解，但其最大的缺点是生产率低，难以工业化推广。尽管 Sugimoto 等[30]以 $Fe(OH)_3$ 为前驱体，经过凝胶-溶胶过程制备出立方体形 α-Fe_2O_3，产率高达 100%，但其制备时间较长。吴东辉等在有晶体存在的条件下，用微波凝胶-溶胶两步法制备了针形 α-Fe_2O_3。图 5-15 为微波辐射 20h 后得到的悬浊液 TEM 照片。

由图 5-15 可以看出，粒子形貌呈针形，且分散性好。其原因在于，在有晶体生长剂如 NaH_2PO_4 存在时，$H_2PO_4^-$ 吸附在 α-Fe_2O_3 晶体某些表面，抑制了晶粒在该方向上的生长，从而迫使 α-Fe_2O_3 只能在没有吸附 $H_2PO_4^-$ 的方向生长，导致晶粒生长的不对称性，最终使晶粒呈现针形。

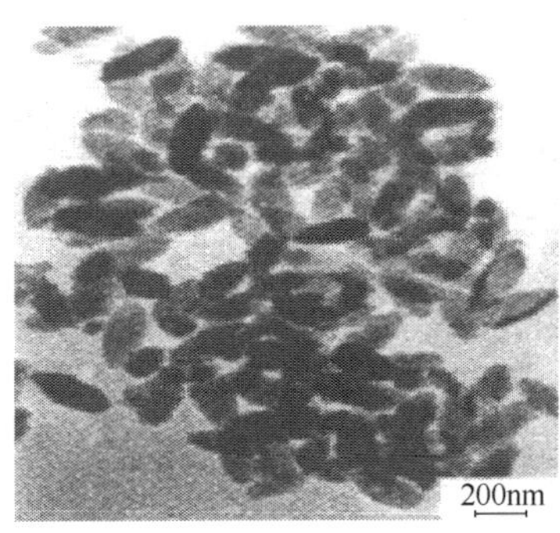

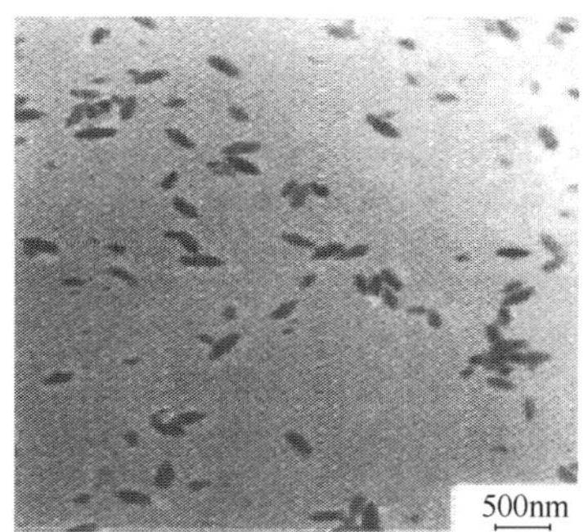

图 5-15 针形 α-Fe_2O_3 TEM 照片

5.1.6 微波煅烧制备碳/碳复合材料

在碳/碳复合材料制备过程中，等温化学气相渗透工艺存在密度梯度大、表面易结壳等缺点，若采用低沉积温度、低气氛压力则会导致致密化周期长等问题[31-34]。因此，寻求新的热分解技术是碳/碳复合材料致密化制备的关键。

针对上述问题，邹继兆等[35]以碳毡为预制体，N_2为稀释气体，甲烷为碳源前驱体，在分压为 10kPa，沉积温度为 1373K 的工艺条件下，研究了不同气体滞留时间对微波热分解工艺制备碳/碳复合材料的致密化速率、样品的体积密度及其密度均匀性的影响，分析了气体滞留时间对微波热分解化学气相渗透工艺制备碳/碳复合材料的影响规律及组织结构的变化。在 1100℃和甲烷分压为 10kPa，滞留时间分别为 0.05s，0.10s，0.15s，0.20s 的条件下，密度随致密化时间的变化曲线如图 5-16 所示。

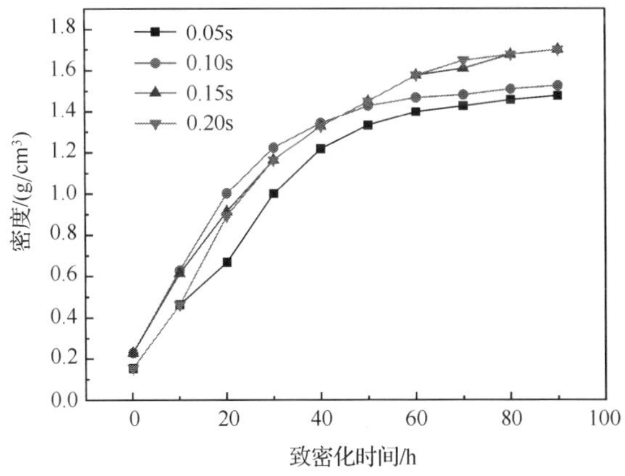

图 5-16 不同滞留时间下密度随致密化时间的变化关系

从图 5-16 可以看出，在致密化前期(<30h)，不同滞留时间下，预制体密度随致密化时间都呈近似线性的增加趋势，随着致密化时间的延长(>30h)，曲线斜率降低，即预制体的致密化速率降低，但长的滞留时间(0.15s，0.20s)条件下，预制体依然保持相对较高的致密化速率。这是由于甲烷作为一种非极性分子，在微波场中不能被加热，当甲烷输送到高温区后裂解，生成甲基、乙基和不饱和烃等分子，这些极性分子在微波场内产生极化，不断转向、翻转，相互碰撞，或与源气体分子碰撞生成分子更大的产物，或与纤维碰撞并被带电的纤维吸附，在高温的纤维表面脱氢成碳并沉积在纤维表面，抑制了多环芳香烃类(PAHs)大分子的形成。在沉积前期(<30h)，预制体具有大的孔隙，前驱体的输送通畅，从而在不同滞留时间下，预制体都具有较快的致密化速率；随着致密化时间的延长(>30h)，呈现不同的致密化趋势。在滞留时间很短(即流量很小，流速高)的情况下，这些小分子特别是在负压环境中，只有少量的碳源前驱体进入到预制体的孔隙内部，中心不能获得足够的源气体而不能完全致密，导致内部不能达到完全致密化。逐渐增大源气体的滞留时间，源气体的流速减慢，进入预制体内部的源气体相对增多，中心致密度相对增大，预制体的密度均匀性更高，整体密度更大，从而体现为后期的致密化速率更高。从预制体径向密度分布可以进一步得到证明(图 5-17)。

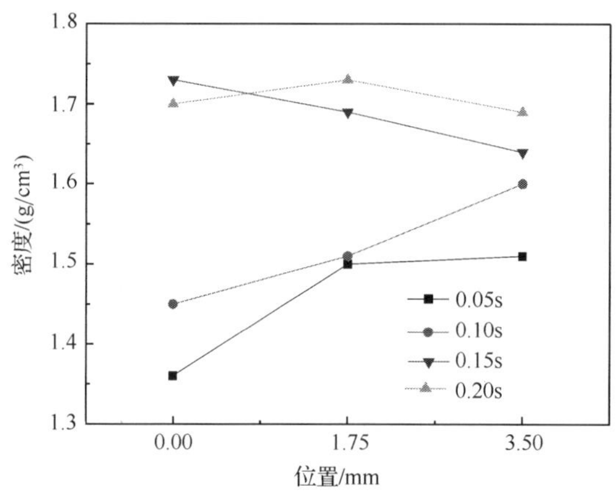

图 5-17　不同滞留时间下预制体的径向密度分布曲线

由图 5-17 可以看出，随着滞留时间的延长，所制得的碳/碳复合材料的平均体积密度逐渐增大，而径向密度梯度也相应地呈现一定的变化趋势。当滞留时间为 0.05s 时，中心的密度很低，只有 1.36g/cm^3，沿径向密度逐渐增大，出现很大的密度梯度(外高内低)，且试样整体密度低，致密化效率最低。随滞留时间的延长，更多的源气体扩散入预制体中心，中心密度随之增大，预制体依然存在中心低表面高的现象；继续增大滞留时间(0.15s)，中心密度增大，密度梯度依然存在，但是其梯度转化为中心高表面低，具有很大的致密化的潜力，且试样整体密度达到 1.70g/cm^3 以上；继续延长滞留时间为 0.20s 时，中心密度有所降低，径向密度先升后降，相对于 0.15s 的滞留时间，其进一步沉积的潜力有所降低。

从以上分析可知，在 MCVI 工艺中，采用微波加热，预制体自发热，并产生一定的温度梯度，预制体表层温度低于内部温度；同时，由于微波选择性加热的特点，非极性的前驱体(甲烷)、预制体夹具及保温材料不吸收或吸收很少微波，高温区局限在试样放置区，减少了前驱体进入反应区的预分解，大大抑制了前驱体在预制体外表面的均相热解反应，从而使前驱体保持以较小的分子量状态向预制体内部传输，提高了前驱体的扩散速率；同时，在微波电磁场中，纤维被极化后表面带上极化电荷，在纤维的表面沉积反应过程中，这些电荷成为表面反应的活性点，纤维表面活性点增加(相当于增大了预制体 A_s/V_r 值)，从而大大加快了碳纤维表面沉积反应速率。但是气体的滞留时间对该工艺的致密化过程也有很大的影响，短的支流时间条件下，预制体的径向密度梯度呈现“低—高”的变化趋势，这是应该避免的沉积方式。随着滞留时间的延长，预制体的径向密度梯度转化为内高外低，即预制体是从内到外逐渐沉积的，这是期望的致密化方式。继续延长滞留时间(0.20s)，预制体的径向密度梯度呈现“低—高—低”的变化规律，且其中心密度为 1.70g/cm^3(图 5-18)。

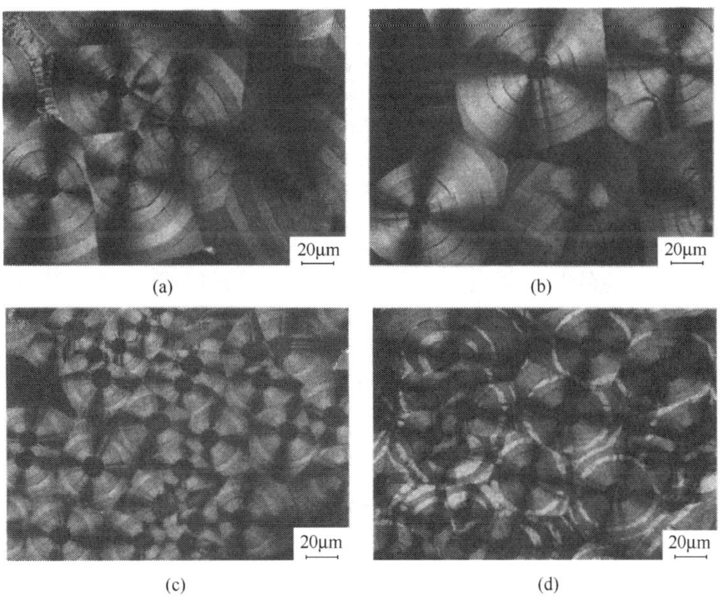

图 5-18　不同停留时间下所制备样品的偏光照片

(a)0.05s；(b)0.10s；(c)0.15s；(d)0.20s

图 5-18 的工艺条件为：滞留时间分别为 0.05s，0.10s，0.15s，0.20s，沉积温度为 1100℃，甲烷分压为 10kPa。在滞留时间为 0.05s 条件下，碳纤维表面沉积的是低织构的热解碳，其消光角为 8°左右；随着滞留时间的延长，热解碳的组织结构从低织构向中等织构变化，消光角从 10°增加到 12°；当滞留时间为0.20s时，出现一部分高织构的混合热解碳组织，消光角达 13.5°。图 5-19 为消光角随滞留时间的变化曲线。

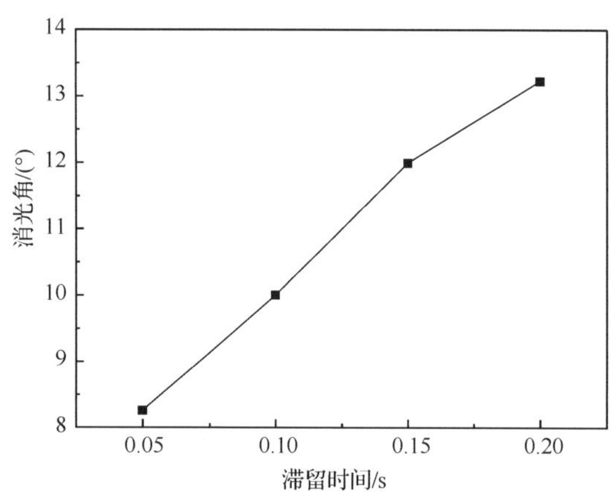

图 5-19 消光角随滞留时间的变化曲线

均相热解反应的总趋势是随着滞留时间的延长和(或)分压的增加，热解沉积反应的产物即形成热解碳的反应物的分子按照线形小分子、芳香烃、多环芳香烃的次序逐渐增大。在 MCVI 工艺中，采用二维碳纤维作为预制体，它的 A_s/V_r 中 A_s 大，加上微波的极化作用，纤维表面带上电荷，大大增加了纤维表面的活性点，抑制了 PAHs 大分子的形成，因此没有或很少有 PAHs 参与热解碳基体的沉积过程；此外由于微波电磁场的存在，极性的碳源分子有序地吸附在纤维表面脱氢成碳，利于形成高织构的热解碳组织；相反，在滞留时间很短的情况下，均相反应和热解沉积反应缓慢，大分子产物少，r 值小，易形成低织构的热解碳组织，它们之间存在一种竞争关系。当后者占优势的时候，易形成低织构的热解碳，前者占优势的时候，易形成高织构的热解碳。在实验中，随着滞留时间的延长，均相反应和热分解沉积反应增加，大分子产物增多，r 值增大，后者的优势逐渐减弱，导致组织结构的有序性相应升高，利于形成高组织的热分解碳。

结果表明，采用微波热分解工艺在 1373K，90h 内制备出体积密度为 1.70g/cm^3 的碳/碳复合材料，在滞留时间为 0.15s 时预制体呈现从内到外逐步致密的规律；同时，随着滞留时间的延长，热分解碳的组织结构从低织构到中等织构变化。另外，作者还研究了不同沉积温度对微波热分解化学气相渗透工艺制备碳/碳复合材料密度及组织结构的影响[36]。

5.1.7　微波煅烧制备硫酸工业用钒催化剂

硫酸工业用钒催化剂是 20 世纪 50 年代诞生的一种低温度液相负载型催化剂，在生产过程中其干燥和煅烧两段工艺反应时间长、能耗大、扬尘点多，致使产品的机械强度低，磨耗大。鉴于五氧化二钒具有较强的微波吸收性能，孙德坤等[37]探索了微波煅烧制备硫酸工业钒催化剂，获得了最佳工艺参数。

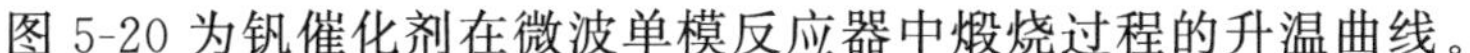

图 5-20 为钒催化剂在微波单模反应器中煅烧过程的升温曲线。

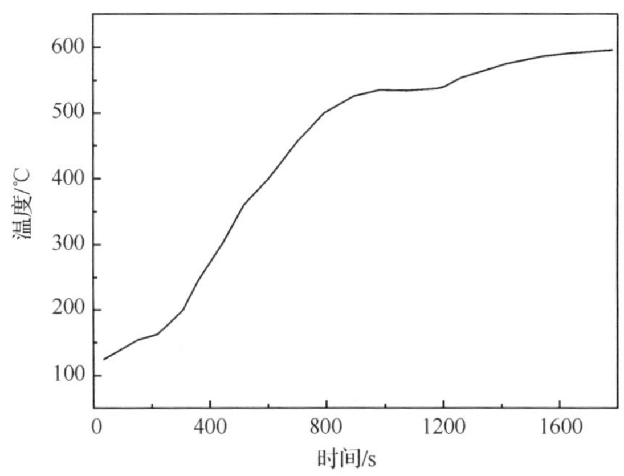

图 5-20　钒催化剂在微波场中的升温曲线

由图 5-20 可以看出，在 100～450℃，钒催化剂温度迅速上升，在 480～600℃，升温速率缓慢，此时造孔反应基本完成。催化剂样品经一定时间煅烧后，得到的钒催化剂产品性能如表 5-3 所示。

表 5-3　微波煅烧与常规煅烧催化剂的性能比较

方法	SO_2转化率/%	径向抗碎强度/(N/cm)	磨耗率/%	扬尘点/次	干燥和煅烧时间/h
传统方法	＞86	＞35	＜10	4	5
微波方法	86.73	89	3.8	1	0.5

结果显示，微波法煅烧制得的钒催化剂催化活性达到国家标准，机械强度比常规法增加 3 倍，磨耗下降 1/3。另外，施燕飞[38]也采用微波煅烧法生产钒催化剂，并对其性能进行了考察。结果表明，在单模微波化学反应器中，控制适量的阳极电压和磁场电流，微波辐射一定时间，通入一定流量空气，可获得活性较好的钒催化剂。与传统方法生产的钒催化剂相比，微波煅烧钒催化剂的比表面、机械度、磨耗等指标均有提高；采用多模微波煅烧钒催化剂，由于钒催化剂是多组分混合

物质，各组分的吸波性能不同，使得升温过程中各组分的膨胀系数相差过大，各组分温度不同，造成钒催化剂表面不光滑，色泽不均一，甚至有爆裂现象。针对上述问题，昆明理工大学李东波等[39]对微波煅烧硫酸工业用钒催化剂开展了进一步的研究。结果表明，采用多模微波反应器在600℃下煅烧30min后，钒催化剂耐热活性大于85.5%，径向抗压为119N/cm，磨耗率为6.07%，堆密度为0.63g/mL，各项指标均达到国家标准。表5-4为不同煅烧工艺得到的钒催化剂性能指标。图5-21为微波煅烧前后钒催化剂SEM图谱。

表 5-4 微波煅烧与传统煅烧钒催化剂的性能比较

方法	活性(耐热后 SO_2转化率)/%	径向抗压 /(N/cm)	磨耗率/%	堆密度 /(g/mL)	$w(V_2O_5)$/%
微波方法1	85.75	110	5.5	0.64	7.92
微波方法2	85.75	117	5.8	0.62	7.99
传统方法	>83	>35	<10	<0.7	

(a)

(b)

图5-21 钒催化剂微波煅烧前后的SEM图谱
(a)煅烧前；(b)煅烧后

5.2 微波煅烧处理废弃物

污泥作为污水处理的产物，传统的处置方式如填埋、焚烧、填海和土地利用等均不符合可持续发展的要求，也无法做到资源化利用；传统煅烧分解污泥制取吸附剂方法尽管显示出了良好的前景，但其工艺复杂、成本高、效率低；近年发展起来的污泥堆肥化土地利用、污泥制沼气等资源化利用技术则有投资大的局限，因此，寻找一种经济、高效、环境友好的新工艺显得日益紧迫和必要[40]。

针对污泥含有丰富的有机物这一特性，文献[41]～[43]探索了微波诱导煅烧污泥制取合成气体和油的研究。结果显示，当在污泥中添加少量石墨或焦粉等吸波物质后，污泥在很短的时间内即可达到1273K；在流速为60cm^3/min的氮气保护条件下，污泥在1273K煅烧20min产生的含氢合成气体浓度高达94%，同时还产生含烷烃、烯烃、芳香族化合物、苯衍生物等多种有机物的热解油。与常规煅烧方法相比，微波诱导煅烧产生更多的一氧化碳气体，且达到煅烧温度的时间大大缩短，能耗仅为常规方法的50%。

万立国[44]探讨了分别以活性炭、氧化铁、碳化硅和炭化污泥作添加剂条件下的微波诱导热分解污泥的研究，考察了微波加热功率和辅助添加剂量等因素对微波热分解污泥的影响，确定了最佳工艺条件。研究表明，微波热分解污泥可有效使其减量和减容。

尽管微波热分解处理污泥为污水污泥的资源化利用探索了一条新的途径，但由于该研究还处于初期，目前还存在热分解机理尚不明了，无法对反应过程进行很好的控制；热分解后固体剩余物的量还是很大，另外污泥中含有的大量重金属处理起来仍有许多困难；裂解产生的液态产品燃烧会产生有害的物质；热分解工艺的环境评价、经济评价等工作都有待进一步研究。

废电路板作为一种固体废弃物，不仅含有多氯联苯、铅、铬、汞等有害物质，还含有大量的贵金属金、银、钯和有色金属铜、铝、锌、镍等。无论从环境保护的角度还是从资源再利用的角度，废电路板的综合利用具有一定的社会意义。然而，目前的废电路板处理方法中物理法有效成分分离难度大；火法工艺金属回收率低，设备昂贵，且容易造成二次污染；湿法工艺化学试剂消耗量大，工艺复杂，也会产生废水污染；生物技术浸取率低，浸取时间长。因此，探索废电路板回收利用新途径则显得日益紧迫。针对上述难题，谭瑞淀等[45]开展了微波热分解废电路板回收利用研究。研究表明，微波热分解处理废电路板在技术上可行；微波热分解得到的气体产物是可燃性气体占70%（体积分数）左右的高热值燃料气，可以作为城市煤气使用；热分解得到的酚类化合物中苯酚、甲基苯酚和邻甲基苯酚高达70%以上，经简单的加工处理后可作为有价值的化工原料使用；同时，通过微波热分解还可以使固体产物中的金属元素得到回收利用。

微波热分解为废电路板的资源化利用探索了一条新的途径，但由于该研究刚刚起步，目前的研究仅限于废电路板中有机物部分的热分解利用，一些高附加值的有价金属仍无法回收。另外，微波加热工艺以及微波加热设备的综合研究与开发也需进一步提高。

5.3 微波煅烧其他物料

张宁等[46]报道了微波煅烧硅酸盐水泥的研究。研究指出,微波煅烧比电炉煅烧的温度至少降低 323K,煅烧时间缩短约 70%,微波煅烧水化活性优于电炉煅烧。同时由于微波煅烧的体积加热效应,致使硅酸盐水泥熟料的形成过程不同于电炉煅烧(黏土脱水,分解,碳酸钙分解,固相反应,最后阿利特在 1523~1723K 于液相中生成),而是黏土脱水分解,碳酸盐分解,固相反应,固液相反应生成阿利特等过程。从而致使微波煅烧的熟料中硅酸盐矿物(C_3S+C_2S)总含量提高了约 10%,中间相(C_3A+C_4AF)的含量降低了约 10%。

Domínguez 等[47]开展了微波诱导热分解咖啡壳制取富氢燃料气体的研究。考察了热分解温度对热分解产物及产品特性的影响。研究发现,即使在相对较低的温度下,也产生大量的热分解气体。与常规热分解方法相比,微波诱导热分解咖啡壳产生大量的热分解气体,而焦油的产生量相对较少,而且产生的热分解气体中氢气及氢气混合气体的比例较高。

文献[48]探讨了微波诱导热分解木头制取高比表面积炭的研究。结果显示,在微波场中,直径为 100mm 的圆柱形木块在约 15min 即可完成热分解,且热分解后的炭的比表面积达 $450m^2/g$,SEM 表征显示,炭微孔中很少有炭颗粒存在。

钟声亮等[49]开展了微波煅烧高岭土的机理研究。微波煅烧高岭土的相变过程与常规煅烧方法相变过程相同,但微波煅烧相变速度加快 4~12 倍,相变转变温度降低了近 473K。此外,与常规煅烧方法相比较,微波煅烧产物的平均粒径更小,粒度更均匀(图 5-22)。

赵桂丰等[50]研究了微波煅烧贝壳制备用于钙营养强化剂和食品螯合剂的优质氧化钙。研究结果表明,当煅烧温度高于 1000℃时,贝壳灰分中 X 射线衍射特征峰基本无变化,此时贝壳中的碳酸钙全部分解为氧化钙,煅烧温度对产品质量影响的 XRD 图谱如图 5-23 所示。同时在煅烧温度为 1000℃,煅烧时间大于 60min 后,贝壳灰分中 X 射线衍射特征峰也基本无变化,煅烧时间对产品质量影响的 XRD 图谱如图 5-24 所示。获得的最佳实验条件为:微波煅烧温度大于 1000℃,煅烧时间为 1h。在该条件下所得的氧化钙粒度为 2~5μm,纯度为 95.2%,产率为 88.8%,色泽亮白,手感细腻。

此外,华一新等[51]报道了微波煅烧分解 MnO_2 的研究,并用差重法研究了在空气气氛中 873~1073K MnO_2 分解过程的动力学。结果表明,MnO_2 吸波性能很好,而 Mn_3O_4 则几乎不吸收微波;MnO_2 热分解按 $MnO_2 \rightarrow Mn_2O_3 \rightarrow Mn_3O_4$ 分

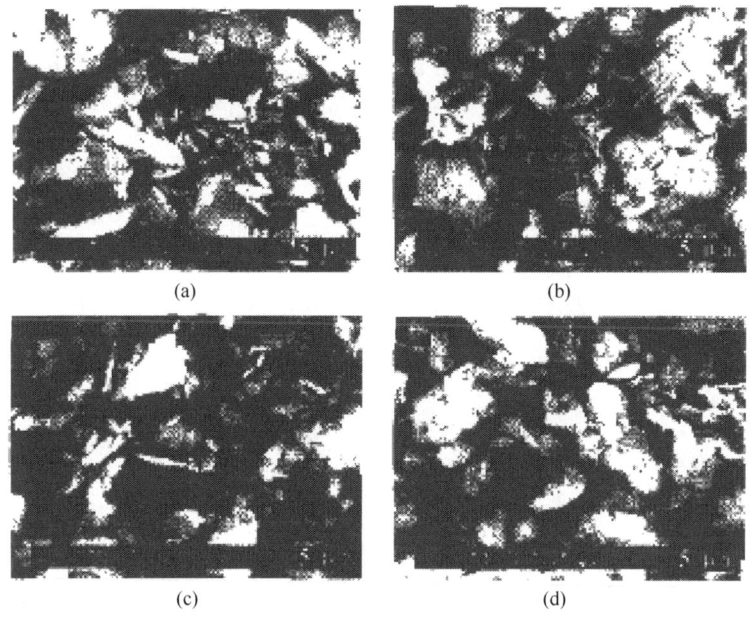

图 5-22　微波法和常规法煅烧高岭土的 SEM 照片

(a)常规煅烧(750℃,2h);(b)常见煅烧(1250℃,2h);(c)微波煅烧(10min);d. 微波煅烧(25min)

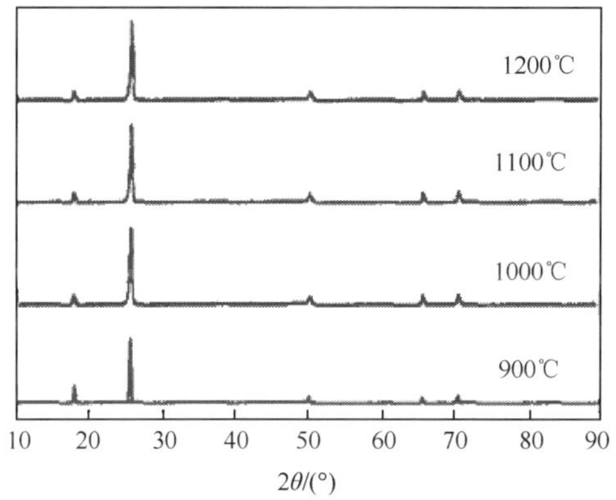

图 5-23　贝壳灰分在不同煅烧温度下的 XRD 图谱

步进行,其中第一步的速率受通过产物层的传热控制,第二步受化学动力学控制。

Ounaies[52]开展了微波煅烧溶胶-凝胶法制备钛酸锆铅(PZT)粉末的研究。结果显示,微波煅烧钛酸锆铅可显著降低煅烧温度,缩短煅烧时间,与常规煅烧相比,微波煅烧时间仅为 1/8。

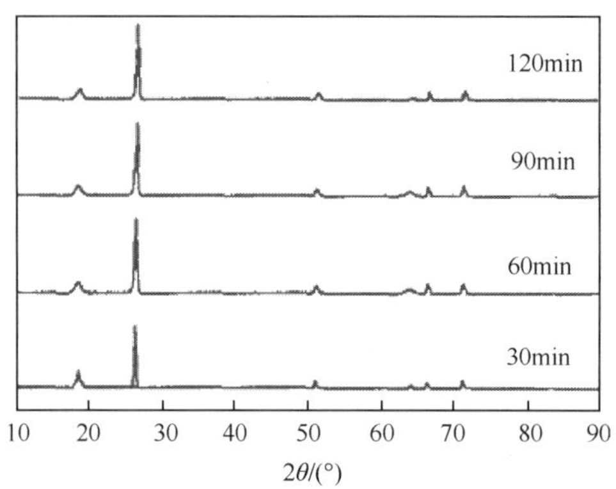

图 5-24 贝壳灰分在不同煅烧时间下的 XRD 图谱

5.4 微波煅烧的优点及存在的主要问题

微波煅烧是利用物料自身吸收微波的性能加热分解物质,克服了常规加热方式因存在的温度梯度而导致的受热不均、煅烧时间长等问题,具有加热均匀,效率高,煅烧时间短等优点,在化合物分解、材料制备以及废弃物的处理等方面显示出了极大的优越性。但微波作为一种新型的煅烧方法,尚有许多问题需进行更广泛和深入的探讨。

目前大量的研究者在基础理论研究时主要选择功率密度较低、温度不可控的间歇式家用微波炉或经保温、隔热等改装的家用微波炉,导致结果的重复性差、规模小、安全性差、实验规范性低,很难进行经济评价;更为重要的是,目前的微波煅烧研究中普遍考察微波功率对考核指标的影响,大多没有系统研究煅烧温度对考核指标的影响,所以难以解释过程的内在反应机制,且无法指导扩大实验的研究。

另外,目前能够在微波场中煅烧分解的物料大多具有比较强的微波吸收性能,弱吸波物料的微波煅烧研究文献报道甚少。然而冶金工业中有大量急需处理的弱吸波物料,因此,采用功率连续可调、温度可控的专用微波反应器探索弱吸波物料在微波场中的吸波特性规律,研究弱吸波物料与微波相互作用机制,对开展弱吸波物料的微波煅烧,开发在常规条件下无法实现的新工艺、新技术具有重要的意义。

参考文献

[1] 步文博.吸波材料的基础研究及微波损耗机理的探讨.材料导报,2001,15(5):34-37.
[2] 周克省,黄可龙.吸波材料的物理机制及其设计.中南工业大学学报,2001,22(60):617-621.
[3] 吴万伯.谈菱镁矿的综合开发与应用.矿产保护与利用,1994,1:5-18.

[4] 吴万伯. 谈菱镁矿生产轻质碳酸镁和氧化镁. 非金属矿,1997,4(118):22-25.

[5] 徐玲玲,杨南如. 氧化镁活性对氯镁石材料开裂和耐水性的影响. 硅酸盐学报,2003,31(8):759-762.

[6] 杨卜,彭金辉,范兴祥,等. 微波辐射煅烧碱式碳酸镁制备轻质活性氧化镁. 无机盐工业,2005,37(1):26-28.

[7] 樊希安,彭金辉,郭胜辉. 微波辐射 $Mg(OH)_2$ 制备轻质活性 MgO 新工艺. 轻金属,2003,(7):42-44.

[8] 翟学良. 氢氧化镁热分解行为与机理研究. 矿产综合利用,2000,(3):11-14.

[9] 戴兴征. 活性氧化锌的制备、应用技术发展. 有色金属设计,2003,30:26-34.

[10] 郭胜惠,彭金辉,范兴祥,等. 微波煅烧碱式碳酸锌制取氧化锌. 有色金属,2002,54(4):53-55.

[11] 徐鑫坤,魏昶. 锌冶金学. 昆明:云南科技出版社,1996.

[12] 杨卜,彭金辉,汪云华,等. 微波辐射煅烧法制取氧化镁新工艺. 新技术新工艺,2005,12:47-48.

[13] 范兴祥. 从锌浮渣中制备超细活性氧化锌新工艺研究. 昆明:昆明理工大学硕士学位论文,2003.

[14] 周益民,忻新泉. 低温固相合成化. 无机化学学报,1999,15(3):273-292.

[15] 曹俊,周继承,吴建懿. 微波煅烧制备纳米氧化锌. 无机盐工业,2004,36(5):31-33.

[16] 石晓波,李春根,汪德先. 纳米氧化锌的制备与表征. 江西师范大学学报,2002,26(1):53-55.

[17] 尹周澜. 钼酸铵热分解过程动力学研究. 物理化学学报,1996,12(2):181-184.

[18] 魏勇. 钼还原过程相变化研究. 稀有金属与硬质合金,1996,(3):14-15.

[19] 秦文峰,彭金辉,樊希安,等. 微波煅烧钼酸铵制取高纯三氧化钼新工艺. 新技术新工艺,2004,(4):42-44.

[20] 曾文明,陈启元,李元高. 仲钨酸铵热分解动力学研究. 1994, 18(1):9-13.

[21] 叶帷洪,王崇敬. 钨——资源、冶金性质和应用. 北京:冶金工业出版社,1983:3-10.

[22] 郭胜惠,彭金辉,范兴祥,等. 微波煅烧仲钨酸铵制取三氧化钨. 稀有金属,2002,26(4):314-316.

[23] 黄飞来,郑典模. 纳米氧化铁的制备工艺. 江西化工,2003,(1):11-12.

[24] 杜建全,王海涛,陈春华. 纳米氧化铁的制备方法及进展. 泰山学院学报,2003,25(6):84-85.

[25] Mayutes-Aquino J, Garcia-Casillas P, Ayala-Valenzuela O, et al. Study of iron oxides obtained by decomposition of an organic precursor. Materials Letters, 1999, 38:173-177.

[26] Kyoungja W, Jangwon H, Sungmoon C, et al. Easy synthesis and magnetic properties of iron oxide nanoparticles. Chemistry Materials, 2004, 16(14):2814-2818.

[27] Narasimhan B R V, Prabhakar S, Manohar P, et al. Synthesis of gamma ferric oxide by direct thermal decomposition of ferrous carbonate. Materials Letters, 2002, 425(52):295-302.

[28] 吴东辉,华平,张海军,等. $Fe(OH)_2$ 微波快速热解制备 γ-Fe_2O_3. 材料导报,2007,21(2):157-158.

[29] Corradi A R. Magnetic properties of new(NP)hydrothermal particles. Andress S J IEEE trans MAGN, 1984,20(1):33-38.

[30] Sugimoto T, Kazmo S, Atsushi M. Formation mechanism of monoclisperse pseuclocubic α-Fe_2O_3 Particles from conclersecl ferric hyclroxicle gel. Journal of Colloid and Interface Science, 1993, 159(2):372-382.

[31] Zhang X H,Huo X X,Ma B X. A phosphate-based antioxidation coating for carbon/carbon composites. New Carbon Materials,1999,14(3):1-6.

[32] Golecki I. Rapid vapor-phase densification of refractory composites. Material Science Engineering,1997,20(2):37-124.

[33] Delhaes P. Chemical vapor deposition and infiltration processes of carbon materials. Carbon, 2002,40(5):641-657.

[34] Zhang W G,Huttinger K J. Densification of a 2D carbon fiber preform by isothermal,isobaric CVI:kinetics and carbon microstructure. Carbon,2003,41(12):2325-2337.

[35] 邹继兆,曾燮榕,熊信柏,等.气体滞留时间对微波热解 CVI 工艺制备 C/C 复合材料性能的影响.无机材料学报,2007,22(4):677-680.

[36] 邹继兆,曾燮榕,熊信柏,等.沉积温度对微波热解 CVI 工艺制备炭/炭复合材料密度及组织结构的影响.硅酸盐学报,2007,35(8):1063-1065.

[37] 孙德坤,郑福萍,娄维鸿,等.微波热法煅烧硫酸工业钒催化剂.江苏化工,2003,31(3):38-40.

[38] 施燕飞.钒催化剂生产过程中微波煅烧实验与性能研究.化学工业与工程设计,2001,22(4):10-11.

[39] 李东波,彭金辉,郭绳惠,等.微波煅烧钒催化剂实验及性能研究.现代化工,2011,31(5):63-65.

[40] Houillon G,Jolliet O J. Life cycle assessment of processes for the treatment of wastewater urban sludge:energy and global warming analysis. Journal Cleaner Production, 2005,(13):287-299.

[41] Domínguez A,Fernández Y,Fidalgo B. Bio-syngas production with low concentrations of CO_2 and CH_4 from microwave-induced pyrolysis of wet and dried sewage sludge. Chemosphere,2007,75(6):1-7.

[42] Domínguez A,Menéndez J A,Inguanzo M. Investigations into the characteristics of oils produced from microwave pyrolysis of sewage sludge. Fuel Processing Technology,2005,86:1007-1020.

[43] Menendez J A,Inguanzo M,Pis J J. Microwave-induced pyrolysis of sewage sludge. Water Research,2002,36: 3261-3264.

[44] 万立国.添加剂辅助微波高温热解污水污泥反应条件的优化研究.哈尔滨:哈尔滨工业大学博士学位论文,2006.

[45] 谭瑞淀,王同华,檀素霞,等.微波辐照热解废印刷电路板产物的分析研究.环境污染与防治,2007,29(8):599-601.

[46] 张宁，胡佳山，刘飚，等. 微波煅烧硅酸盐水泥的研究. 硅酸盐通报，2000，5：14-18.

[47] Domínguez A，Menéndez J A，Fernández Y. Conventional and microwave induced pyrolysis of coffee hulls for the production of a hydrogen rich fuel gas. Journal Analytical Applied Pyrolysis，2007，79(1-2)：128-135.

[48] Masakatsu M，Harumi K，Akihiko S. Rapid pyrolysis of wood block by microwave heating. Journal Analytical Applied Pyrolysis，2004，(71)：187-199.

[49] 钟声亮，张迈生，苏锵. 微波热法煅烧高岭土的机理研究. 中山大学学报，2005，44(3)：71-74.

[50] 赵桂丰，杨林，陈雷，等. 微波高温加热法分解贝壳制取葡萄糖酸钙. 大连工业大学学报，2009，28(6)：438-440.

[51] 华一新，刘纯鹏，乐莉. 微波促进 MnO_2 分解的动力学. 中国有色金属学报，1998，8(3)：497-501.

[52] Ounaies Z，Selmi F，Varadan V K，et al. Microwave calcination of conventionally and sol-gel prepared lead zirconate titanate. Materials Letters，1993，17(1-2)：13-20.

第 6 章 弱吸波物料的煅烧

6.1 弱吸波物质的微波辅助加热方法

由于微波具有选择性加热的特性，对于某些室温下介电常数和损耗系数小的物质，即弱吸波物质，微波对他们的加热效果不显著，甚至根本不能加热，从而限制了微波对这些物质的加热处理，显示了微波技术的缺点。但该缺点可以通过微波和某些物质的特性来加以改善。

6.1.1 添加强吸波物质

Walkiewicz 等[1]的研究表明，氧化铝为弱吸波物质，在一定功率下用微波加热 4.5min，温度仅达到 78℃；而四氧化三铁则是强吸波物质，微波加热2.75min后温度可达 1258℃。Sutton 等[2]将强吸波物质四氧化三铁加入弱吸波物质氧化铝中，可使氧化铝的吸波性能大大改善。从图 6-1 可以看出，当氧化铝中加入 10% 四氧化三铁时，微波已经能对该样品加热了；当氧化铝中加入 50%四氧化三铁时，该样品能够被微波迅速加热。

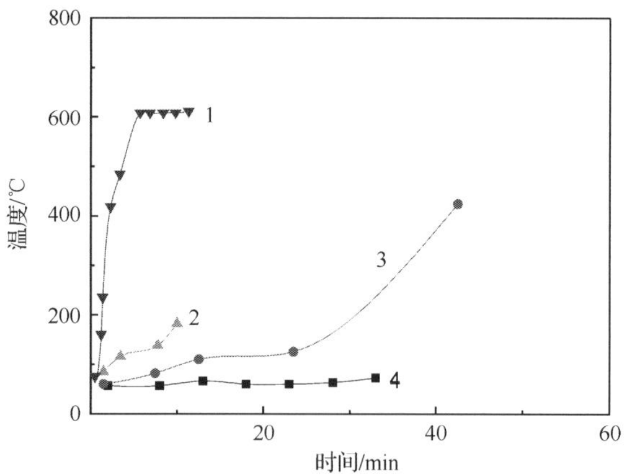

图 6-1 氧化铁的加入量对微波加热氧化铝的影响

1. 5% Fe_3O_4+50%Al_2O_3 混合，微波功率 3 kW；2. 10%Fe_3O_4+90%Al_2O_3 混合，微波功率 6 kW；3. Al_2O_3，微波功率 6 kW；4. Al_2O_3，微波功率 3 kW

Holcombe 等把导电性好的 Nb，TaC，SiC，Cu，Fe 混入硝酸铝以及硝酸钇中，同时在样品周围放置氧化锆保温材料开展微波加热研究[3]。研究认为，微波加热物质分为三个阶段：初始阶段微波加热其周围的氧化锆保温材料，氧化锆通过热传导把一部分热传递给样品；在 700～1000℃时，硝酸盐以及加入的颗粒开始直接被微波加热；当温度超过 1000℃后，物质与微波耦合，被微波迅速加热。

6.1.2　Picket fence 法

Janney 等[4]和 Smith 等[5]采用 Picket fence 法进行微波辅助加热。具体方法如图 6-2 所示。

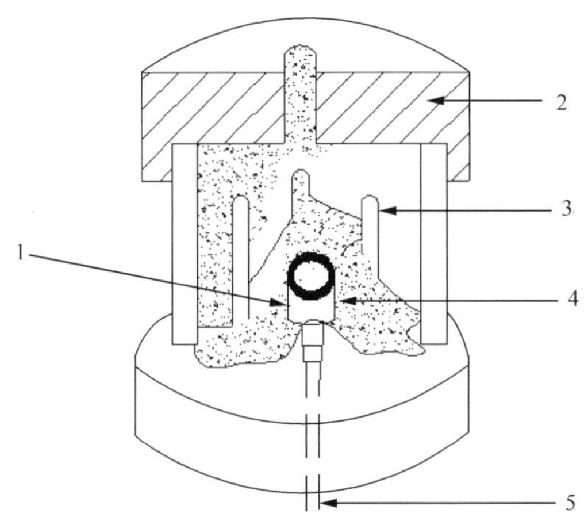

图 6-2　Picket fence 法实验装置

1. 氧化锆保温材料；2. 氧化铝保温材料；
3. 碳化硅棒；4. 氧化锆样品；5. 测温仪

Picket fence 法中所烧结的氧化锆(含 8%氧化钇)周围用氧化锆纤维保温材料包裹，然后在其周围布置碳化硅棒。在低温下，碳化硅的介电损耗因子比氧化锆的大(图 6-3)，因此碳化硅吸收了大部分的微波能，其加热速率比氧化锆快得多。在温度低于临界点 a 之前，氧化锆主要靠碳化硅的传热进行加热，当温度超过临界点 a 之后，氧化锆的介电损耗因子骤然增加并且超过了碳化硅的介电损耗因子，以至于氧化锆能够直接被微波加热，并且温度越高，微波加热效果越好。该方法基本消除了局部过热现象，此时氧化锆很容易被微波加热至所需烧结的温度。

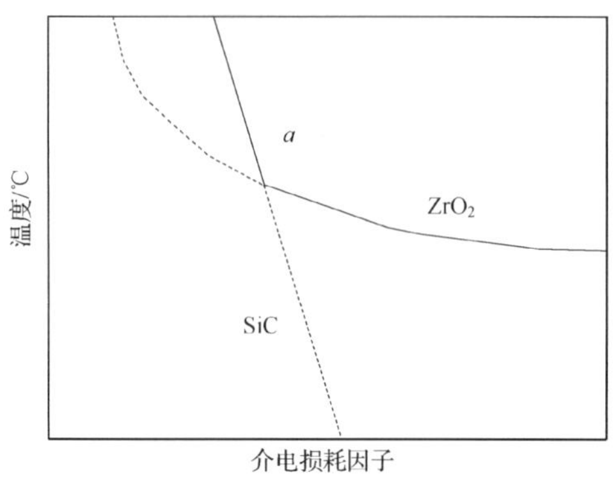

图 6-3　氧化锆和碳化硅的介电损耗因子与温度的关系

6.1.3　内衬碳化硅的微波吸收器

氧化铝对微波吸收性能较差，在微波功率为 5kW 条件下，微波加热氧化铝 5min，氧化铝的温度不超过 500℃，氧化铝在微波场中的升温曲线如图 6-4 所示。

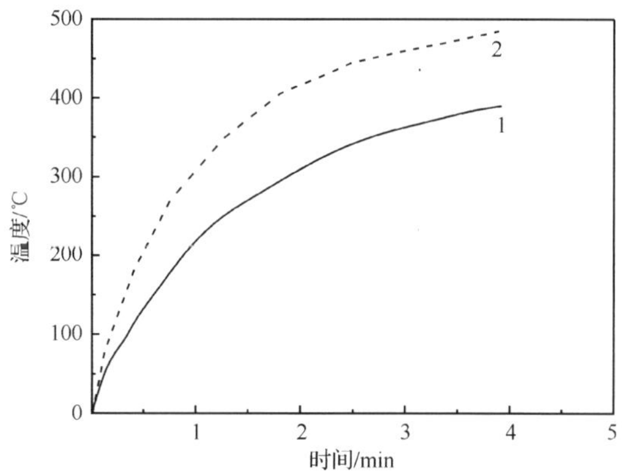

图 6-4　微波单独加热氧化铝的温度与时间关系

1. 表面温度；2. 中心温度

针对上述问题，美国佛罗里达州立大学的 Clark 等设计了一种微波辅助加热方法，微波辅助加热装置如图 6-5 所示[6]。微波加热时，将具有碳化硅内衬的微波吸收器放在弱吸波样品上面，由于碳化硅具有良好的微波吸收性能，碳化硅被加热后通过热传导将待加热样品加热到特定的温度。

采用具有内衬碳化硅的微波吸收器时，碳化硅内衬首先被加热，然后再把能量辐射至氧化铝表面，氧化铝表面迅速被加热，氧化铝表面的热量再通过传导至内部，该过程的温度持续至 800℃ 以上后，氧化铝开始容易吸收微波，此时氧化铝整体被迅速加热。图 6-6 为微波辅助加热氧化铝的升温曲线。

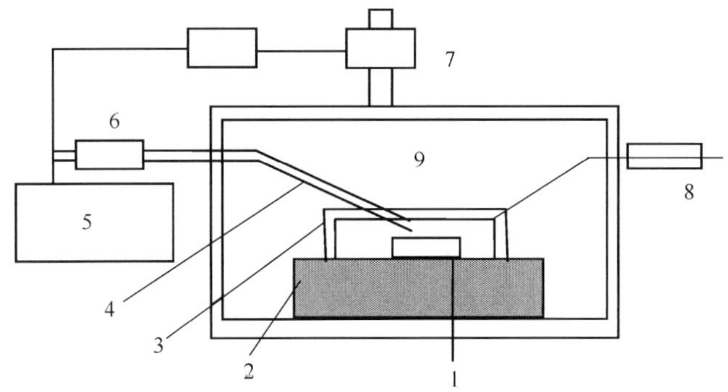

图 6-5　内衬碳化硅的微波吸收器简图

1. 样品;2. 透波保温材料;3. 内衬碳化硅的微波吸收器;
4. K 型带屏蔽套的热电偶;5. 控制系统;6. 温度显示仪;
7. IR-2 高温计;8. 气流;9. 多模腔体

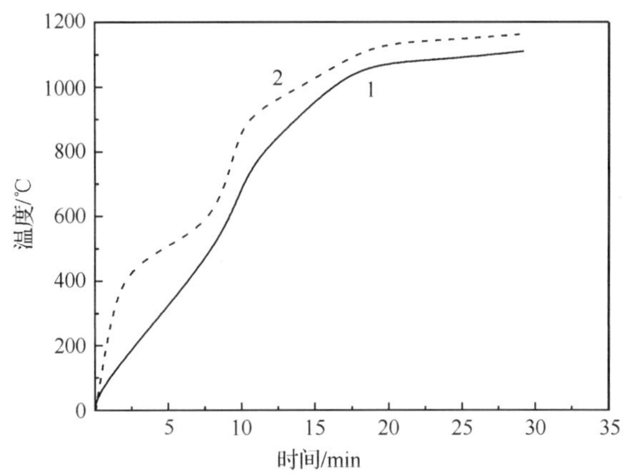

图 6-6　微波辅助加热氧化铝的温度与时间的关系

1. 表面温度;2. 中心温度

6.1.4　Patterson 法

Patterson 等[7]发明了一种微波辅助加热烧结氮化硅的方法。他们将 90 根由氮化硅组成的刀具有规则地插在氧化铝坩埚中,坩埚里填满碳化硅、氮化硼和氮化硅的混合物(40%碳化硅,30%氮化硼,30%氮化硅),这些粉末除用来支撑刀具外,在微波加热初始阶段可以作为强吸波物质加热氮化硅,还可以防止氮化硅与周围环境发生反应,同时还起到保温作用。此时,90 根氮化硅刀具通过使用传导环被均匀地加热(图 6-7)。

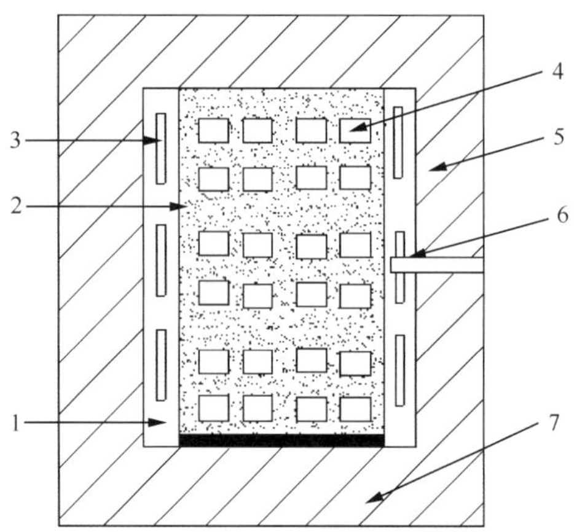

图 6-7 氮化硅微波辅助加热装置简图

1.氧化锆保温材料;2.氧化铝坩埚;3.传导环;4.氮化硅;

5.粉末层;6.蓝宝石探头;7.保温材料

6.1.5 对单模腔体采用可调微波耦合窗

中国科学院上海硅酸盐研究所施剑林等[8]在单模腔体中采用可调微波耦合窗,并调整微波输出功率、短路活塞等,以保持腔体内谐振和最佳耦合条件,从而保持样品以一定的速率升温,并达到稳定的最终温度,其实验装置如图 6-8 所示。

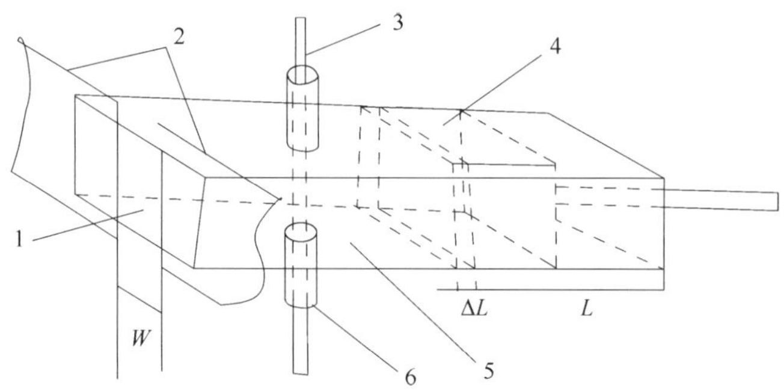

图 6-8 矩形谐振腔示意图

1.窗口;2.滑片;3.样品;4.短路活塞;

5.测温孔;6.样品进出孔

图 6-9 为可调和固定耦合窗微波加热 Y-TZP 时温度比较结果。用 37.5mm 的固定滑片时,用 800W 的微波输入功率,Y-TZP 样品的温度仅达到 1250℃,而用可调节的滑片时,仅用 200W 的微波输入功率即可使样品加热至 1800℃。

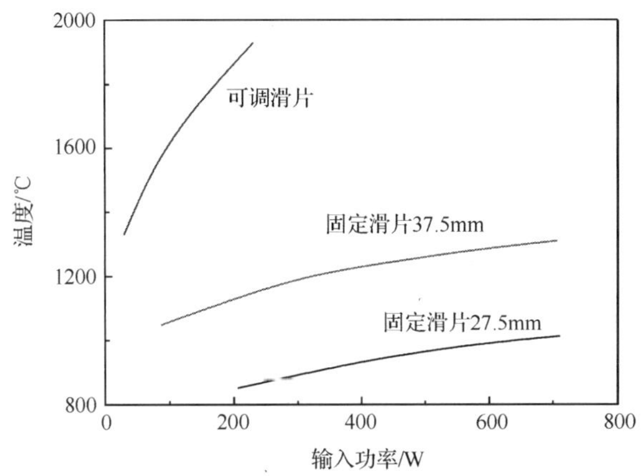

图 6-9　可调与固定耦合窗微波加热时温度与微波功率的关系

6.2　碱式碳酸钴的煅烧

6.2.1　热分解特性

称取(20±0.5)mg 碱式碳酸钴，采用德国 NETZSCH-STA409PC/PG 型热分析仪开展热分解研究。根据碱式碳酸钴热分解实验结果作图，分别得到在不同升温速率下的 TG，DTG 和 DSC 曲线，依据不同升温速率下的热分解特性参数，对碱式碳酸钴热分解过程进行分析研究。DTG 曲线能够反映出反应起始温度、终止温度和最大失重温度。依据 DSC 曲线上的吸热峰和放热峰，能够揭示热分解过程中化学反应的热效应。

1. 热分解过程

图 6-10 及图 6-11 为碱式碳酸钴在 5K/min，10K/min，15K/min 和 20K/min 升温速率下的热分解 TG 和 DTG 曲线。

由图 6-10 和图 6-11 可知，碱式碳酸钴失重曲线非常平滑，表明碱式碳酸钴样品纯度较高。当升温速率较小(5K/min)时，碱式碳酸钴在 303 K 左右开始分解，至 607K 基本分解完全；随着升温速率的增大，碱式碳酸钴开始分解温度和完全分解温度由低温向高温移动，DTG 曲线峰顶温度也逐渐升高。但不同升温速率下的 TG 曲线均相吻合，说明其失重率基本一致；同时，DTG 曲线的两个峰与 TG 曲线上失重台阶也一一对应。

从碱式碳酸钴升温速率为 10K/min 的 TG/DTG 曲线计算可知，碱式碳酸钴在空气中的热分解过程明显为两步。第一个失重台阶出现在 303～493K，是一个

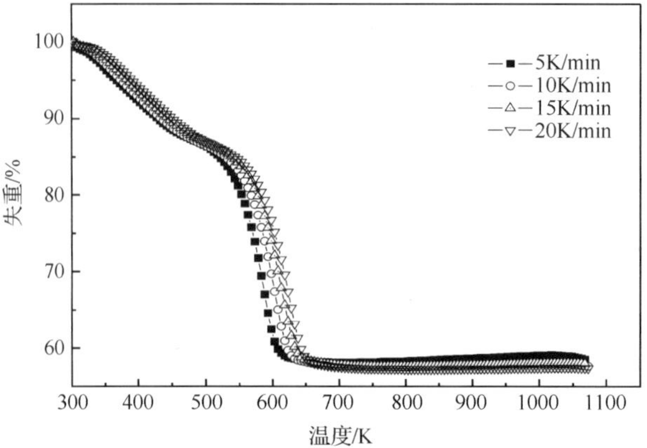

图 6-10 碱式碳酸钴在不同加热速率下的 TG 曲线

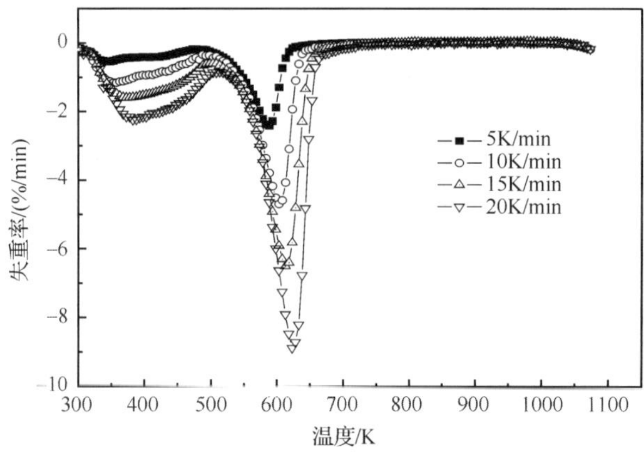

图 6-11 碱式碳酸钴在不同加热速率下的 DTG 曲线

缓慢的分解峰，为结晶水的脱除阶段，其失重率为 13.16%，而碱式碳酸钴脱除结晶水的理论失重率为 4%[9]，造成实际失重率与理论失重率差异的原因可能是碱式碳酸钴吸附外在自由水失水。在 493～625K 出现第二个失重台阶，失重率为 29.5%(理论值为 29.2%)，归结于碱式碳酸钴无水盐的分解。碱式碳酸钴热分解过程可以表示如下[10]：

$$Co_5(OH)_6(CO_3)_2 \cdot xH_2O = Co_5(OH)_6(CO_3)_2 + xH_2O\uparrow \tag{6-1}$$

$$6\,Co_5(OH)_6(CO_3)_2 + 5O_2 = 10Co_3O_4 + 12CO_2\uparrow + 18H_2O\uparrow \tag{6-2}$$

2. 分解过程热效应

在热分解过程中，样品产生的热效应现象可能因破坏线性升温的条件而带来误差。因此，详细了解碱式碳酸钴在热分解过程中的热效应具有重要的意义。碱式碳酸钴在 10K/min 加热速率下的 DSC 曲线如图 6-12 所示。

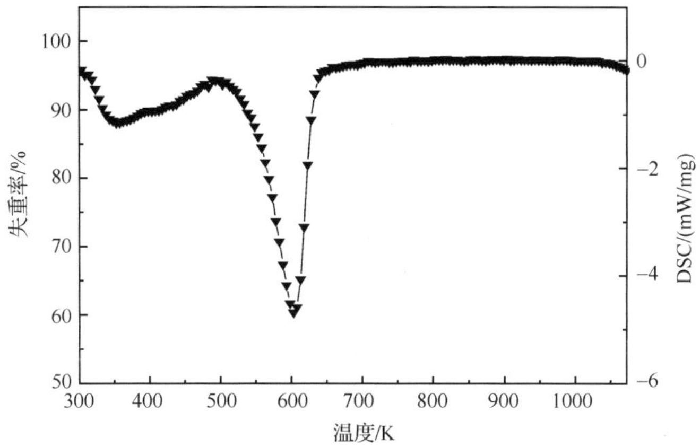

图 6-12　碱式碳酸钴 10K/min 加热速率下的 DSC 曲线

由图 6-12 可知，DSC 曲线的峰与 DTG 曲线上的峰相对应。在 353K 附近有一个吸热峰，为碱式碳酸钴脱去结晶水的峰，表明碱式碳酸钴在空气中的脱水反应为吸热反应；在 603K 附近有一个吸热峰，为无水碱式碳酸钴分解峰，表明无水碱式碳酸钴的分解反应为吸热反应。

由碱式碳酸钴 DSC 曲线可知，无水碱式碳酸钴分解的吸热峰均很尖锐，而其他吸热峰相对较平缓，说明尖锐峰对应温度下的分解反应进行得很快，这为煅烧过程温度工艺参数的选取提供了依据。

6.2.2　常规煅烧

选定对碱式碳酸钴分解率(Y)影响较大的煅烧温度(x_1)、煅烧时间(x_2)和物料量(x_3)作为实验的三个影响因素开展系统实验，实验设计方案与实验结果见表 6-1。

表 6-1　碱式碳酸钴常规煅烧响应曲面实验设计与结果

序号	x_1/K	x_2/min	x_3/g	Y/%
1	533.00	20.00	3.00	47.02
2	683.00	20.00	3.00	97.29
3	533.00	40.00	3.00	70.20
4	683.00	40.00	3.00	97.97
5	533.00	20.00	6.00	36.25
6	683.00	20.00	6.00	95.63
7	533.00	40.00	6.00	51.79
8	683.00	40.00	6.00	97.67
9	482.00	30.00	4.50	18.52

续表

序号	x_1/K	x_2/min	x_3/g	Y/%
10	734.00	30.00	4.50	98.97
11	608.00	13.00	4.50	64.89
12	608.00	47.00	4.50	95.23
13	608.00	30.00	1.98	93.57
14	608.00	30.00	7.02	55.42
15	608.00	30.00	4.50	83.89
16	608.00	30.00	4.50	85.87
17	608.00	30.00	4.50	85.01
18	608.00	30.00	4.50	84.25
19	608.00	30.00	4.50	84.37
20	608.00	30.00	4.50	83.98

1. 模型精确性分析

响应曲面优化设计中，对模型的精确性验证是数据分析的一个不可缺少的环节，如果选用的模型不够精确，将会导致获得的结果存在很大误差或得到错误的结论[11,12]。本实验模型的精确性分析采用美国STAT-EASE公司开发的Design Expert实验设计软件(版本号为7.1.5)。

以煅烧温度、煅烧时间和物料量为自变量，碱式碳酸钴煅烧分解率为应变量，通过最小二倍法拟合得到碱式碳酸钴煅烧分解率的二次多项回归方程为[13,14]

$$Y = \beta_0 + \sum_{i=1}^{n}\beta_i x_i + \sum_{i=1}^{n}\beta_{ii} x_i^2 + \sum_{i<j}^{n}\beta_{ij} x_i x_j \tag{6-3}$$

本实验中 $n=3$，则方程(6-3)可转化为

$$Y = a_0 + a_1x_1 + a_2x_2 + a_3x_3 + a_{12}x_1x_2 + a_{13}x_1x_3 + a_{23}x_2x_3 + a_{11}x_1^2 + a_{22}x_2^2 + a_{33}x_3^2 \tag{6-4}$$

式中，Y 是预测响应值；a_0 是常数项；a_1, a_2, a_3 分别是线性系数；a_{12}, a_{13}, a_{23} 分别是交互系数；a_{11}, a_{22}, a_{33} 分别是二次项系数。

以煅烧温度、煅烧时间和物料量为自变量，碱式碳酸钴煅烧分解率 Y 为应变量，通过CCD优化设计分析，选取二次方模型为碱式碳酸钴煅烧分解率回归模型，通过最小二倍法拟合得到碱式碳酸钴煅烧分解的二次多项回归方程为

$$Y = 84.43 + 23.33x_1 + 6.77x_2 - 6.98x_3 - 4.50x_1x_2 + 3.40x_1x_3 - 0.78x_2x_3 - 8.30x_1^2 - 0.76x_2^2 - 2.73x_3^2 \tag{6-5}$$

1) 回归方程方差分析

对于一个二阶设计，设计者在最初并不知道设计空间的准确范围或者预测方

向以及在设计空间中优化值的位置，而一个合理稳定的方差分布保证了未来响应预测值的质量，因此在设计域上拥有一个方差的合理分布是重要的。

由于回归方程方差实际上是实验设计矩阵的函数[15]，所以记 $\boldsymbol{X}^{(m)'}=[1, x_1, \cdots, x_p]$，$p+1$ 为拟合模型中所有系数的个数，则 $\hat{y}(X)$ 的预测方差为

$$\frac{\hat{y}(\boldsymbol{X})}{\sigma^2}=N\boldsymbol{X}^{(m)'}(\boldsymbol{X}'\boldsymbol{X})\boldsymbol{X}^{[m]} \tag{6-6}$$

式中，N 是样本数；$\boldsymbol{X}$ 是设计变量的矩阵。

依据回归方程方差预测，得到碱式碳酸钴的方差分析(ANOVA)结果见表 6-2。

表 6-2　碱式碳酸钴回归方程方差分析

方差来源	平方和	自由度	均方	f 值	Prob>f
模型	10028.43	9	1114.27	37.30	<0.0001
残差	298.76	0	29.88		
失拟项	295.92	5	59.18	104.34	<0.0001
纯误差	2.84	5	0.57		
总和	10327.19	19			
$r^2=0.971$，$r^2_{adj}=0.950$					

由表 6-2 可以看出，碱式碳酸钴回归模型 p 值<0.0001<0.01，表明建立的回归模型极显著；碱式碳酸钴失拟项 p<0.0001<0.05，表明失拟也极显著。碱式碳酸钴回归模型的决定系数为 $r^2=0.971$，校正决定系数为 $r^2_{adj}=0.950$，均接近于 1，说明该模型能解释响应值的变化，仅有极少量变异不能用此模型来解释，模型拟合程度良好，实验误差小，该回归模型可以较好地描述各因素与响应值之间的真实关系，可以用此模型对碱式碳酸钴煅烧分解进行分析和预测[16]。

方差分析结果表明，在实验研究范围内，上述模型可以对碱式碳酸钴分解率进行较精确的预测。图 6-13 为碱式碳酸钴分解率残差正态概率图。图 6-14 为碱式碳酸钴分解率预测值与实验值的对比图。

从图 6-13 可以看出，实验点近似为一条直线，表明实验残差分布在常态范围内，实验选取的模型可以用来预测实验过程。由图 6-14 可知，预测值与实验结果比较接近，所获得的实验结果点基本上平均分布于预测直线的周围，这说明实验所选取的模型可以成功地反映影响碱式碳酸钴的自变量与应变量之间的关系。

2）回归方程显著性检验

根据回归方程和显著性理论，应用系统软件对回归方程及系数进行显著性检验，得到碱式碳酸钴回归方程的显著性检验结果见表 6-3。

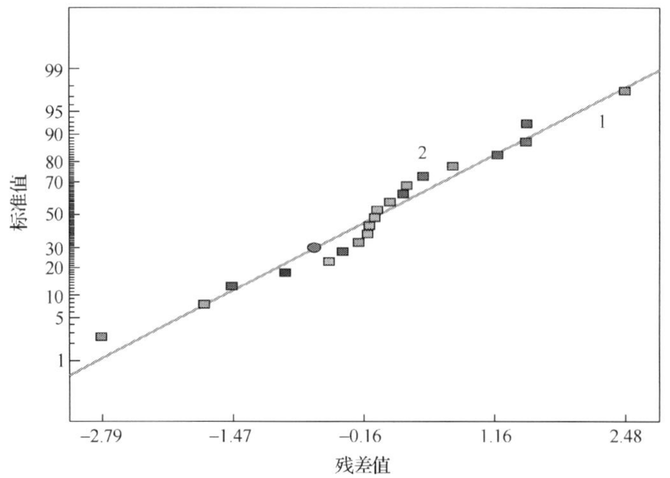

图 6-13 碱式碳酸钴煅烧分解率残差正态概率图

1. 标准值;2. 残差值

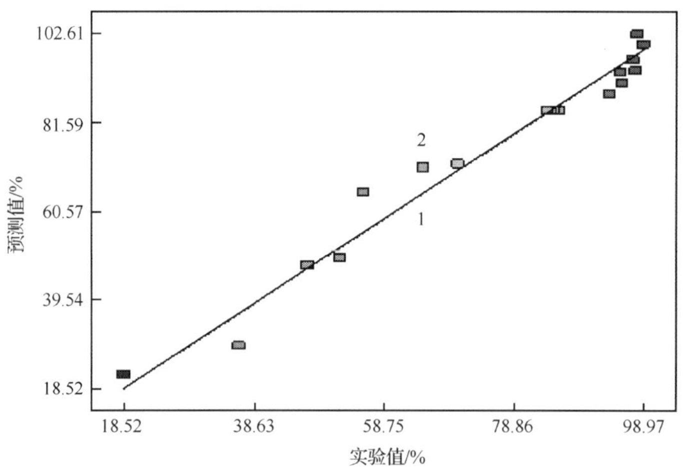

图 6-14 碱式碳酸钴分解率预测值与实验值对比

1. 预测值;2. 实验值

表 6-3 可知,碱式碳酸钴模型一次项 x_1,x_2,x_3,二次项 x_1^2 的 p 值均小于 0.05,说明煅烧温度、煅烧时间和物料量对碱式碳酸钴分解率均有显著的影响。此外,模型交互项 x_1x_2 的 p 值也小于 0.05,表明煅烧温度和煅烧时间的交互作用对碱式碳酸钴分解率也有显著的影响,各实验因素对响应值的影响不是简单的线性关系。总体来说,可以利用该回归模型来确定并优化碱式碳酸钴常规煅烧分解工艺参数。优化的碱式碳酸钴回归模型为

$$Y = 84.43 + 23.33x_1 + 6.77x_2 - 6.98x_3 - 4.50x_1x_2 - 8.30x_1^2 \tag{6-7}$$

表 6-3　碱式碳酸钴回归方程系数显著性检验

系数项	回归系数	自由度	标准误差	置信下限	置信上限	p 值
模型	84.43	1	2.23	79.47	89.40	
x_1	23.33	1	1.48	20.03	26.62	<0.0001
x_2	6.77	1	1.48	3.48	10.07	0.0010
x_3	−6.98	1	1.48	−10.27	−3.68	0.0008
x_1x_2	−4.50	1	1.93	−8.81	−0.19	0.0421
x_1x_3	3.40	1	1.93	−0.90	7.71	0.1088
x_2x_3	−0.78	1	1.93	−5.09	3.52	0.6931
x_1^2	8.30	1	1.44	11.50	−5.09	0.0002
x_2^2	−0.76	1	1.44	−3.97	2.45	0.6095
x_3^2	−2.73	1	1.44	−5.93	0.48	0.0875

2. 响应曲面分析

分解率作为衡量煅烧过程反应完全程度的标准，分解率越大，表明反应进行得越完全；反之，分解不完全。在方差（ANOVA）分析和模型显著性检验的基础上，通过建立影响碱式碳酸钴常规煅烧分解的三维响应曲面，考察各因素及交互作用对碱式碳酸钴煅烧分解率的影响规律。

依据常规煅烧碱式碳酸钴优化二次模型，煅烧温度、煅烧时间和物料量及其两两交互作用对碱式碳酸钴分解率的影响响应曲面如图 6-15 和图 6-16 所示。

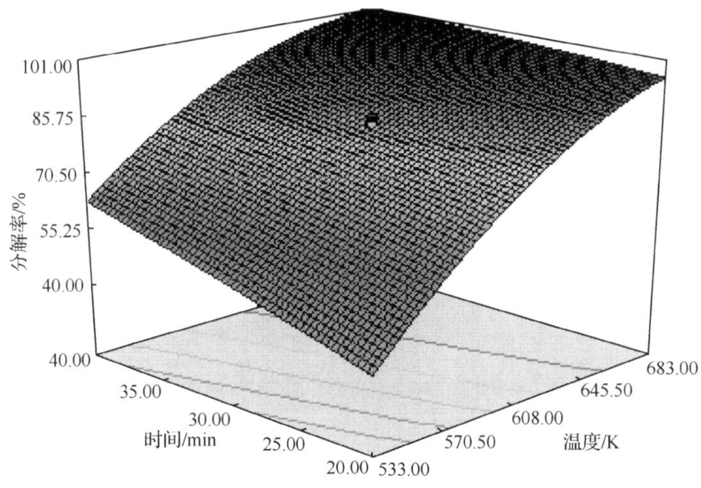

图 6-15　煅烧温度、煅烧时间及其交互作用对碱式碳酸钴分解率影响的响应曲面

由图 6-15 和图 6-16 可知，随着煅烧温度的升高和煅烧时间的延长，碱式碳酸钴的分解率急剧增大。碱式碳酸钴的分解反应是吸热反应，提高温度有利于碱式碳酸钴分解生成四氧化三钴；同时，煅烧时间越长化学反应进行得越充分，所以煅

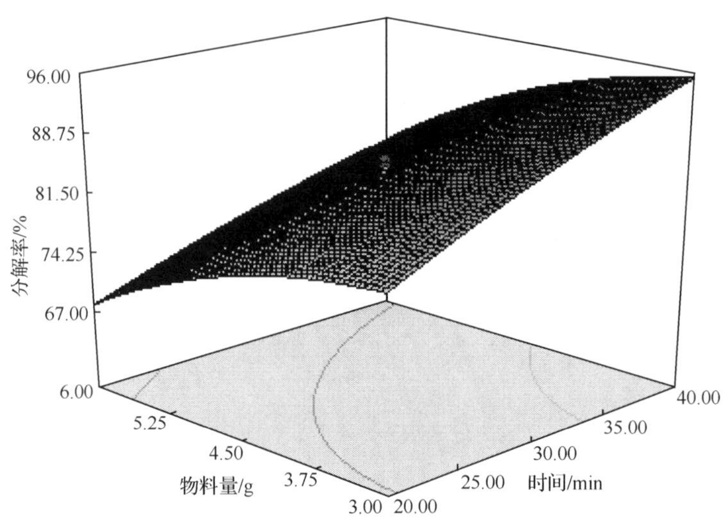

图 6-16　煅烧时间、物料量及其交互作用对碱式碳酸钴分解率影响的响应曲面

烧温度越高、煅烧时间越长，碱式碳酸钴的分解率越大。与煅烧温度相比，煅烧时间对碱式碳酸钴分解率的影响略小。碱式碳酸钴在不同煅烧温度和不同煅烧时间下煅烧产物的 X 射线衍射结果如图 6-17 和图 6-18 所示。

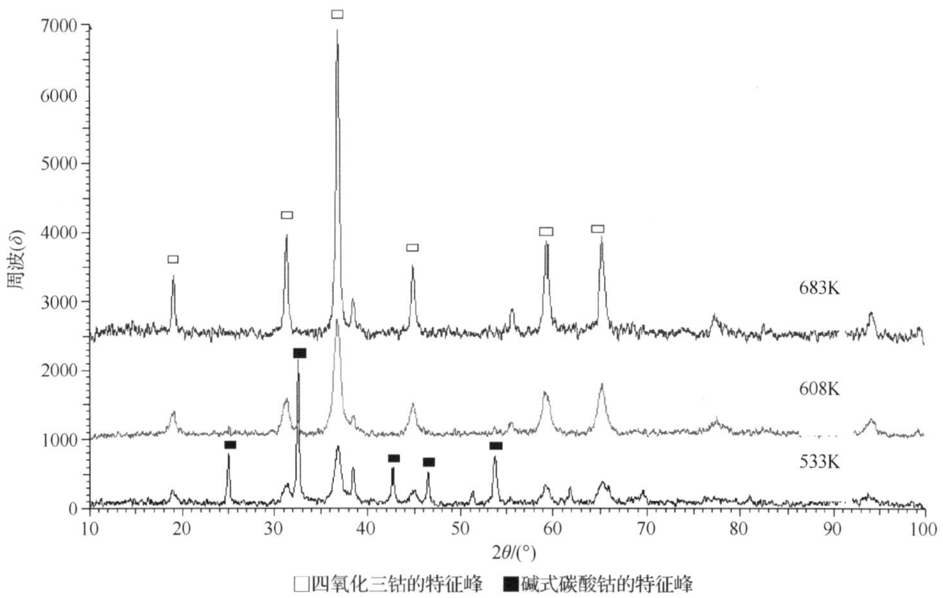

图 6-17　碱式碳酸钴在不同煅烧温度下的 X 射线衍射图谱

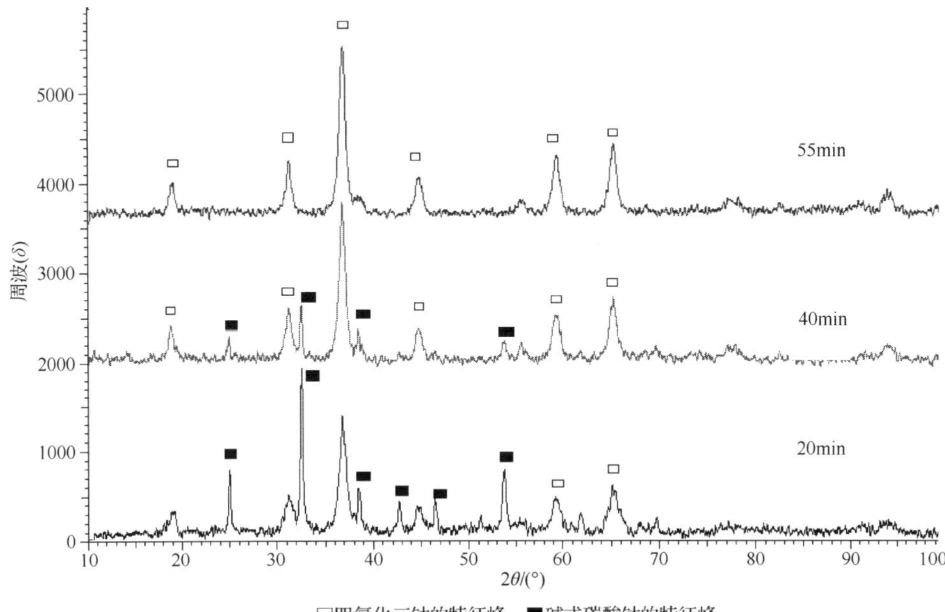

图 6-18　碱式碳酸钴在不同煅烧时间下的 X 射线衍射图谱

由 X 衍射结果可以看出，随着煅烧温度升高或煅烧时间延长，碱式碳酸钴的特征峰逐渐弱化，直至完全消失，而煅烧产物四氧化三钴的特征峰逐渐增强。这表明升高温度和延长煅烧时间有利于产物特征峰的形成，即升高温度和增加煅烧时间利于碱式碳酸钴分解，这与碱式碳酸钴的响应曲面分析结果一致。

3. 响应曲面优化及验证

通过设计软件的预测功能，兼顾考虑经济性和实际生产情况，以碱式碳酸钴分解率大于 99.5%为标准，用上述回归模型优化工艺参数，结果见表 6-4。

表 6-4　碱式碳酸钴回归模型优化工艺参数

x_1 /K	x_2 /min	x_3 /g	预测值/%
665.91	32.02	3.32	99.99

为验证碱式碳酸钴响应曲面法的可靠性，采用优化后的最佳条件进行实验，同时考虑到实际生产的便利性，以煅烧温度为 666K，煅烧时间为 30min，物料量为 3.3g 进行验证实验，两次平行实验得到的实验结果为 99.92%。验证实验结果表明，响应曲面预测值与验证值相接近，偏差较小，该预测模型是合适的，优化工艺条件可行。

6.2.3 微波煅烧

与常规煅烧相同，选定对碱式碳酸钴分解率(Y)影响较大的煅烧温度(x_1)、煅烧时间(x_2)和物料量(x_3)作为实验的三个影响因素开展系统微波煅烧实验，实验设计方案与实验结果见表 6-5。

表 6-5 碱式碳酸钴微波煅烧响应曲面实验设计与结果

序号	x_1/K	x_2/min	x_3/g	Y/%
1	523	3.00	4.00	82.07
2	673	3.00	4.00	98.19
3	523	10.00	4.00	85.10
4	673	10.00	4.00	99.77
5	523	3.00	10.00	79.55
6	673	3.00	10.00	98.04
7	523	10.00	10.00	83.82
8	673	10.00	10.00	99.43
9	472	6.50	7.00	74.77
10	724	6.50	7.00	99.87
11	598	1.00	7.00	82.05
12	598	12.00	7.00	97.62
13	598	6.50	2.00	95.89
14	598	6.50	12.00	92.4
15	598	6.50	7.00	94.83
16	598	6.50	7.00	94.92
17	598	6.50	7.00	94.80
18	598	6.50	7.00	94.54
19	598	6.50	7.00	94.03
20	598	6.50	7.00	94.13

1. 模型精确性分析

以煅烧温度、煅烧时间和物料量为自变量，碱式碳酸钴煅烧分解率 Y 为应变量，通过 CCD 优化设计分析各影响因素以及各影响因素之间对回归模型的影响作用，选取二次方模型为碱式碳酸钴微波煅烧分解率回归模型，通过最小二倍法拟合分别得到碱式碳酸钴微波煅烧分解的二次多项回归方程为

$$Y = -131.2 + 0.623x_1 + 3.548x_2 - 1.395x_3 - 2.062x_1x_2 + 1.839x_1x_3 + 0.013x_2x_3 - 4.328x_1^2 - 0.126x_2^2 - 2.402x_3^2 \tag{6-8}$$

1) 回归方程方差分析

依据回归方程方差分析，得到碱式碳酸钴回归方程的方差分析结果见表 6-6。

表 6-6　碱式碳酸钴回归方程方差分析

方差来源	平方和	自由度	均方	f 值	Prob>f
模型	1060.51	9	117.83	28.53	<0.0001
残差	41.30	10	4.13		
失拟项	40.58	5	8.12	56.02	0.0002
纯误差	0.72	5	0.14		
总和	1101.81	19			
$r^2=0.963$，$r_{adj}^2=0.929$					

由表 6-6 可以看出，碱式碳酸钴回归模型 p 值<0.0001<0.01，表明建立的回归模型极显著；失拟项 $p=0.0002<0.05$，表明失拟也极显著。模型的决定系数 $r^2=0.963$，校正决定系数 $r_{adj}^2=0.929$，均接近于 1，说明该模型能解释 96.3%响应值的变化，仅有总变异的 3.7%不能用此模型来解释，该模型拟合程度良好，实验误差小，可以用此模型对碱式碳酸钴微波煅烧分解进行分析和预测。

方差分析结果表明，在实验研究范围内，上述模型可以对碱式碳酸钴分解率进行较精确的预测。图 6-19 为碱式碳酸钴分解率残差正态概率图。图 6-20 为碱式碳酸钴分解率预测值与实验值的对比图。

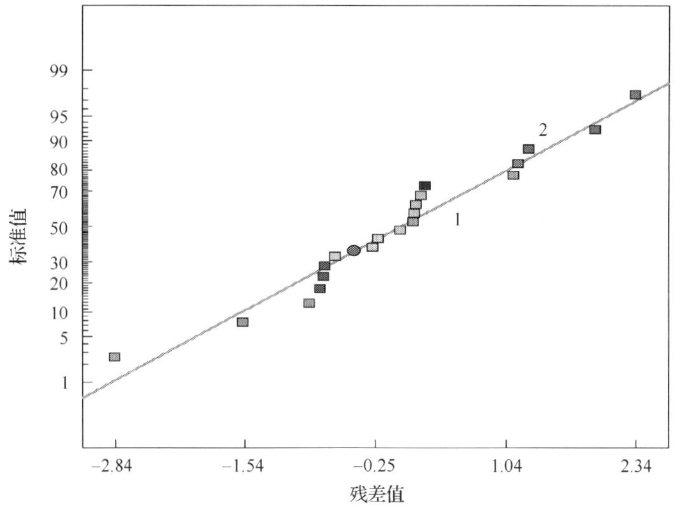

图 6-19　碱式碳酸钴微波煅烧分解率残差正态概率图

1. 标准值；2. 残差值

从图 6-19 及图 6-20 可以看出，实验残差分布在常态范围内，实验选取的模型合适；所获得的预测值与实验结果比较接近且实验结果点基本上平均分布于预测直线的周围，这说明实验所选取的模型可以成功地反映影响碱式碳酸钴微波煅烧的自变量与应变量之间的关系。

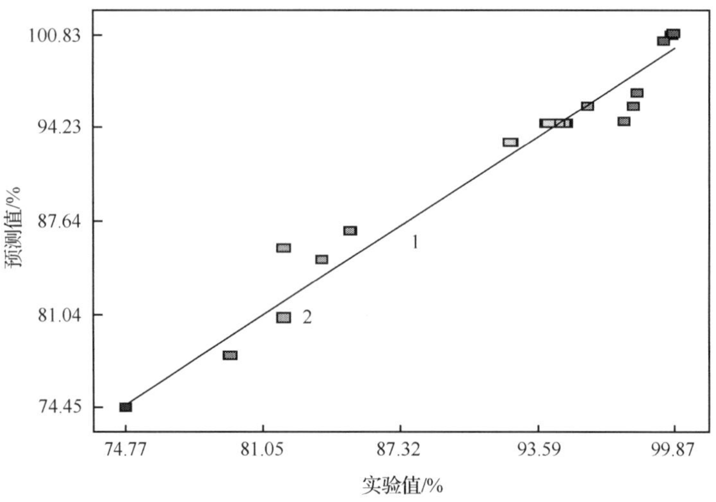

图 6-20 碱式碳酸钴分解率预测值与实验值对比

1.预测值;2.实验值

2)回归方程显著性检验

依据显著性理论分析,得到碱式碳酸钴回归模型的显著性检验结果见表 6-7。

表 6-7 碱式碳酸钴回归方程系数显著性检验

系数项	回归系数	自由度	标准误差	置信下限	置信上限	p 值
模型	94.52	1	0.83	92.68	96.37	<0.0001
x_1	7.84	1	0.55	6.62	9.07	<0.0001
x_2	2.67	1	0.55	1.44	3.89	0.0007
x_3	−0.74	1	0.55	−1.97	0.48	0.2059
x_1x_2	−0.54	1	0.72	−2.14	1.06	0.4686
x_1x_3	0.41	1	0.72	−1.19	2.01	0.5774
x_2x_3	0.13	1	0.72	−1.47	1.73	0.8587
x_1^2	−2.43	1	0.54	−3.63	−1.24	0.0011
x_2^2	−1.55	1	0.54	−2.74	−0.35	0.0162
x_3^2	−0.022	1	0.54	−1.21	1.17	0.9686

从表 6-7 可知,碱式碳酸钴模型一次项 x_1 和 x_2,二次项 x_1^2 和 x_2^2 的 p 值均小于 0.05,即极显著。这说明煅烧温度和煅烧时间对碱式碳酸钴分解率均有显著影响,而物料量的影响不显著。总体来说,可以利用该回归模型来确定并优化碱式碳酸钴微波煅烧分解工艺参数。优化的碱式碳酸钴回归模型为

$$Y=-131.2+0.623x_1+3.548x_2-4.328x_1^2-0.126x_2^2 \tag{6-9}$$

2. 响应曲面分析

在方差分析和模型显著性检验的基础上，通过建立影响碱式碳酸钴微波煅烧分解的三维响应曲面，考察各因素以及之间的交互作用对碱式碳酸钴微波煅烧分解率的影响规律。碱式碳酸钴煅烧温度、煅烧时间和物料量及其交互作用对碱式碳酸钴分解率的影响如图 6-21 及图 6-22 所示。

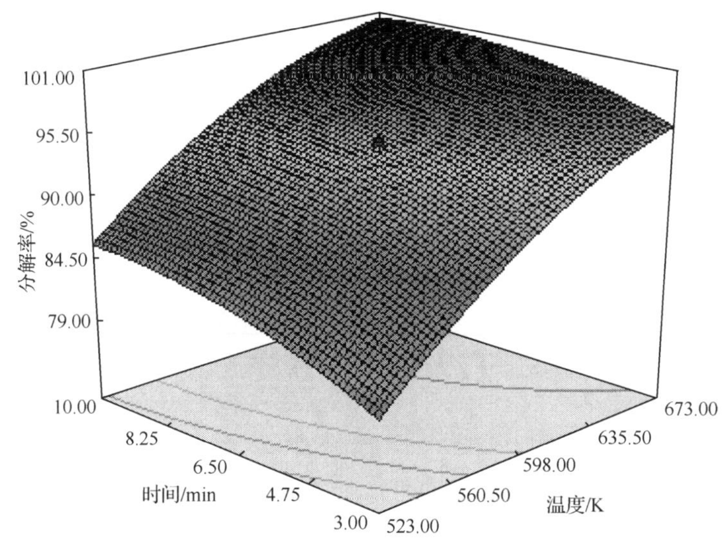

图 6-21　煅烧温度、煅烧时间及其交互作用对碱式碳酸钴分解率影响的响应曲面

由图 6-21 和图 6-22 可知，随着煅烧温度的升高和煅烧时间的延长，碱式碳酸钴的分解率急剧增大。根据碱式碳酸钴热分解 DSC 曲线可知，碱式碳酸钴分解反应不论是脱水过程还是无水盐分解过程均是吸热反应，提高温度有利于碱式碳酸钴分解生成四氧化三钴，所以煅烧温度越高，碱式碳酸钴的分解率越大；同样的，随着煅烧时间的延长，碱式碳酸钴分解反应进行得越充分，所以分解率也呈单调递增趋势。这与常规煅烧碱式碳酸钴变化趋势相似。

3. 响应曲面优化及验证

以碱式碳酸钴分解率大于 99.5%为标准，用上述回归模型优化工艺参数，结果见表 6-8。

表 6-8　碱式碳酸钴回归模型优化工艺参数

x_1 /K	x_2 /min	x_3 /g	预测值/%
642.65	8.89	4.34	99.56

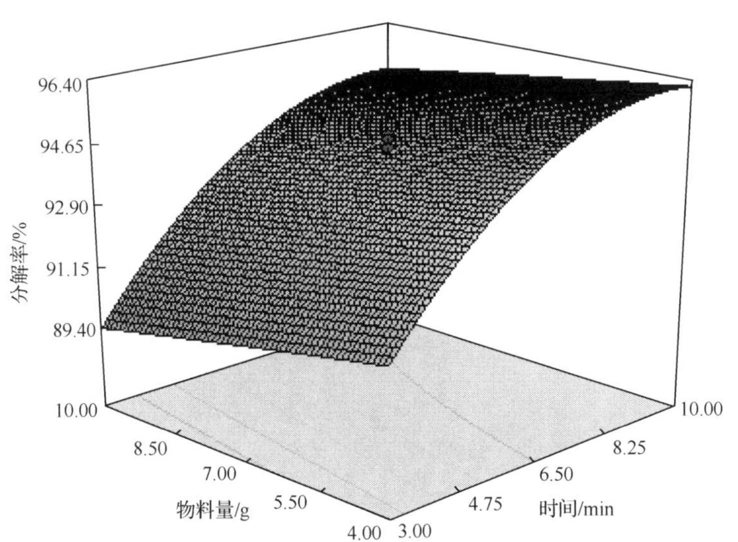

图 6-22　煅烧时间、物料量及其交互作用对碱式碳酸钴分解率影响的响应曲面

为验证碱式碳酸钴微波煅烧响应曲面法的可靠性，采用优化后的最佳条件进行实验，同时考虑到实际生产的便利性，以煅烧温度为 643K，煅烧时间为 9min，物料量为 4.4g 进行验证实验，两次平行实验得到的实验结果为 99.62%。此外，对最佳条件下的煅烧产物进行 X 射线衍射分析，所得煅烧产物 X 射线衍射图谱如图 6-23 所示。

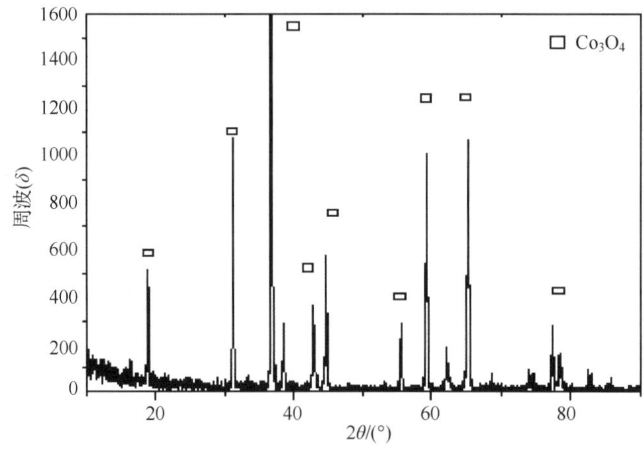

图 6-23　碱式碳酸钴煅烧分解产物的 X 射线衍射图谱

从图 6-23 分析表明，最佳条件下煅烧产物的 X 射线衍射图谱分别与 Co_3O_4 的标准图谱相吻合，无任何杂质峰，所以可以确定煅烧产物为 Co_3O_4。

6.3　偏钒酸铵的煅烧

6.3.1　热分解特性

采用德国 NETZSCH-STA409PC/PG 型热分析仪开展热分解研究。根据偏钒酸铵热重实验结果作图，得到在不同升温速率下的 TG 和 DTG 和 DSC 曲线。

1. 热分解过程

图 6-24 及图 6-25 为偏钒酸铵在 5K/min，10K/min，15K/min 和 20K/min 不同升温速率下的 TG 和 DTG 曲线。

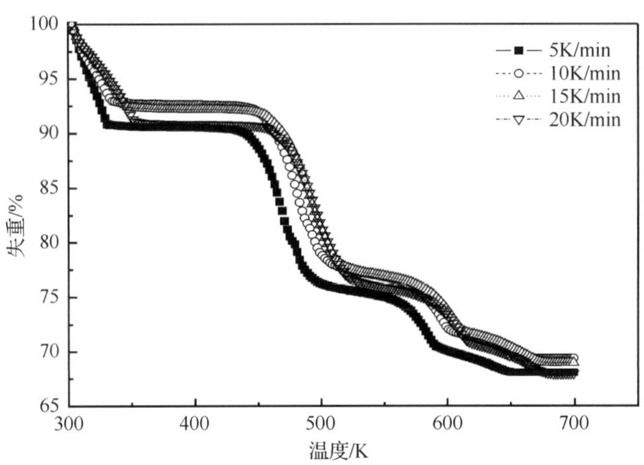

图 6-24　偏钒酸铵在不同加热速率下的 TG 曲线

由图 6-24 和图 6-25 可知，偏钒酸铵在不同升温速率下的 TG，DTG 曲线均相吻合，DTG 的 4 个峰与 TG 曲线上失重的台阶一一对应。随着升温速率增大，TG 曲线上开始分解温度和完全分解温度逐渐提高；同时 DTG 曲线峰顶温度也逐渐升高。从偏钒酸铵在氮气中升温速率为 10K/min 时的 TG/DTG 曲线计算可知，偏钒酸铵在氮气中的热分解过程明显为四步分解。第一个失重台阶出现在 300.00～351.05K，失重率为 7.36%，鉴于偏钒酸铵的开始分解温度大约为 425K[17,18]，出现此失重台阶的原因可能是偏钒酸铵吸附外在水自由水失水。在 427.05～549.05K 出现第二个失重台阶，失重率为 15.56%（理论失重率为 16.03%），是偏钒酸铵分解生成中间产物 $V_2O_5 \cdot 1/2NH_3 \cdot 1/3H_2O$ 而失去氨气和水所致。第三个失重台阶出现在 549.05～621.05K，失重率为 5.85%（理论失重率为 4.13%），

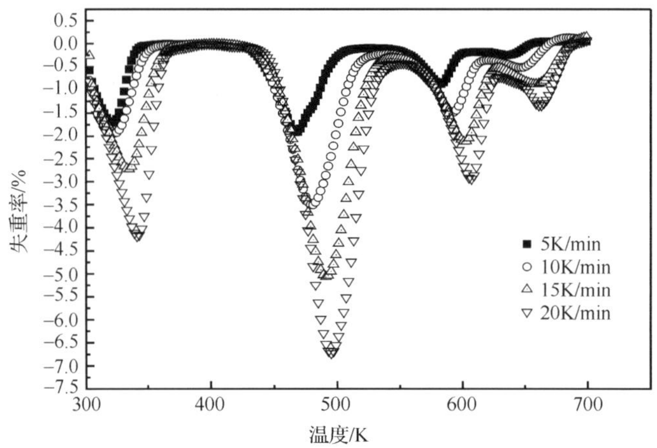

图 6-25 偏钒酸铵在不同加热速率下的 DTG 曲线

归结于 $V_2O_5 \cdot 1/2NH_3 \cdot 1/3H_2O$ 分解生成 $V_2O_5 \cdot 1/6NH_3 \cdot 1/9H_2O$。第四个失重台阶出现在 621.05～667.05K，失重率为 1.26%（理论失重率为 2.07%），归结为 $V_2O_5 \cdot 1/6NH_3 \cdot 1/9H_2O$ 分解生成五氧化二钒。偏钒酸铵的热分解过程可以为[19]

$$2NH_4VO_3 \longrightarrow V_2O_5 \cdot 1/2NH_3 \cdot 1/3H_2O + 3/2NH_3 + 2/3H_2O$$

$$V_2O_5 \cdot 1/2NH_3 \cdot 1/3H_2O \longrightarrow V_2O_5 \cdot 1/6NH_3 \cdot 1/9H_2O + 1/3NH_3 + 2/9H_2O$$

$$V_2O_5 \cdot 1/6NH_3 \cdot 1/9H_2O \longrightarrow V_2O_5 + 1/6NH_3 + 1/9H_2O$$

由偏钒酸铵的热分解过程可以看出，随着升温速率的增大，各个阶段的起始温度和终止温度向高温侧轻微移动，这是因为达到相同温度时，升温速率越快，试样经历的反应时间越短，反应程度越低。同时，升温速率可能影响到测点与试样、外层试样与内部试样间的传热差和温度梯度，从而导致热滞后现象加重，致使曲线向高温测移动[20]。

2. 分解过程热效应

偏钒酸铵在 10K/min 加热速率下的 DSC 曲线如图 6-26 所示。由图可以看出，偏钒酸铵 DSC 曲线在 332.7K 附近有一个吸热峰，为偏钒酸铵吸收热量失去外在吸附水的峰；在 482.7K 和 596.8K 附近各有一个吸热峰，表明偏钒酸铵分解生成中间产物 $V_2O_5 \cdot 1/2NH_3 \cdot 1/3H_2O$ 和 $V_2O_5 \cdot 1/6NH_3 \cdot 1/9H_2O$ 的反应均为吸热反应；在 665.0K 附近有一个不太明显的放热峰，为中间产物 $V_2O_5 \cdot 1/6NH_3 \cdot 1/9H_2O$ 分解生成五氧化二钒。

由偏钒酸铵 DSC 曲线可知，偏钒酸铵分解生成中间产物 $V_2O_5 \cdot 1/2NH_3 \cdot 1/3H_2O$ 的吸热峰均很尖锐，而其他吸热峰相对较平缓，说明尖锐峰对应温度下的分解反应进行得很快。

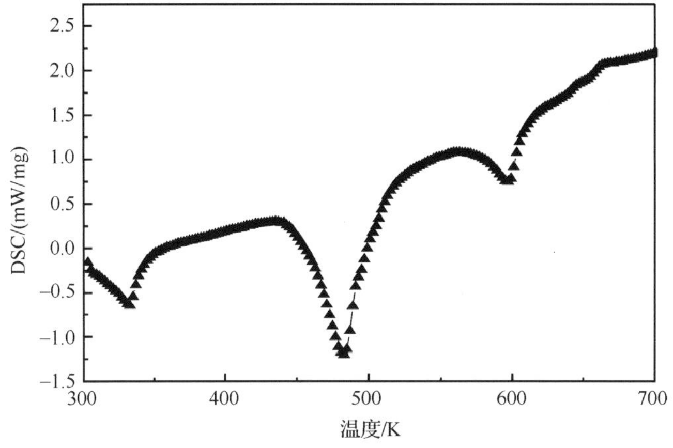

图 6-26　偏钒酸铵在 10K/min 加热速率下的 DSC 曲线

6.3.2　常规煅烧

选定对偏钒酸铵分解率(Y)影响较大的煅烧温度(x_1)、煅烧时间(x_2)和物料量 x_3作为实验的三个影响因素开展系统常规煅烧实验，实验设计方案与实验结果见表 6-9。

表 6-9　偏钒酸铵常规煅烧响应曲面实验设计与结果

序号	x_1/K	x_2/min	x_3/g	Y/%
1	523.00	20.00	2.00	75.20
2	703.00	20.00	2.00	99.00
3	523.00	40.00	2.00	79.23
4	703.00	40.00	2.00	99.00
5	523.00	20.00	6.00	57.28
6	703.00	20.00	6.00	96.64
7	523.00	40.00	6.00	73.33
8	703.00	40.00	6.00	99.27
9	462.00	30.00	4.00	39.12
10	764.00	30.00	4.00	99.46
11	613.00	13.00	4.00	84.62
12	613.00	47.00	4.00	95.40
13	613.00	30.00	0.64	96.46
14	613.00	30.00	7.36	86.68
15	613.00	30.00	4.00	88.31
16	613.00	30.00	4.00	93.64
17	613.00	30.00	4.00	95.40
18	613.00	30.00	4.00	90.14
19	613.00	30.00	4.00	94.38
20	613.00	30.00	4.00	92.56

1.模型精确性分析

以煅烧温度、煅烧时间和物料量为自变量，偏钒酸铵煅烧分解率为应变量，通过最小二倍法拟合得到偏钒酸铵常规煅烧分解率的二次多项回归方程为

$$Y=92.35+15.40x_1+2.99x_2-3.10x_3-2.18x_1x_2+2.72x_1x_3+1.83x_2x_3-7.80x_1^2-0.47x_2^2+0.080x_3^2 \quad (6\text{-}10)$$

1）回归方程方差分析

依据回归方程方差预测，得到偏钒酸铵的方差分析结果见表 6-10。

表 6-10　偏钒酸铵回归方程方差分析

方差来源	平方和	自由度	均方	f 值	Prob>f
模型	4504.83	9	500.54	41.58	0.0001
残差	120.39	10	12.04		
失拟项	84.07	5	16.81	2.31	0.1892
纯误差	36.32	5	7.26		
总和	4625.22	19			
$r^2=0.974$，$r_{adj}^2=0.951$					

由表 6-10 可以看出，偏钒酸铵模型 $p=0.0001<0.01$，表明建立的回归模型极显著；偏钒酸铵失拟项 $p=0.1892>0.05$，表明失拟不显著。偏钒酸铵模型的决定系数为 $r^2=0.974$，校正决定系数 $r_{adj}^2=0.951$，均接近于 1，说明该模型仅有极少量变异不能用此模型来解释，模型拟合程度良好，实验误差小，可以用此模型对偏钒酸铵煅烧分解进行分析和预测。

方差分析结果表明，在实验研究范围内，上述模型可以对偏钒酸铵微波煅烧分解率进行较精确的预测。图 6-27 为偏钒酸铵分解率残差正态概率图。图 6-28 为偏钒酸铵分解率预测值与实验值的对比图。

从图 6-27 可以看出，实验点近似为一条直线，表明实验残差分布在常态范围内，实验选取的模型可以用来预测实验过程。由图 6-28 可知，预测值与实验结果比较接近，所获得的实验结果点基本上平均分布于预测直线的周围，这说明实验所选取的模型可以成功地反映影响偏钒酸铵煅烧的自变量与应变量之间的关系。

2）回归方程显著性检验

根据回归方程和显著性理论，应用系统软件对回归方程及系数进行显著性检验，得到偏钒酸铵的显著性检验结果见表 6-11。

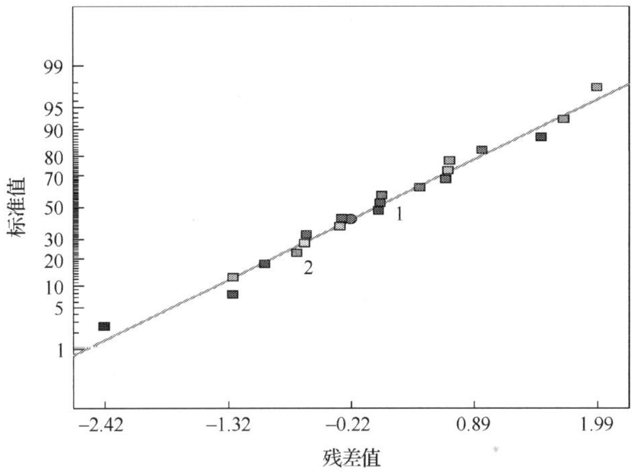

图 6-27　偏钒酸铵煅烧分解率残差正态概率图

1. 标准值;2. 残差值

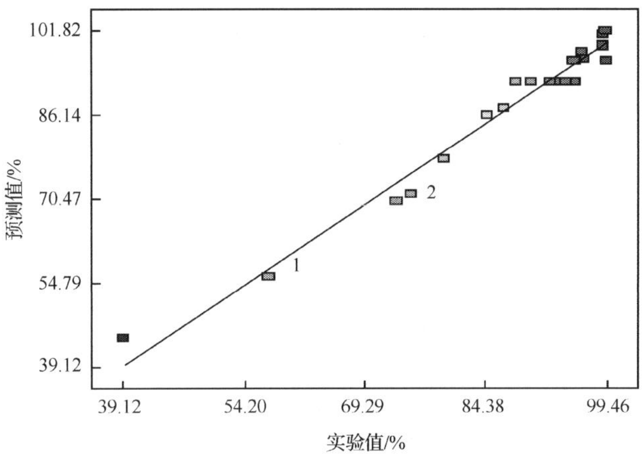

图 6-28　偏钒酸铵分解率预测值与实验值对比

1. 预测值;2. 实验值

表 6-11　偏钒酸铵回归方程系数显著性检验

系数项	回归系数	p 值
模型	92.35	
x_1	3239.90	<0.0001
x_2	122.13	0.0097
x_3	131.38	0.0080
x_1x_2	38.06	0.1057
x_1x_3	59.02	0.0512
x_2x_3	26.83	0.1664

续表

系数项	回归系数	p 值
x_1^2	876.14	<0.0001
x_2^2	3.20	0.6171
x_3^2	0.092	0.9320

从表 6-11 可知，偏钒酸铵模型一次项 x_1、x_2、x_3，二次项 x_1^2 的 p 值均小于 0.05，说明煅烧温度、煅烧时间和物料量对偏钒酸铵分解率均有显著的影响。总体来说，可以利用该回归模型来确定并优化偏钒酸铵常规煅烧分解工艺参数。优化的偏钒酸铵回归模型为

$$Y = 92.35 + 15.40x_1 + 2.99x_2 - 3.10x_3 - 7.80x_1^2 \tag{6-11}$$

2. 响应曲面分析

依据常规煅烧偏钒酸铵优化二次模型，煅烧温度、煅烧时间和物料量及其两两交互作用对偏钒酸铵分解率的影响响应曲面如图 6-29 和图 6-30 所示。

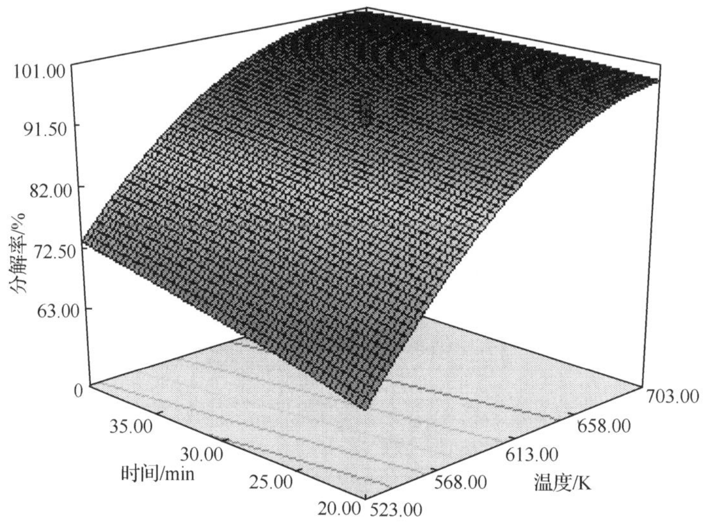

图 6-29 煅烧温度、煅烧时间及其交互作用对偏钒酸铵分解率影响的响应曲面

由图 6-29 和图 6-30 可以看出，随着煅烧温度的升高和煅烧时间的延长，偏钒酸铵分解率逐渐增大。另外，由于常规煅烧热量的传递主要以传导方式为主，在煅烧温度一定的情况下，物料量越大，热量由物料颗粒表面传递至内部及中心的时间越长，分解反应越不充分，分解率越低。所以，随着物料量的增大，偏钒酸铵的分解率呈单调递减。偏钒酸铵在不同煅烧温度和不同煅烧时间下煅烧产物的 X 射线衍射结果如图 6-31 和图 6-32 所示。

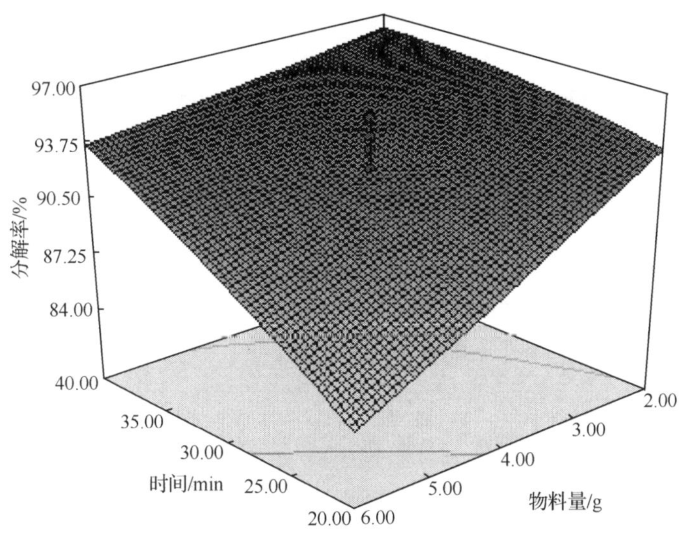

图 6-30　煅烧时间、物料量及其交互作用对偏钒酸铵分解率影响的响应曲面

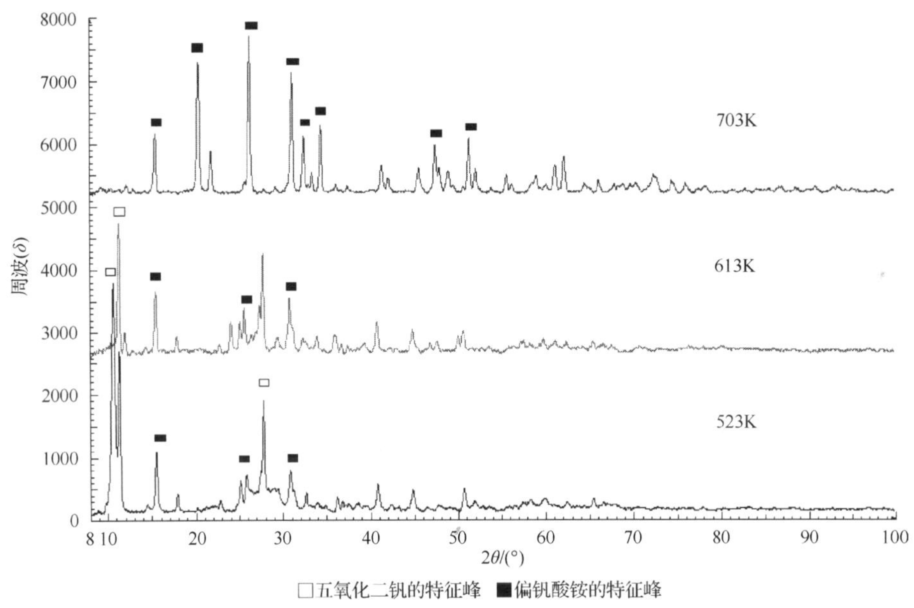

图 6-31　偏钒酸铵在不同煅烧温度下的 X 射线衍射图谱

从图 6-31 和图 6-32 可知，随煅烧温度升高和煅烧时间延长，偏钒酸铵的衍射峰逐渐减弱并消失，而产物五氧化二钒的衍射峰逐渐变得尖锐，说明五氧化二钒晶粒逐渐长大，晶体结构更加完整。这与偏钒酸铵响应曲面分析结果相吻合。

综合偏钒酸铵二次多项式回归模型和响应曲面分析可以看出，煅烧温度和煅

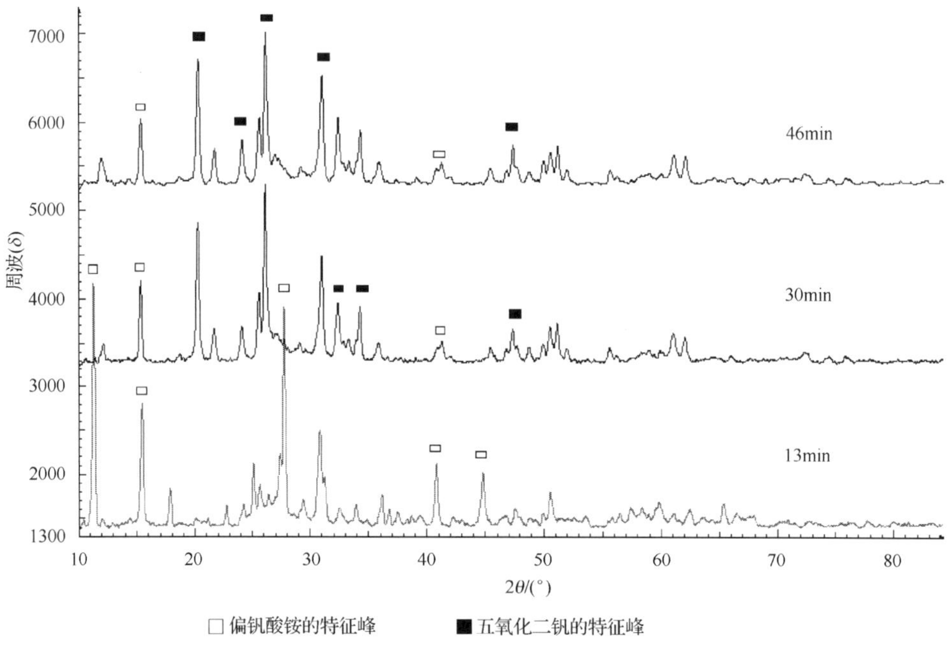

图 6-32　偏钒酸铵在不同煅烧时间下的 X 射线衍射图谱

烧时间对偏钒酸铵的分解率影响显著,为主要影响因素,而物料量对分解率影响相对较小,为次要影响因素。同时,各影响因素所对应的分解率响应曲面坡度相对平缓,说明分解率对于处理条件的改变不太敏感,可以忍受处理条件的变化,而对响应值的影响较小。

3. 响应曲面优化及验证

通过设计软件的预测功能,兼顾考虑经济性和实际生产情况,以偏钒酸铵的分解率大于 99%为标准,用上述回归模型优化工艺参数,结果见表 6-12。

表 6-12　偏钒酸铵回归模型优化工艺参数

x_1 /K	x_2 /min	x_3 /g	预测值/%
669.71	35.90	4.25	99.71

为验证偏钒酸铵微波煅烧响应曲面法的可靠性,采用优化后的最佳条件进行实验,同时考虑到实际生产的便利性,以煅烧温度为 670K,煅烧时间为 36min,物料量为 4.3g 进行验证实验,两次平行实验得到的实验结果为 99.27%。验证实验结果表明,响应曲面预测值与验证值相接近,偏差较小,该预测模型是合适的,优化工艺条件可行。

6.3.3 微波煅烧

依据常规煅烧实验结果，选定对偏钒酸铵分解率(Y)影响较大的煅烧温度(x_1)、煅烧时间(x_2)和物料量(x_3)作为实验的三个影响因素开展系统微波煅烧实验，实验设计方案与结果见表 6-13。

表 6-13　偏钒酸铵微波煅烧响应曲面实验设计与结果

序号	x_1/K	x_2/min	x_3/g	Y/%
1	523	4.00	4.00	72.89
2	703	4.00	4.00	89.41
3	523	10.00	4.00	79.89
4	703	10.00	4.00	99.12
5	523	4.00	10.00	71.44
6	703	4.00	10.00	87.70
7	523	10.00	10.00	76.03
8	703	10.00	10.00	97.11
9	462	7.00	7.00	65.43
10	764	7.00	7.00	99.84
11	613	2.00	7.00	79.22
12	613	12.00	7.00	98.49
13	613	7.00	2.00	95.78
14	613	7.00	12.00	92.35
15	613	7.00	7.00	92.26
16	613	7.00	7.00	92.41
17	613	7.00	7.00	92.67
18	613	7.00	7.00	92.19
19	613	7.00	7.00	92.21
20	613	7.00	7.00	92.82

1. 模型精确性分析

以煅烧温度、煅烧时间和物料量为自变量，偏钒酸铵煅烧分解率 Y 为应变量，通过 CCD 优化设计分析各影响因素以及各影响因素之间对回归模型的影响作用，选取二次方模型为偏钒酸铵微波煅烧分解率回归模型，通过最小二倍法拟合分别得到偏钒酸铵微波煅烧分解的二次多项回归方程为

$$Y = -178.4 + 0.731x_1 + 2.972x_2 - 0.109x_3 + 3.486x_1x_2 + 7.361x_1x_3 - 0.038x_2x_3 - 5.338x_1^2 - 0.236x_2^2 - 0.031x_3^2 \tag{6-12}$$

1) 回归方程方差分析

依据回归方程方差分析，得到偏钒酸铵的方差分析结果见表 6-14。

表 6-14　偏钒酸铵回归方程方差分析

方差来源	平方和	自由度	均方	f 值	Prob>f
模型	1884.41	9	209.38	29.92	<0.0001
残差	69.98	10	7.00		
失拟项	69.63	5	13.93	201.87	<0.0001
纯误差	0.34	5	0.07		
总和	1954.38	19			
$r^2=0.964$，$r_{adj}^2=0.932$					

由表 6-14 可以看出，偏钒酸铵微波煅烧分解模型 $p<0.0001<0.01$，表明建立的回归模型极显著；失拟项 $p<0.0001<0.01$，表明失拟也极显著。模型的决定系数 $r^2=0.964$，校正决定系数 $r_{adj}^2=0.932$，均接近于 1，说明该模型能解释 96.4% 响应值的变化，仅有总变异的 3.6% 不能用此模型来解释，模型拟合程度良好，实验误差小，该回归模型可以较好地描述各因素与响应值之间的真实关系。

方差分析结果表明，在实验研究范围内，上述模型可以对偏钒酸铵微波煅烧分解率进行较精确的预测。图 6-33 为偏钒酸铵分解率残差正态概率图。图 6-34 为偏钒酸铵分解率预测值与实验值的对比图。

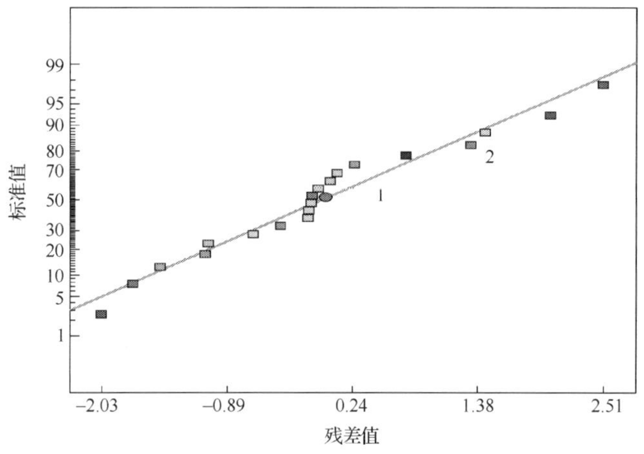

图 6-33　偏钒酸铵微波煅烧分解率残差正态概率图

1. 标准值；2. 残差值

从图 6-33 及图 6-34 可以看出，实验残差分布在常态范围内，实验选取的模型合适；所获得的预测值与实验结果比较接近且实验结果点基本上平均分布于预测直线的周围，这说明实验所选取的模型可以成功地反映影响偏钒酸铵微波煅烧的自变量与应变量之间的关系。

2）回归方程显著性检验

依据显著性理论分析，得到偏钒酸铵的显著性检验结果见表 6-15。

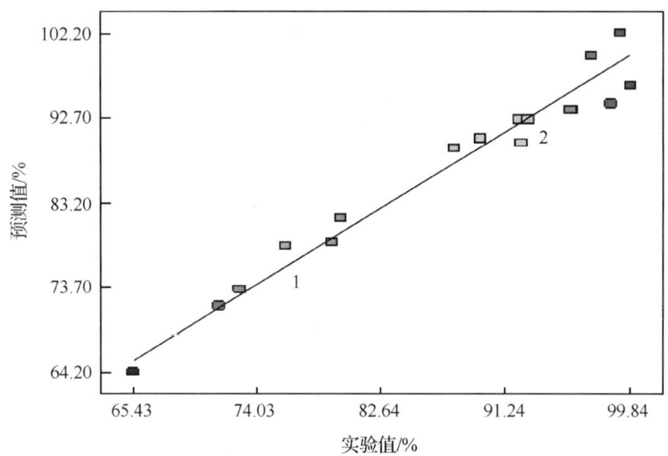

图 6-34　偏钒酸铵分解率预测值与实验值对比

1. 预测值；2. 实验值

表 6-15　偏钒酸铵回归方程系数显著性检验

系数项	回归系数	p 值
模型	92.56	<0.0001
x_1	9.59	<0.0001
x_2	4.62	<0.0001
x_3	−1.08	0.1610
x_1x_2	0.94	0.3379
x_1x_3	0.20	0.8360
x_2x_3	−0.34	0.7247
x_1^2	−4.32	0.0001
x_2^2	−2.12	0.0123
x_3^2	−0.28	0.6939

从表 6-15 可知，偏钒酸铵模型一次项 x_1 和 x_2，二次项 x_1^2 和 x_2^2 的 p 值均小于 0.05，即极显著。这说明煅烧温度和煅烧时间对偏钒酸铵分解率均有显著影响，而物料量的影响不显著。总体来说，可以利用该回归模型来确定并优化偏钒酸铵微波煅烧分解工艺参数。优化的偏钒酸铵回归模型为

$$Y=-178.4+0.731x_1+2.972x_2-5.338x_1^2-0.236x_2^2 \tag{6-13}$$

2. 响应曲面分析

在方差分析和模型显著性检验的基础上，通过建立影响偏钒酸铵微波煅烧分解的三维响应曲面，考察各因素以及之间的交互作用对偏钒酸铵微波煅烧分解率的影响规律。煅烧温度、煅烧时间和物料量及其交互作用对偏钒酸铵分解率的影响如图 6-35 及图 6-36 所示。

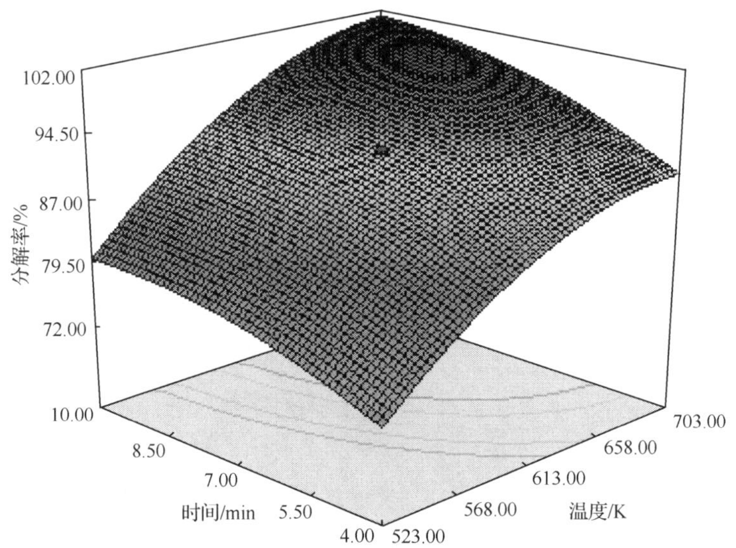

图 6-35　煅烧温度、煅烧时间及其交互作用对偏钒酸铵分解率影响的响应曲面

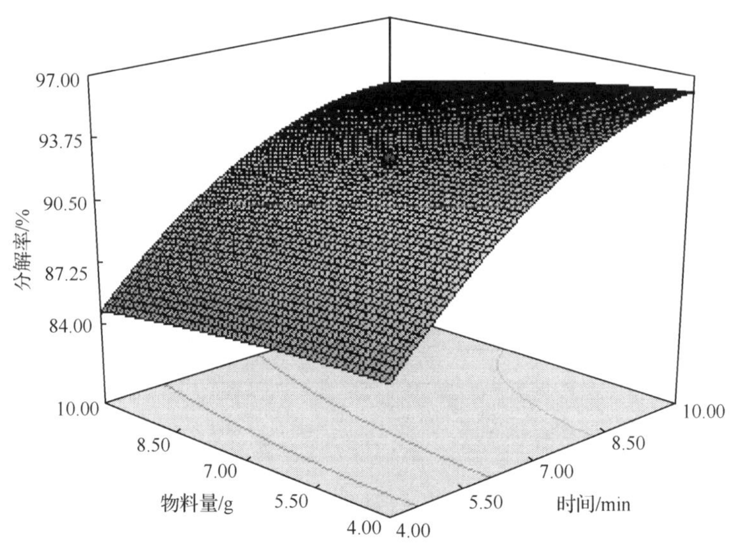

图 6-36　煅烧时间、物料量及其交互作用对偏钒酸铵分解率影响的响应曲面

由图 6-35 和图 6-36 可知，随着煅烧温度升高和煅烧时间延长，偏钒酸铵的分解率都急剧增大。与煅烧温度相比，煅烧时间延长对偏钒酸铵分解率增加幅度略小。另外，与常规煅烧相比，微波煅烧物料量对分解率的影响也很小，这主要是因为微波煅烧过程中，物料在整个堆积空间依靠自身吸收微波能发热分解，避免了常规煅烧过程中存在温度梯度而导致受热不均匀。同时产品五氧化

二钒又是一种很好的吸波材料，短时间内能被加热到高温，因此更加促进了偏钒酸铵的分解。

3. 响应曲面优化及验证

以偏钒酸铵的分解率大于 99%为标准，用上述回归模型优化工艺参数，结果见表 6-16。

表 6-16　偏钒酸铵回归模型优化工艺参数

x_1 /K	x_2 /min	x_3 /g	预测值/%
645.35	9.66	4.3	99.13

为验证偏钒酸铵微波煅烧响应曲面法的可靠性，采用优化后的最佳条件进行实验，同时考虑到实际生产的便利性，以煅烧温度为 645K，煅烧时间为 9.5min，物料量为 4.3g 进行验证实验，两次平行实验得到的实验结果为 99.33%。此外，对最佳条件下的煅烧产物进行 X 射线衍射分析，所得煅烧产物 X 射线衍射图谱如图 6-37 所示。

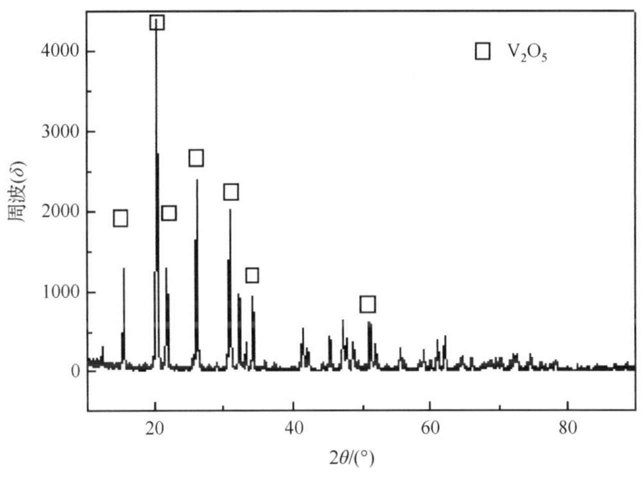

图 6-37　偏钒酸铵微波煅烧分解产物的 X 衍射图谱

从图 6-37 分析表明，最佳条件下煅烧产物的 X 射线衍射图谱分别与 V_2O_5 的标准图谱相吻合，无任何杂质峰，所以可以确定煅烧产物为 V_2O_5。

验证实验和最佳条件下煅烧产物的 X 射线衍射分析结果表明，微波煅烧偏钒酸铵响应曲面预测值与验证值相接近，偏差较小，该预测模型是合适的，优化工艺是可行的。

6.4 乙二酸钴的煅烧

6.4.1 热分解特性

1. 热分解过程

图 6-38 和图 6-39 为乙二酸钴在 5K/min,10K/min,15K/min 和 20K/min 升温速率下的热分解 TG,DTG 曲线。

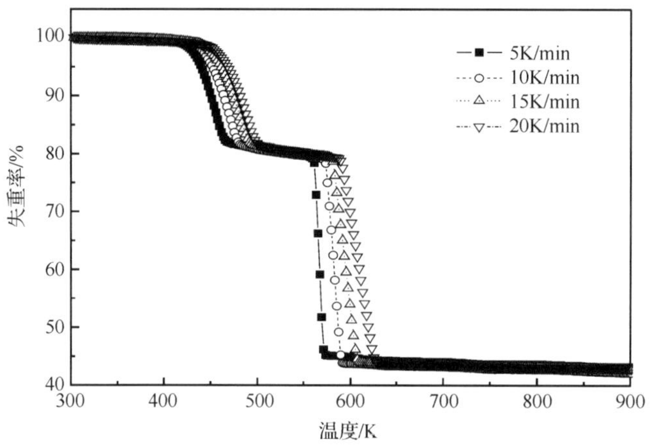

图 6-38 乙二酸钴在不同加热速率下的 TG 曲线

由图 6-38 和图 6-39 可知,不同升温速率下的 TG 曲线均相吻合,说明其失重率基本一致。DTG 曲线的两个峰与 TG 曲线上失重台阶一一对应。从乙二酸钴升温速率为 10 K/min 的 TG/DTG 曲线计算可知,乙二酸钴在空气中的热分解过程明显为两步分解,第一个失重台阶出现在 445.7～550.5K,失重率为 19.35%(理论值为 19.89%),这是乙二酸钴失去结晶水变成无水盐所致。在 550.5～630.0K 出现第二个失重台阶,失重率为 36.93%(理论值为 36.85%),这归结于无水乙二酸钴的分解。其分解反应方程式如下[21]:

$$CoC_2O_4 \cdot 2H_2O = CoC_2O_4 + 2H_2O \uparrow$$

$$3CoC_2O_4 + 2O_2 = Co_3O_4 + 6CO_2 \uparrow$$

2. 分解过程热效应

乙二酸钴在 10K/min 加热速率下的 DSC 曲线如图 6-40 所示。

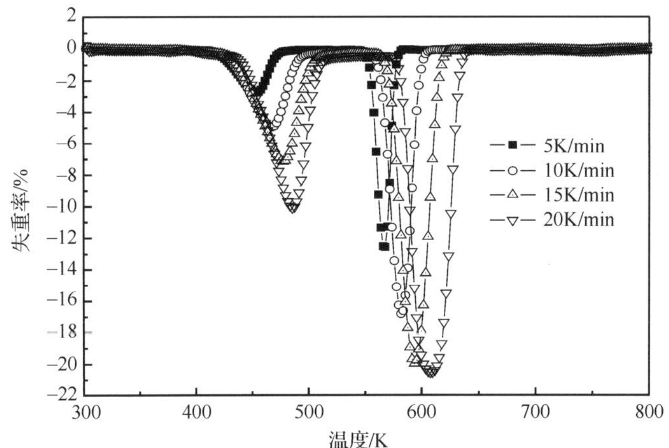

图 6-39　乙二酸钴在不同加热速率下的 DTG 曲线

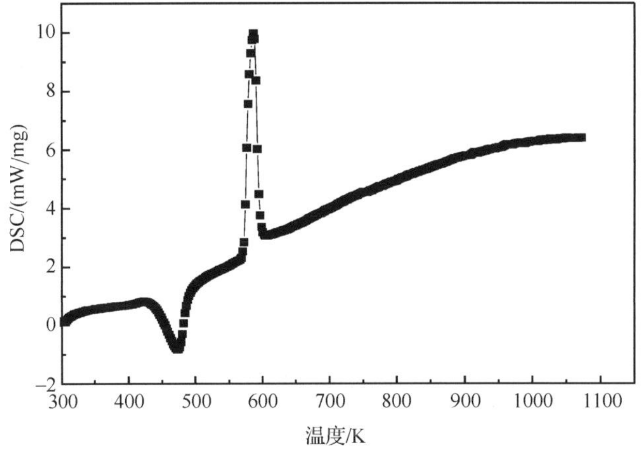

图 6-40　乙二酸钴 10K/min 加热速率下的 DSC 曲线

由图 6-40 可知，DSC 曲线峰与 DTG 曲线上的峰相对应。第一个峰为吸热峰，第二个峰为放热峰，表明乙二酸钴在空气中的脱水反应为吸热反应，无水乙二酸钴的分解反应为放热反应。

6.4.2　常规煅烧

选定对乙二酸钴分解率(Y)影响较大的煅烧温度(x_1)、煅烧时间(x_2)和物料量(x_3)作为实验的三个影响因素开展系统实验。常规煅烧实验设计方案与实验结果见表 6-17。

表 6-17　乙二酸钴常规煅烧响应曲面实验设计与结果

序号	x_1 /K	x_2 /min	x_3 /g	Y /%
1	603.00	30.00	2.00	95.63
2	683.00	30.00	2.00	97.33
3	603.00	50.00	2.00	96.69
4	683.00	50.00	2.00	98.31
5	603.00	30.00	5.00	81.67
6	683.00	30.00	5.00	96.32
7	603.00	50.00	5.00	88.09
8	683.00	50.00	5.00	96.96
9	575.73	40.00	3.50	82.32
10	710.27	40.00	3.50	99.19
11	643.00	23.18	3.50	89.01
12	643.00	56.82	3.50	97.82
13	643.00	40.00	0.98	97.24
14	643.00	40.00	6.02	87.12
15	643.00	40.00	3.50	97.34
16	643.00	40.00	3.50	94.55
17	643.00	40.00	3.50	97.6
18	643.00	40.00	3.50	95.44
19	643.00	40.00	3.50	96.57
20	643.00	40.00	3.50	96.21

1.模型精确性分析

以煅烧温度、煅烧时间和物料量为自变量，乙二酸钴煅烧分解率 Y 为应变量，通过CCD优化设计分析各影响因素以及各影响因素之间对回归模型的影响作用，选取二次方模型为乙二酸钴煅烧分解率回归模型，通过最小二倍法拟合分别得到乙二酸钴煅烧分解的二次多项回归方程为

$$Y=96.22+4.04x_1+1.75x_2-3.07x_3-0.73x_1x_2+2.52x_1x_3+0.63x_2x_3-1.53x_1^2-0.59x_2^2-1.03x_3^2 \tag{6-14}$$

1）回归方程方差分析

依据回归方程方差分析，得到乙二酸钴的方差分析结果见表6-18。由表可以看出，乙二酸钴煅烧分解二次模型 $p=0.0002<0.01$，表明建立的回归模型极显著；失拟项 $p=0.0505>0.05$，表明失拟不太显著。模型的决定系数 $r^2=0.925$，校正决定系数 $r_{adj}^2=0.858$，均接近于1，说明该模型能解释92.5%响应值的变化，模型拟合程度良好，实验误差小，该回归模型可以较好地描述各因素与响应值之间的真实关系。

表 6-18　乙二酸钴回归方程方差分析

方差来源	平方和	自由度	均方	f 值	Prob>f
模型	499.14	9	55.46	13.84	0.0002
残差	40.08	10	4.01		
失拟项	33.43	5	6.69	5.02	0.0505
纯误差	6.65	5	1.33		
总和	539.22	19			
$r^2=0.925$，$r_{adj}^2=0.858$					

方差分析结果表明，在实验研究范围内，上述模型可以对乙二酸钴分解率进行较精确的预测。图 6-41 为乙二酸钴分解率残差正态概率图。图 6-42 为乙二酸钴分解率预测值与实验值的对比图。

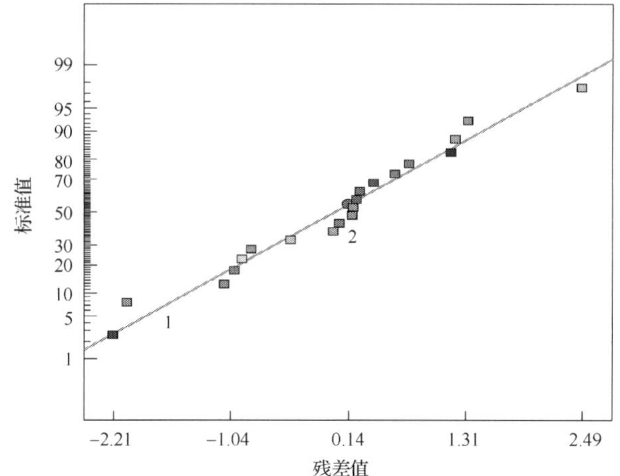

图 6-41　乙二酸钴煅烧分解率残差正态概率图

1. 标准值；2. 残差值

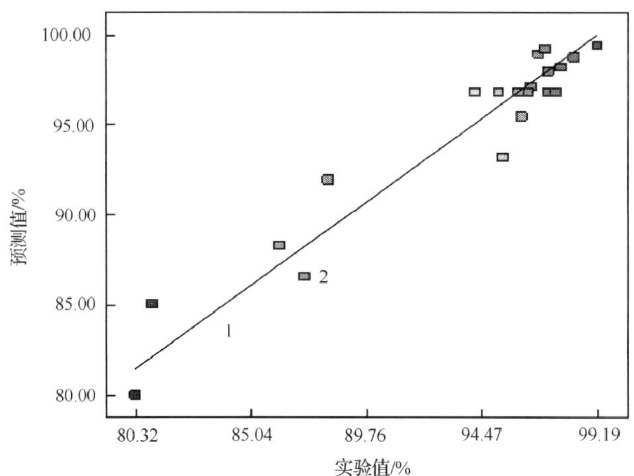

图 6-42　乙二酸钴分解率预测值与实验值对比

1. 预测值；2. 实验值

从图 6-41 和图 6-42 可以看出，实验残差分布在常态范围内，实验选取的模型合适；所获得的预测值与实验结果比较接近，且实验结果点基本上平均分布于预测直线的周围，说明实验所选取的模型可以成功地反映影响乙二酸钴煅烧的自变量与应变量之间的关系。

2）回归方程显著性检验

依据显著性理论分析，得到乙二酸钴的显著性检验结果见表 6-19。

表 6-19 乙二酸钴回归方程系数显著性检验

系数项	回归系数	p 值
模型	96.22	
x_1	4.04	0.0002
x_2	1.75	<0.0001
x_3	-3.07	0.0090
x_1x_2	-0.73	0.0002
x_1x_3	2.52	0.3251
x_2x_3	0.63	0.0051
x_1^2	-1.53	0.3962
x_2^2	-0.59	0.0158
x_3^2	-1.03	0.2892

从表 6-19 可知，乙二酸钴模型一次项 x_1、x_2 和 x_3，二次项 x_2^2 以及交互项 x_1x_2、x_2x_3 的 p 值均小于 0.05，即极显著。这说明煅烧温度、煅烧时间、物料量以及煅烧温度与煅烧时间的交互作用、煅烧时间与物料量的交互作用对乙二酸钴分解率均有显著的影响。总体来说，可以利用该回归模型来确定并优化乙二酸钴常规煅烧分解工艺参数。优化的乙二酸钴回归模型为

$$Y=96.22+4.04x_1+1.75x_2-3.07x_3-0.73x_1x_2+0.63x_2x_3-0.59x_2^2 \tag{6-15}$$

2. 响应曲面分析

在方差分析和模型显著性检验的基础上，通过建立影响乙二酸钴常规煅烧分解的三维响应曲面，考察各因素以及之间的交互作用对乙二酸钴常规煅烧分解率的影响规律，如图 6-43 和图 6-44 所示。

3. 响应曲面优化及验证

以乙二酸钴分解率大于 99.5%为标准，用上述回归模型优化工艺参数，结果见表 6-20。

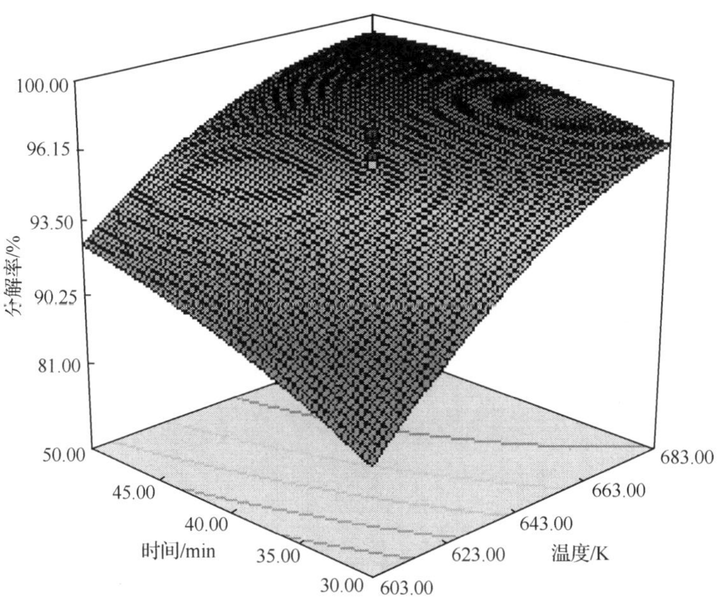

图 6-43　煅烧温度、煅烧时间及其交互作用对乙二酸钴分解率影响的响应曲面

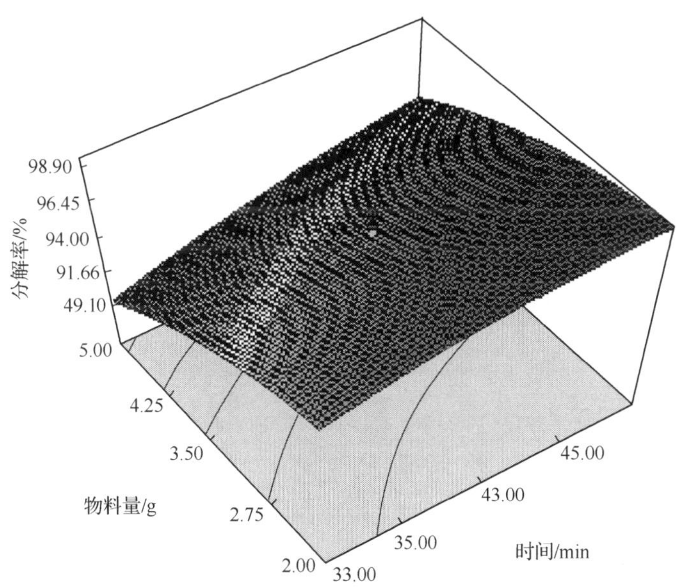

图 6-44　煅烧时间、物料量及其交互作用对乙二酸钴分解率影响的响应曲面

表 6-20 乙二酸钴回归模型优化工艺参数

自变量			响应值	
x_1 /K	x_2 /min	x_3 /g	预测值/%	实验值/%
680.86	44.7	3	99.06	99.58

6.4.3 微波煅烧

与常规煅烧相同，选定对乙二酸钴分解率(Y)影响较大的煅烧温度(x_1)、煅烧时间(x_2)和物料量(x_3)作为实验的三个影响因素开展系统实验。微波煅烧实验设计方案与实验结果见表 6-21。

表 6-21 乙二酸钴微波煅烧响应曲面实验设计与结果

序号	x_1/K	x_2/min	x_3/g	Y/%
1	623	4	4	73.3
2	903	4	4	90.8
3	623	10	4	82.95
4	903	10	4	96.62
5	623	4	10	68.8
6	903	4	10	89.2
7	623	10	10	80.06
8	903	10	10	94.41
9	527.55	7	7	60.72
10	998.45	7	7	99.35
11	763	1.95	7	80.9
12	763	12.05	7	92.56
13	763	7	1.955	89.2
14	763	7	12.06	84.94
15	763	7	7	85.06
16	763	7	7	85.96
17	763	7	7	86.26
18	763	7	7	85.68
19	763	7	7	85.86
20	763	7	7	86.17

1. 模型精确性分析

以煅烧温度、煅烧时间和物料量为自变量，乙二酸钴煅烧分解率 y 为应变量，通过 CCD 优化设计分析各影响因素以及各影响因素之间对回归模型的影响，选

取二次方模型为乙二酸钴微波煅烧分解率回归模型，通过最小二倍法拟合得到乙二酸钴微波煅烧分解的二次多项回归方程为

$$Y=19.78+0.18x_1+2.11x_2-1.74x_3-2.94x_1x_2+1.07x_1x_3+0.0134x_2x_3-1.05x_1^2+0.035x_2^2+0.048x_3^2 \quad (6\text{-}16)$$

1）回归方程方差分析

依据回归方程方差分析，得到乙二酸钴的方差分析结果见表 6-22。

表 6-22　乙二酸钴回归方程方差分析

方差来源	平方和	自由度	均方	f 值	Prob>f
模型	1557.43	9	173.05	46.25	<0.0001
残差	37.42	10	3.73		
失拟项	36.48	5	7.3	39.07	0.0005
纯误差	0.93	5	0.19		
总和	1594.85	19			

$r^2=0.976$，$r_{adj}^2=0.955$

由表 6-22 可以看出，乙二酸钴模型 $p<0.0001<0.01$，表明建立的回归模型极显著；失拟项 $p=0.0005<0.05$，表明失拟也极显著。模型的决定系数 $r^2=0.976$，校正决定系数 $r_{adj}^2=0.955$，均接近于 1，说明该模型仅有总变异的 2.4%不能用此模型来解释，模型拟合程度良好，实验误差小，可以用此模型对乙二酸钴微波煅烧分解进行分析和预测。

依据方差分析结果，在实验研究范围内，乙二酸钴分解率残差正态概率图和分解率预测值与实验值的对比图分别如图 6-45 和图 6-46 所示。

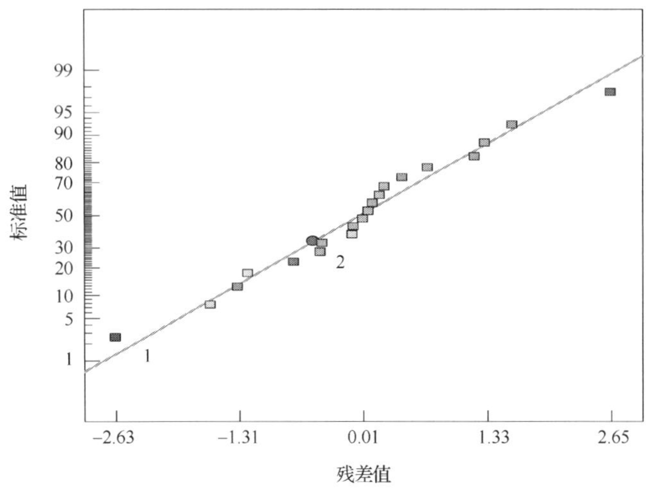

图 6-45　乙二酸钴微波煅烧分解率残差正态概率图

1. 标准值；2. 残差值

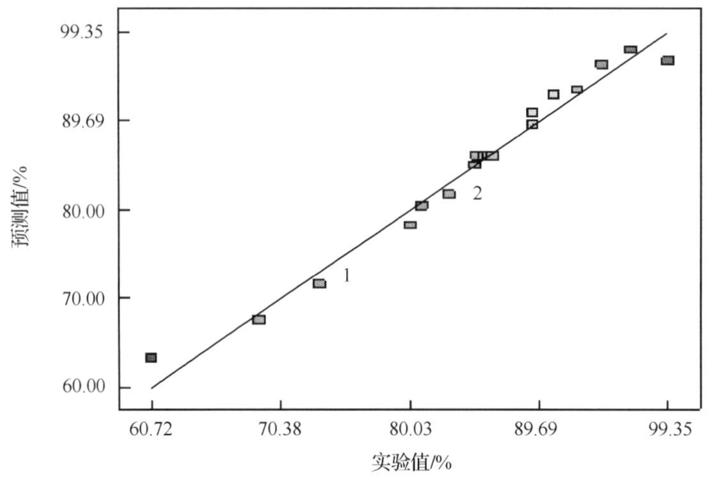

图 6-46 乙二酸钴分解率预测值与实验值对比

1. 预测值;2. 实验值

从图 6-45 和图 6-46 可以看出,实验残差分布在常态范围内,实验选取的模型合适;所获得的预测值与实验结果比较接近且实验结果点基本上平均分布于预测直线的周围,这说明实验所选取的模型可以成功地反映影响乙二酸钴微波煅烧的自变量与应变量之间的关系。

2) 回归方程显著性检验

依据显著性理论分析,得到乙二酸钴回归模型的显著性检验结果见表 6-23。

表 6-23 乙二酸钴回归方程系数显著性检验

系数项	回归系数	p 值
模型	85.83	<0.0001
x_1	9.58	<0.0001
x_2	3.77	<0.0001
x_3	−1.34	0.0279
x_1x_2	−1.23	0.1011
x_1x_3	0.45	0.5276
x_2x_3	0.13	0.8586
x_1^2	−2.05	0.0024
x_2^2	0.31	0.5523
x_3^2	0.43	0.4147

从表 6-23 可知,乙二酸钴模型一次项 x_1、x_2 和 x_3,二次项 x_1^2 的 p 值均小于 0.05,即极显著。这说明煅烧温度、煅烧时间和物料量对乙二酸钴分解率均有显著的影响。总体来说,可以利用该回归模型来确定并优化乙二酸钴微波煅烧分解

工艺参数。优化的乙二酸钴回归模型为

$$Y = 19.78 + 0.18x_1 + 2.11x_2 - 1.74x_3 - 1.05x_1^2 \tag{6-17}$$

2. 响应曲面分析

在方差分析和模型显著性检验的基础上，通过建立影响乙二酸钴微波煅烧分解的三维响应曲面，考察各因素以及之间的交互作用对乙二酸钴微波煅烧分解率的影响规律，如图 6-47 和图 6-48 所示。

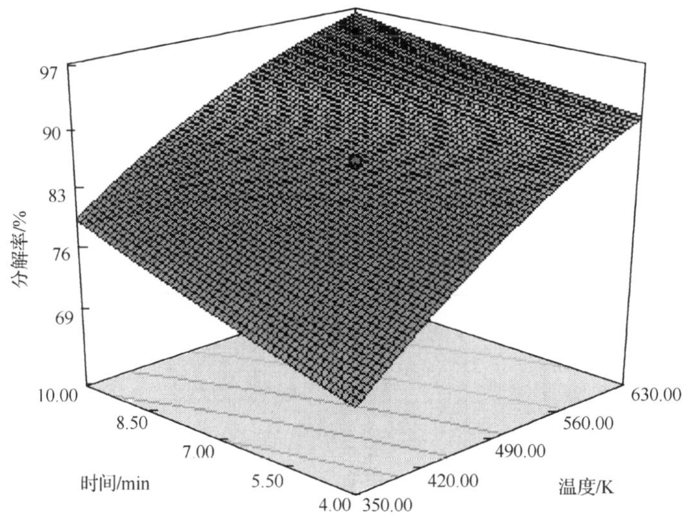

图 6-47　煅烧温度、煅烧时间及其交互作用对乙二酸钴分解率影响的响应曲面

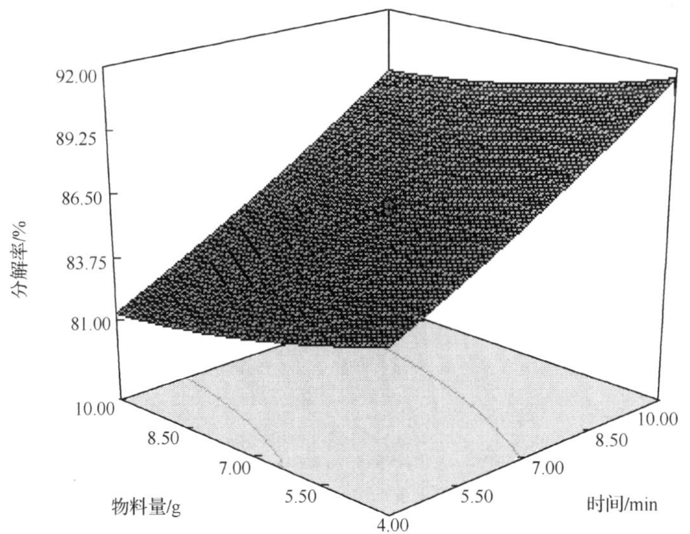

图 6-48　煅烧时间、物料量及其交互作用对乙二酸钴分解率影响的响应曲面

由图 6-47 和图 6-48 可知，随着煅烧温度的升高和煅烧时间的延长，乙二酸钴的分解率急剧增大。根据乙二酸钴热分解 DSC 曲线可知，乙二酸钴分解反应不论是脱水过程还是无水盐分解过程均是吸热反应，提高温度有利于乙二酸钴分解生成四氧化三钴，所以煅烧温度越高，乙二酸钴的分解率越大；同样的，随着煅烧时间的延长，乙二酸钴分解反应进行得就越充分，所以分解率也呈单调递增趋势。相反，随着物料量的增加，乙二酸钴的分解率明显降低，原因可能在于随着乙二酸钴物料量的增加，微波功率密度相对不足，导致乙二酸钴升温速率减慢，分解率降低。

3. 响应曲面优化及验证

以乙二酸钴分解率大于 99.5%为标准，用上述回归模型优化工艺参数，结果见表 6-24。

表 6-24 乙二酸钴回归模型优化工艺参数

自变量			响应值	
x_1 /K	x_2 /min	x_3/g	预测值/%	实验值/%
625.43	9.8	4.11	97.03	97.25

为验证乙二酸钴微波煅烧响应曲面法的可靠性，采用优化后的最佳条件进行实验，同时考虑到实际生产的便利性，以煅烧温度为 643K，煅烧时间为 9min，物料量为 4.4g 进行验证实验，两次平行实验得到的实验结果为 99.62%。此外，对最佳条件下的煅烧产物进行 X 射线衍射分析，所得煅烧产物 X 射线衍射图谱如图 6-49所示。

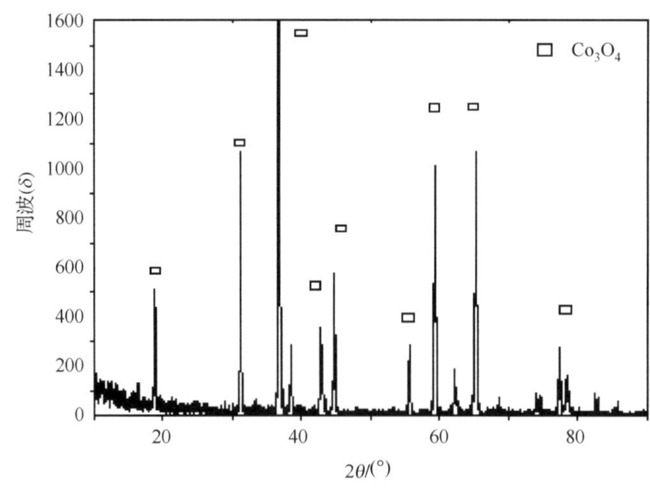

图 6-49 乙二酸钴煅烧分解产物的 X 衍射图谱

从图 6-49 分析表明，最佳条件下，煅烧产物的 X 射线衍射图谱分别与 Co_3O_4 的标准图谱相吻合，无任何杂质峰，所以可以确定煅烧产物为 Co_3O_4。

6.5　三碳酸铀酰铵的煅烧

合理利用资源和保护环境是推动核电发展的主要动力，地球上的裂变核燃料即铀和钍资源所含能量是化石燃料的 20 倍。保护大气环境，减少二氧化碳排放，更是全球当务之急。因此，核能作为清洁、高效的能源，在国家能源战略中占有重要的地位。用核能替代部分化石燃料发电，不仅可以节约化石燃料，有利于二氧化碳减排和保护环境，还可减少大量的燃料运输。目前，不少发达国家和一些发展中国家和地区，已把发展核电放在优先的地位。2005 年，国际原子能机构提出了加快发展核能的倡议[22,23]。我国是较早拥有核技术的大国，但是与世界核电发展现状相比，我国核能发展规模小、产业能力弱的问题依然存在[24]。据世界核协会报道，至 2009 年 8 月，全世界共有 436 座核电站投入运营，装机容量为 3.72 亿 kW，其中我国仅有 11 个核电站，装机容量仅为 860 万 kW。目前我国核电仅占总装机容量的 2%，大大低于世界 16%的比例。因此，发展高效的核能工业，提升我国综合经济实力，缓解我国能源紧张的现状显得极为迫切。《国家核电中长期发展规划(2005～2020 年)》要求到 2020 年我国核电发展总量将达到 4000 万 kW，占我国总电力的 4%。铀是核能工业发展的物质基础，是核电发展的“粮食”，对保障国家安全、能源安全、环境安全具有重大的战略意义。在铀核燃料的生产过程中，U_3O_8 是铀产品产量的计量基准，具有非常重要的地位，U_3O_8 在工业上是通过煅烧铀化学浓缩物——重铀酸铵(ADU)或三碳酸铀酰铵(AUC)获得。

6.5.1　热分解特性

为了考察三碳酸铀酰铵的热分解机理，以便为其煅烧分解提供理论依据，曹新生等[25]、赵君等[26]开展了三碳酸铀酰铵在空气、氩气和还原气氛下的热重分析研究。

1. 在空气和惰性气体中的热分解

图 6-50 和图 6-51 为三碳酸铀酰铵在空气和氩气气氛下的热重分析曲线。由图中 TG 和 DTA 曲线可以看出，三碳酸铀酰铵在空气中的热分解属于吸热反应，分两步完成。三碳酸铀酰铵 110～250℃在分解为三氧化铀，其中 185℃左右时分解反应最快；540～590℃时三氧化铀进一步转化为八氧化三铀，至 800℃分解完毕，其失重率为 46.2%。三碳酸铀酰铵热分解反应可表示如下：

$$(NH_4)_4UO_2(CO_3)_3 = 4NH_3 + UO_3 + 2H_2O + 3CO_2$$

$$3UO_3 + H_2 = U_3O_8 + H_2O$$

由三碳酸铀酰铵在氩气中的 TG 和 DTA 曲线可以看出，三碳酸铀酰铵在氩气中的热行为与空气中的热行为相似，热分解属于吸热反应，其分解温度和反应原理也一致，仅在反应剧烈程度上存在差异。这是由于在常压下三碳酸铀酰铵的分解只取决于温度，与所处的气氛无关，而八氧化三铀的形成又只与温度和氧的分压有关，故三碳酸铀酰铵在空气和氩气气氛下的热分解结果一致。

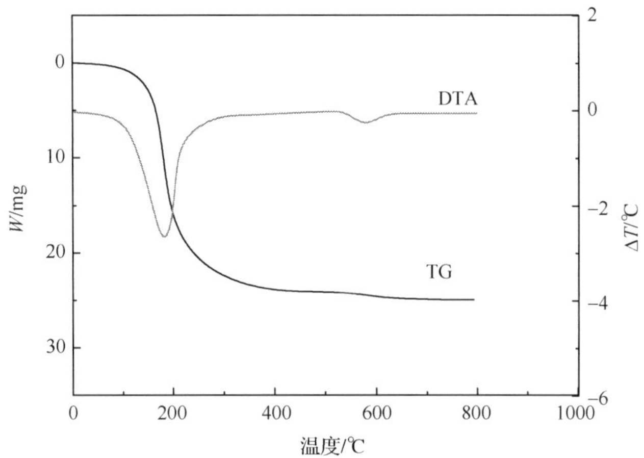

图 6-50　三碳酸铀酰铵在空气中的 TG 和 DTA 曲线

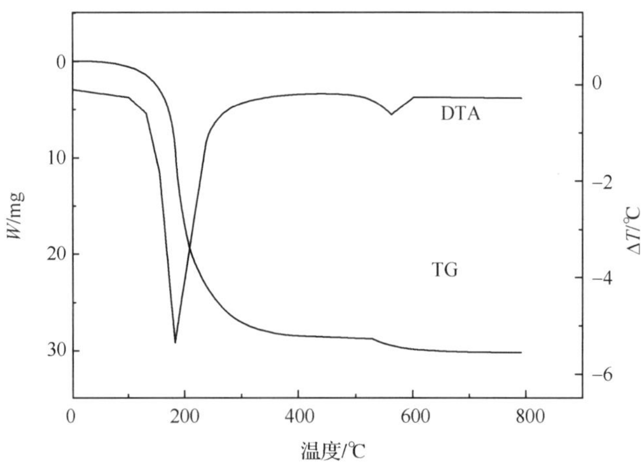

图 6-51　三碳酸铀酰铵在氩气中的 TG 和 DTA 曲线

2. 在还原气氛中的热分解

图 6-52 为三碳酸铀酰铵在还原气氛下的热重分析曲线。

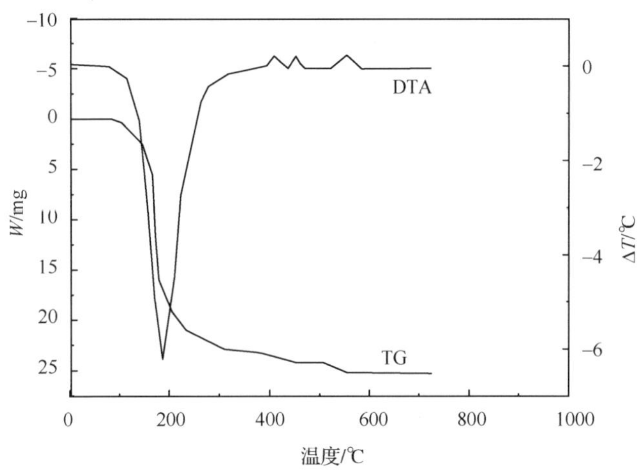

图 6-52　三碳酸铀酰铵在还原气氛（Ar-8％H_2）中的 TG-DTA 曲线

由图 6-52 可以看出，三碳酸铀酰铵在还原气氛（Ar-8％H_2）中热分解转化为三氧化铀的温度与在空气和氩气中的温度一致，且也为吸热反应。但在三氧化铀还原为二氧化铀的过程中，在 DTA 曲线上 400～580℃出现了 3 个放热峰，TG 曲线上也发生相应的失重。这是由于在三氧化铀还原为二氧化铀的过程中出现了 U_3O_8，U_2O_5，U_3O_7和 U_4O_9等中间产物。

6.5.2　常规煅烧

根据三碳酸铀酰铵热分解特性以及初步的条件探索实验结果，选定对八氧化三铀产品中总铀（Y_1）和 U^{4+}（Y_2）含量影响较大的煅烧温度（x_1）、煅烧时间（x_2）和物料量（x_3）作为实验的三个影响因素，采用 3 因素 2 水平的响应曲面分析方法对工艺参数进行设计优化。三碳酸铀酰铵常规煅烧实验设计方案与实验结果见表 6-25。

表 6-25　三碳酸铀酰铵常规煅烧响应曲面法实验设计与结果

序号	x_1/K	x_2/min	x_3/g	Y_1/%	Y_2/%
1	673.00	20.00	30.00	64.56	12.39
2	1073.00	20.00	30.00	84.71	28.69
3	673.00	60.00	30.00	80.11	19.60
4	1073.00	60.00	30.00	84.71	30.50

续表

序号	x_1/K	x_2/min	x_3/g	Y_1/%	Y_2/%
5	673.00	20.00	50.00	61.25	10.87
6	1073.00	20.00	50.00	85.51	30.73
7	673.00	60.00	50.00	78.62	14.14
8	1073.00	60.00	50.00	85.62	32.70
9	536.64*	40.00	40.00	67.15	0.23
10	1209.36*	40.00	40.00	84.69	28.31
11	873.00	6.36*	40.00	70.44	8.78
12	873.00	73.64*	40.00	85.42	31.41
13	873.00	40.00	23.18	85.25	30.31
14	873.00	40.00	56.82	83.94	28.27
15	873.00	40.00	40.00	84.31	27.58
16	873.00	40.00	40.00	84.71	28.24
17	873.00	40.00	40.00	84.39	28.52
18	873.00	40.00	40.00	84.45	29.16
19	873.00	40.00	40.00	84.53	28.89
20	873.00	40.00	40.00	84.61	29.08

* 在实际煅烧实验中，标 * 的数据做近似处理，本章下同。

1. 模型精确性分析

以煅烧温度、煅烧时间和物料量为自变量，八氧化三铀产品总铀和 U^{4+} 含量为应变量，通过最小二倍法拟合得到三碳酸铀酰铵常规煅烧产物八氧化三铀中总铀和 U^{4+} 含量的二次多项回归方程，即

$$Y_1=84.53+6.26x_1+4.26x_2-0.39x_3-4.10x_1x_2+0.81x_1x_3+0.24x_2x_3-3.25x_1^2-2.54x_2^2-0.19x_3^2 \quad (6\text{-}18)$$

$$Y_2=28.52+8.26x_1+3.83x_2-0.45x_3-0.84x_1x_2+1.40x_1x_3-0.47x_2x_3-4.70x_1^2-2.64x_2^2+0.61x_3^2 \quad (6\text{-}19)$$

1) 回归方程方差分析

依据回归方程方差公式，得到三碳酸铀酰铵的方差分析结果见表 6-26。

表 6-26 三碳酸铀酰铵煅烧产物八氧化三铀中总铀和 U^{4+} 的模型方差分析结果

方差来源	自由度	平方和		均方		f 值		Prob>f	
		总铀	U^{4+}	总铀	U^{4+}	总铀	U^{4+}	总铀	U^{4+}
模型	9	1151.87	1570.36	127.99	174.48	86.12	18.51	<0.0001	<0.0001
残差	10	14.86	94.27	1.49	9.43				
失拟项	5	14.75	92.47	2.95	18.49	136.86	51.32	<0.0001	0.0003
纯误差	5	0.11	1.80	0.022	0.36				

续表

方差来源	自由度	平方和		均方		f 值		Prob>f	
		总铀	U^{4+}	总铀	U^{4+}	总铀	U^{4+}	总铀	U^{4+}
总和	19	1166.74	1664.63						
总铀：$r^2=0.987$，$r_{adj}^2=0.976$									
U^{4+}：$r^2=0.943$，$r_{adj}^2=0.892$									

由表 6-26 方差分析可以看出，对于响应值总铀，三碳酸铀酰铵煅烧模型 $p<0.0001<0.05$，表明建立的回归模型极显著；失拟项 $p<0.0001<0.05$，表明失拟也极显著。三碳酸铀酰铵煅烧模型的决定系数为 $r^2=0.987$，校正决定系数为 $r_{adj}^2=0.976$，说明该模型拟合程度良好，实验误差小，该回归模型可以较好地描述各因素与响应值总铀之间的真实关系，可以用此模型预测和分析三碳酸铀酰铵常规煅烧产物八氧化三铀中总铀含量变化。对于响应值 U^{4+}，三碳酸铀酰铵煅烧模型 f 值为 1570.36，模型 f 小于 0.0001<0.05，失拟项 $p=0.0003<0.05$，表明建立的回归模型极显著，失拟项也极显著；三碳酸铀酰铵煅烧模型决定系数为 $r^2=0.943$，校正决定系数为 $r_{adj}^2=0.892$，说明该模型拟合程度良好，实验误差小，可以用此模型分析和预测三碳酸铀酰铵常规煅烧产物八氧化三铀中 U^{4+} 含量变化。

方差分析结果表明，在实验研究范围内，上述模型可以对三碳酸铀酰铵常规煅烧进行较精确的预测。三碳酸铀酰铵常规煅烧产物八氧化三铀中总铀和 U^{4+} 的残差正态概率图分别如图 6-53 及图 6-54 所示。

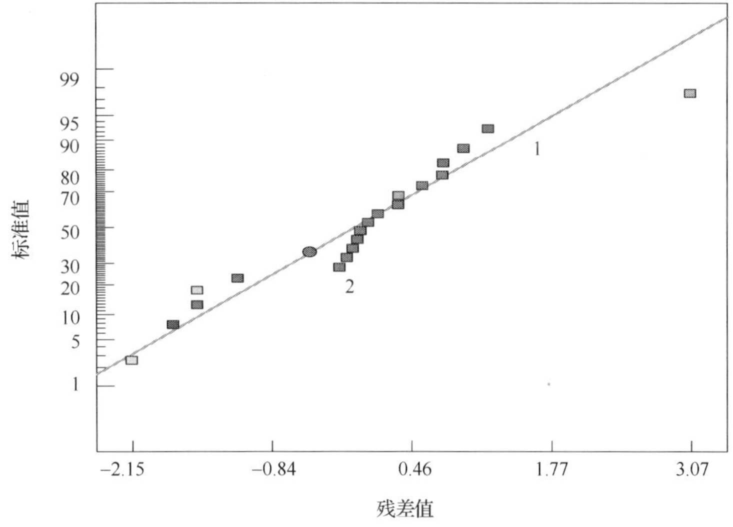

图 6-53　三碳酸铀酰铵煅烧产物八氧化三铀中总铀残差正态概率图

1. 标准值；2. 残差值

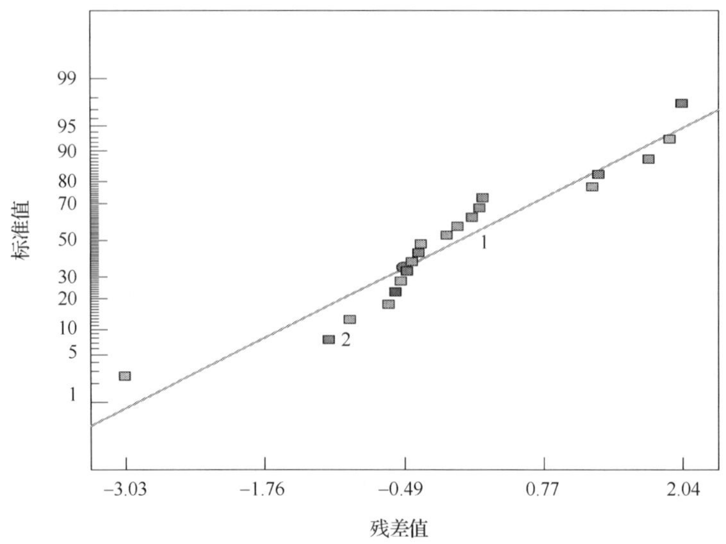

图 6-54　三碳酸铀酰铵煅烧产物八氧化三铀中 U^{4+} 残差正态概率图

1. 标准值；2. 残差值

由图 6-53 及图 6-54 可见，实验点近似为一条直线，而不是 S 形曲线，表明实验残差分布在常态范围内，实验选取模型可以用来预测实验过程。

图 6-55 和图 6-56 分别为三碳酸铀酰铵常规煅烧产物八氧化三铀中总铀和 U^{4+} 含量预测值与实验值的对比图。

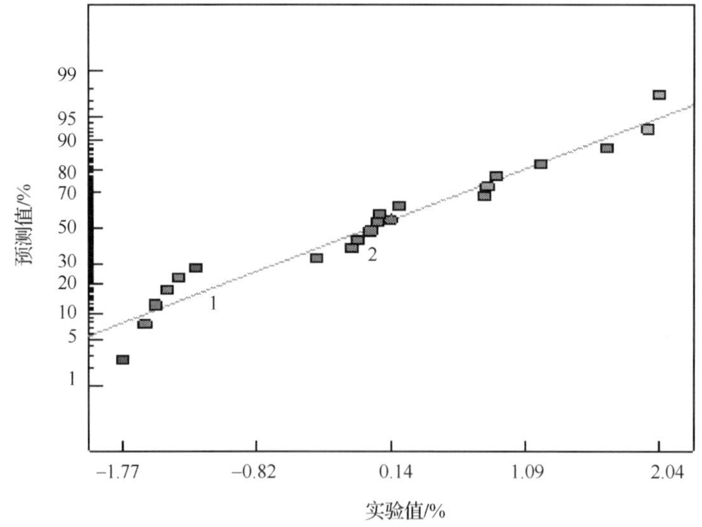

图 6-55　三碳酸铀酰铵煅烧产物八氧化三铀中总铀预测值与实验值的对比

1. 预测值；2. 实验值

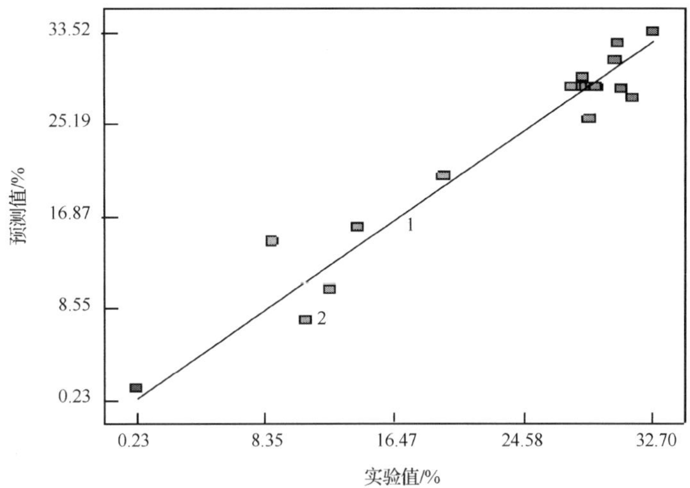

图 6-56 三碳酸铀酰铵煅烧产物八氧化三铀中 U^{4+} 预测值与实验值的对比

1. 预测值;2. 实验值

从图 6-55 及图 6-56 可以看出,由软件设计所获得的预测值与实验结果比较接近,所获得的实验结果点基本上平均分布于预测直线的周围,说明实验所选取的模型反映了影响三碳酸铀酰铵常规煅烧产物八氧化三铀中总铀和 U^{4+} 含量的自变量与应变量之间的关系;所得模型可以反映参数之间的真实关系,可以用此模型对三碳酸铀酰铵常规煅烧产物八氧化三铀中总铀和 U^{4+} 含量进行分析和预测是有效的。

2) 回归方程显著性检验

依据显著性理论分析,得到三碳酸铀酰铵的显著性检验结果见表 6-27。

表 6-27 三碳酸铀酰铵常规煅烧产物总铀和 U^{4+} 回归方程系数显著性检验

系数项	自由度	回归系数		标准误差		置信下限		置信上限		p 值	
		总铀	U^{4+}	总铀	U^{4+}	总铀	U^{4+}	总铀	U^{4+}	总铀	U^{4+}
模型	1	84.53	28.52	0.50	1.25	83.43	25.73	85.64	31.31	<0.0001	<0.0001
x_1	1	6.26	8.26	0.33	0.83	5.53	6.41	7.00	10.11	<0.0001	<0.0001
x_2	1	4.26	3.83	0.33	0.83	3.53	1.98	5.00	5.68	<0.0001	0.0010
x_3	1	−0.39	−0.45	0.33	0.83	−1.12	−2.30	0.35	1.40	0.2672	0.5985
x_1x_2	1	−4.10	−0.84	0.43	1.09	−5.06	−3.26	−3.14	1.58	<0.0001	0.4582
x_1x_3	1	0.81	1.40	0.43	1.09	−0.15	−1.02	1.77	3.82	0.0883	0.2254
x_2x_3	1	0.24	−0.47	0.43	1.09	−0.72	−2.89	1.20	1.95	0.5880	0.6726
x_1^2	1	−3.25	−4.70	0.32	0.81	−3.97	−6.51	−2.54	−2.90	<0.0001	0.0002
x_2^2	1	−2.54	−2.64	0.32	0.81	−3.26	−4.45	−1.83	−0.84	<0.0001	0.0084
x_3^2	1	−0.19	0.62	0.32	0.81	−0.90	−1.20	0.53	2.41	0.5751	0.4708

从表 6-27 回归方程系数显著性检验可知，三碳酸铀酰铵常规煅烧模型总铀和 U^{4+} 含量一次项 x_1，x_2 和二次项 x_1^2，x_2^2 的 p 值均小于 0.05，说明煅烧温度和煅烧时间对八氧化三铀产品中的总铀和 U^{4+} 含量有显著的影响，另外交互项 x_1x_2 对总铀含量也有显著的影响。因此，可以利用该回归模型来确定三碳酸铀酰铵常规煅烧分解制备八氧化三铀的工艺条件。优化的回归模型为

$$Y_1 = 84.53 + 6.26x_1 + 4.26x_2 - 4.10x_1x_2 - 3.25x_1^2 - 2.54x_2^2 \tag{6-20}$$

$$Y_2 = 28.52 + 8.26x_1 + 3.83x_2 - 4.70x_1^2 - 2.64x_2^2 \tag{6-21}$$

2. 响应曲面分析

依据三碳酸铀酰铵优化二次模型，煅烧温度、煅烧时间和物料量及其交互作用对八氧化三铀中总铀和 U^{4+} 含量的影响如图 6-57～图 6-60 所示。

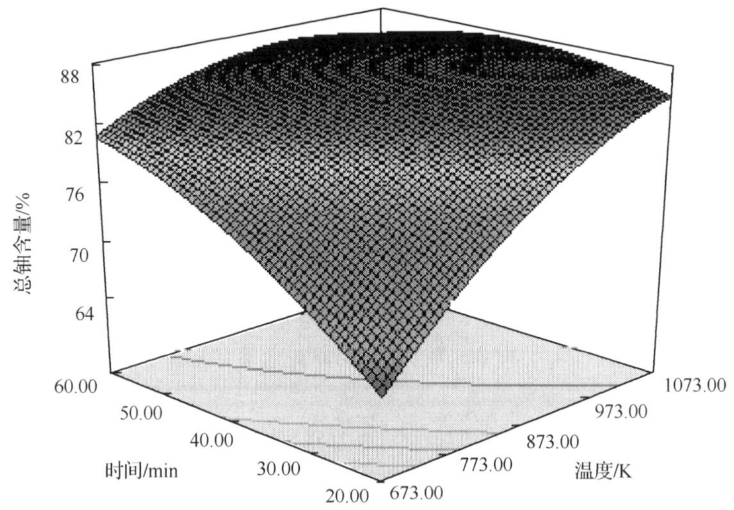

图 6-57　煅烧温度、煅烧时间及其交互作用对三碳酸铀酰铵煅烧产物八氧化三铀中总铀含量影响的响应曲面

由图 6-57～图 6-60 可知，随着煅烧温度的升高和煅烧时间的延长，三碳酸铀酰铵煅烧产物八氧化三铀中总铀和 U^{4+} 含量急剧增大，当煅烧温度和煅烧时间达到一定值时，八氧化三铀中总铀和 U^{4+} 含量变化逐渐变缓，并且有下降趋势；随着物料量的增大，八氧化三铀中总铀和 U^{4+} 含量反而降低，但变化幅度均相对较小。

3. 响应曲面优化及验证

对于八氧化三铀，总铀和 U^{4+} 含量高低是衡量其产品质量好坏的指标。根据

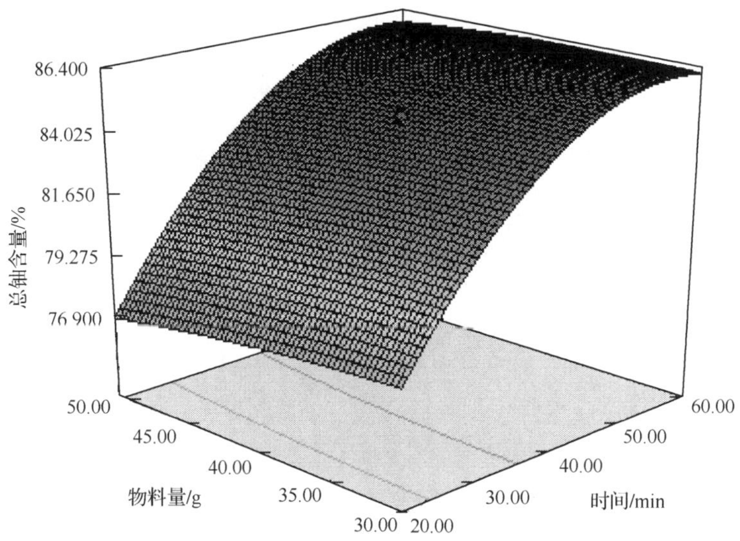

图 6-58　煅烧时间、物料量及其交互作用对三碳酸铀酰铵煅烧产物八氧化三铀中总铀含量影响的响应曲面

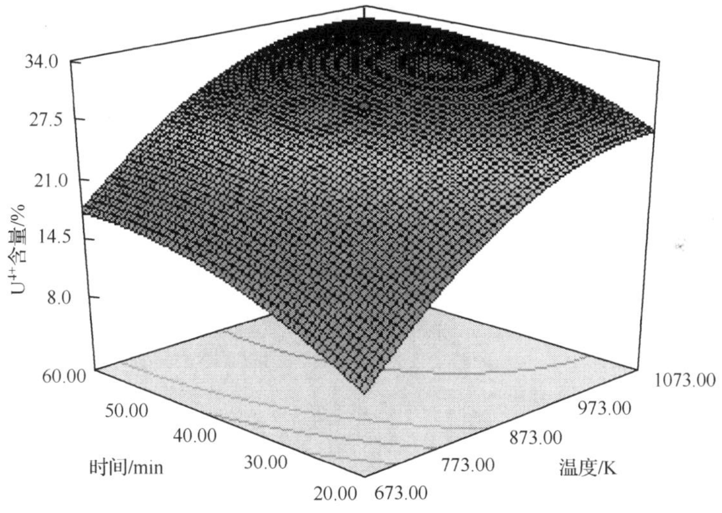

图 6-59　煅烧温度、煅烧时间及其交互作用对三碳酸铀酰铵煅烧产物八氧化三铀中 U^{4+} 含量影响的响应曲面

响应曲面法分析表明，尽管煅烧温度、煅烧时间和物料量对三碳酸铀酰铵常规煅烧产物八氧化三铀中总铀和 U^{4+} 含量的影响规律基本一致，但由于各因素对八氧化三铀中总铀和 U^{4+} 含量的影响程度存在差异。因此，在获得尽可能高的总铀和 U^{4+} 含量的前提下，条件优化是重要的。

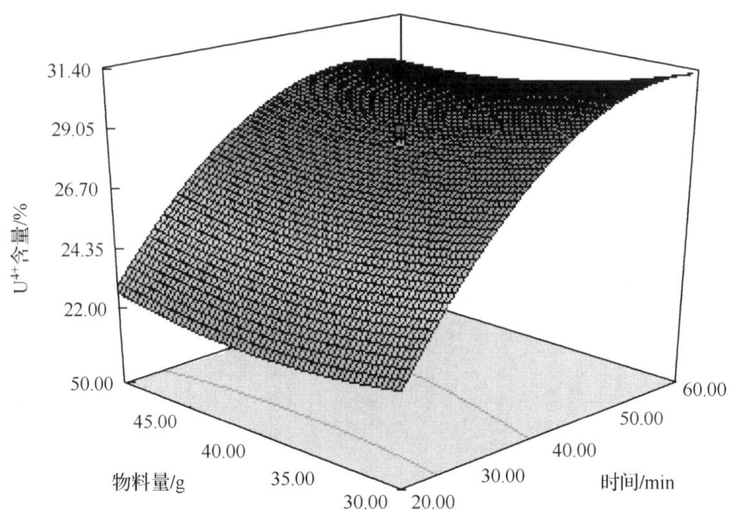

图 6-60 煅烧时间、物料量及其交互作用对三碳酸铀酰铵煅烧产物八氧化三铀中 U^{4+} 含量影响的响应曲面

根据 GB10266-2008 质量标准，以八氧化三铀中总铀和 U^{4+} 含量分别满足 75%～84.79%和 28%～45%的标准，用回归模型优化工艺参数，得到三碳酸铀酰铵常规煅烧产物同时满足上述指标的响应曲面如图 6-61 所示。

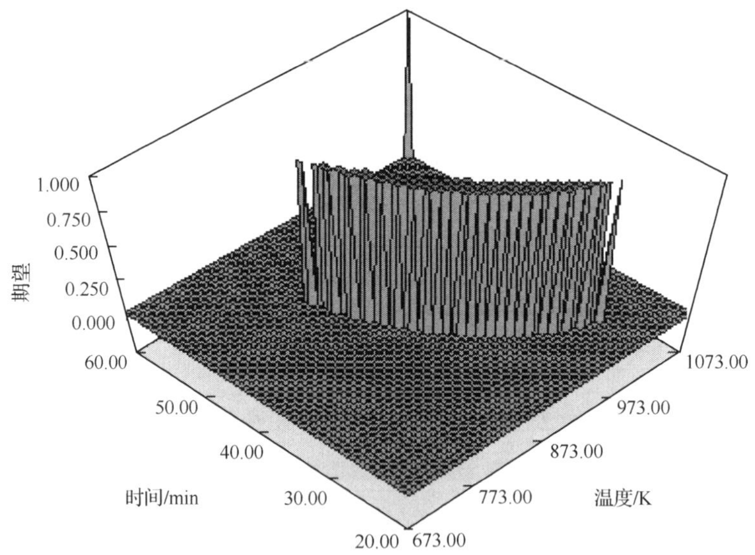

图 6-61 三碳酸铀酰铵煅烧产物八氧化三铀中总铀和 U^{4+} 优化响应曲面

图 6-61 中，柱状顶部为八氧化三铀产品中总铀和 U^{4+} 含量同时满足 75%～84.79%和 28%～45%标准的区域。

通过设计软件的预测功能，兼顾实际生产需要，以八氧化三铀产品中总铀和 U^{4+} 含量分别以 75%～84.79%和 28%～45%为标准，优化得到三碳酸铀酰铵常规煅烧最优工艺参数见表 6-28。

表 6-28　三碳酸铀酰铵回归模型优化工艺参数

自变量			响应值	
			总铀	U^{4+}
煅烧温度/K	煅烧时间/min	物料量/g	预测值/%	预测值/%
961.64	27.94	37.86	84.29	28.14

为验证三碳酸铀酰铵煅烧响应曲面法的可靠性，采用优化后的最佳条件进行实验，同时考虑到实际生产的便利性，以煅烧温度为 962K，煅烧时间为 28min，物料量为 38g 进行验证实验，两次平行实验得到三碳酸铀酰铵常规煅烧产物八氧化三铀中总铀和 U^{4+} 含量为 84.17%和 29.06%。该验证值与预测值相接近，偏差较小，表明该预测模型是合适的，优化工艺可行。

6.5.3　微波煅烧

选定对八氧化三铀产品中总铀(Y_1)和 U^{4+}(Y_2)含量影响较大的煅烧温度(x_1)、煅烧时间(x_2)和物料量(x_3)作为实验的三个影响因素，采用 3 因素 2 水平的响应曲面分析方法对工艺参数进行设计优化。三碳酸铀酰铵微波煅烧实验设计方案与实验结果见表 6-29。

表 6-29　三碳酸铀酰铵微波煅烧响应曲面法实验设计与结果

序号	x_1/K	x_2/min	x_3/g	Y_1/%	Y_2/%
1	673.00	4.00	30.00	61.78	15.42
2	1073.00	4.00	30.00	78.79	24.72
3	673.00	12.00	30.00	75.52	24.91
4	1073.00	12.00	30.00	80.56	39.24
5	673.00	4.00	50.00	60.92	15.21
6	1073.00	4.00	50.00	78.43	32.02
7	673.00	12.00	50.00	74.20	24.73
8	1073.00	12.00	50.00	80.18	39.09
9	536.64 *	8.00	40.00	56.50	13.40
10	1209.36 *	8.00	40.00	80.73	41.31
11	873.00	1.27 *	40.00	66.20	11.30
12	873.00	14.73	40.00	79.25	29.09

续表

序号	x_1/K	x_2/min	x_3/g	Y_1/%	Y_2/%
13	873.00	8.00	23.18	78.17	27.06
14	873.00	8.00	56.82	79.35	30.71
15	873.00	8.00	40.00	80.15	28.29
16	873.00	8.00	40.00	80.20	28.34
17	873.00	8.00	40.00	80.09	28.16
18	873.00	8.00	40.00	80.19	28.37
19	873.00	8.00	40.00	80.17	28.32
20	873.00	8.00	40.00	80.12	29.13

* 在实际煅烧实验中，标 * 的数据做近似处理。

1. 模型精确性分析

以煅烧温度、煅烧时间和物料量为自变量，八氧化三铀产品总铀和 U^{4+} 含量为应变量，通过最小二倍法拟合得到三碳酸铀酰铵微波煅烧产物八氧化三铀中总铀和 U^{4+} 含量的二次多项回归方程为

$$Y_1=80.13+6.32x_1+3.84x_2-0.068x_3-2.94x_1x_2+0.18x_1x_3-0.06x_2x_3-3.90x_1^2-2.45x_2^2-0.31x_3^2 \tag{6-22}$$

$$Y_2=28.38+7.45x_1+5.16x_2+0.94x_3+0.32x_1x_2+0.94x_1x_3-0.93x_2x_3-0.04x_1^2-2.57x_2^2+0.05x_3^2 \tag{6-23}$$

1) 回归方程方差分析

依据回归方程方差公式，分析得到三碳酸铀酰铵微波煅烧的方差分析结果见表 6-30。

表 6-30　三碳酸铀酰铵煅烧产物八氧化三铀中总铀和 U^{4+} 的模型方差分析结果

方差	自由	平方和		均方		f 值		Prob>f	
来源	度	总铀	U^{4+}	总铀	U^{4+}	总铀	U^{4+}	总铀	U^{4+}
模型	9	1098.52	1253.01	122.06	139.22	105.42	59.87	<0.0001	<0.0001
残差	10	11.58	23.25	1.16	2.33				
失拟项	5	11.57	22.65	2.31	4.53	1295.02	37.36	<0.0001	0.0006
纯误差	5	8.933×10^{-6}	061	51.79×10^{-6}	0.12				
总和	19	1110.09	1276.26						

总铀：$r^2=0.990$，$r_{adj}^2=0.980$

U^{4+}：$r^2=0.982$，$r_{adj}^2=0.965$

由表 6-30 方差分析可以看出，对于响应值总铀，三碳酸铀酰铵微波煅烧模型 $p<0.0001<0.05$，表明建立的回归模型极显著；失拟项 $p<0.0001<0.05$，表明失拟也极显著。三碳酸铀酰铵煅烧模型的决定系数为 $r^2=0.990$，校正决定系数为 $r_{adj}^2=0.980$，说明仅有总变异的 1.0%不能用此模型来解释，模型拟合程度良好，实验误差小，可以用此模型对三碳酸铀酰铵微波煅烧产物八氧化三铀中总铀含量进行分析和预测。对于响应值 U^{4+}，三碳酸铀酰铵煅烧模型 $p<0.0001<$

0.05，失拟项 $p=0.006<0.05$，表明建立的回归模型显著。模型的决定系数与校正决定系数均大于0.96，说明该模型拟合程度良好，实验误差小，可以用此模型对三碳酸铀酰铵微波煅烧产物八氧化三铀中 U^{4+} 含量进行分析和预测。

方差分析结果表明，在实验研究范围内，上述模型可以对三碳酸铀酰铵微波煅烧产物八氧化三铀中总铀和 U^{4+} 含量进行较精确的预测。图 6-62 为三碳酸铀酰铵煅烧产物八氧化三铀中总铀残差正态概率图。图 6-63 为三碳酸铀酰铵微波煅烧产物八氧化三铀中 U^{4+} 残差正态概率图。

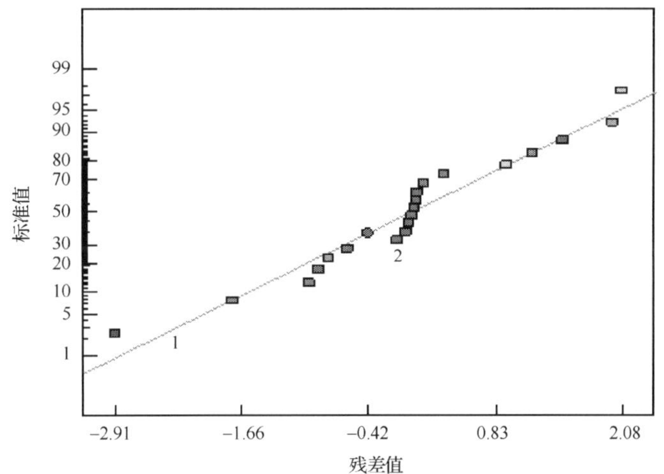

图 6-62　三碳酸铀酰铵微波煅烧产物八氧化三铀中总铀残差正态概率图

1. 标准值；2. 残差值

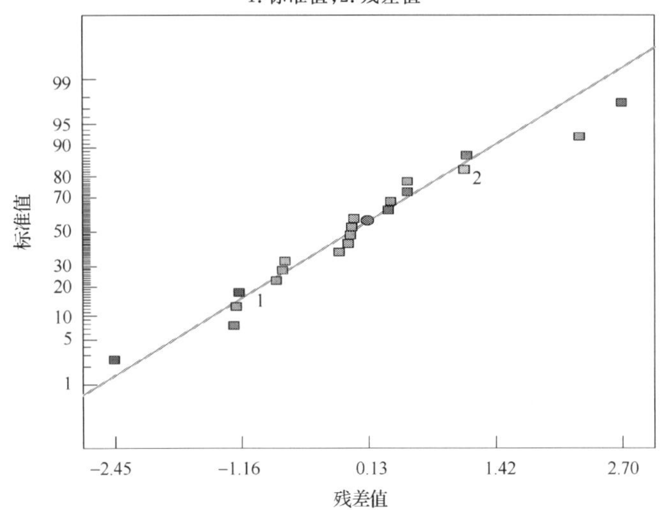

图 6-63　三碳酸铀酰铵微波煅烧产物八氧化三铀中 U^{4+} 残差正态概率图

1. 标准值；2. 残差值

由图 6-62 及图 6-63 可见，三碳酸铀酰铵微波煅烧产物八氧化三铀中总铀和 U^{4+} 含量实验点近似为一条直线，表明实验残差分布在常态范围内，实验选取模型可以用来预测实验过程。

图 6-64 和图 6-65 为三碳酸铀酰铵微波煅烧产物八氧化三铀中总铀和 U^{4+} 含量预测值与实验值的对比图。

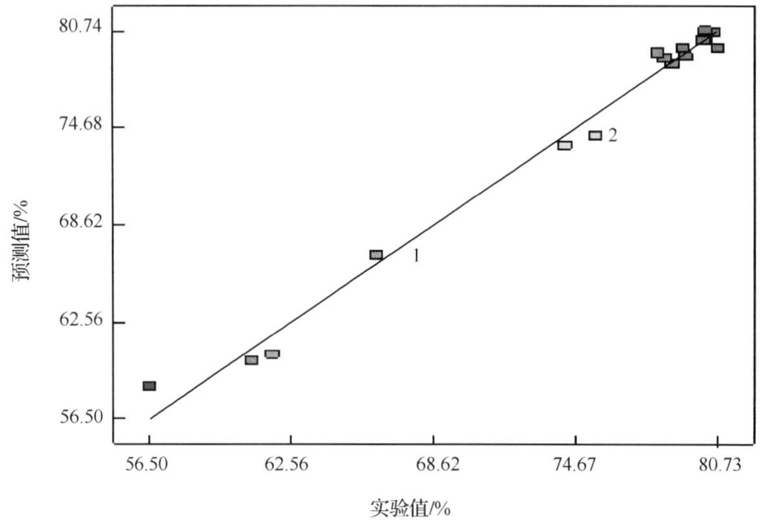

图 6-64　三碳酸铀酰铵微波煅烧产物八氧化三铀中总铀预测值与实验值对比

1. 预测值；2. 实验值

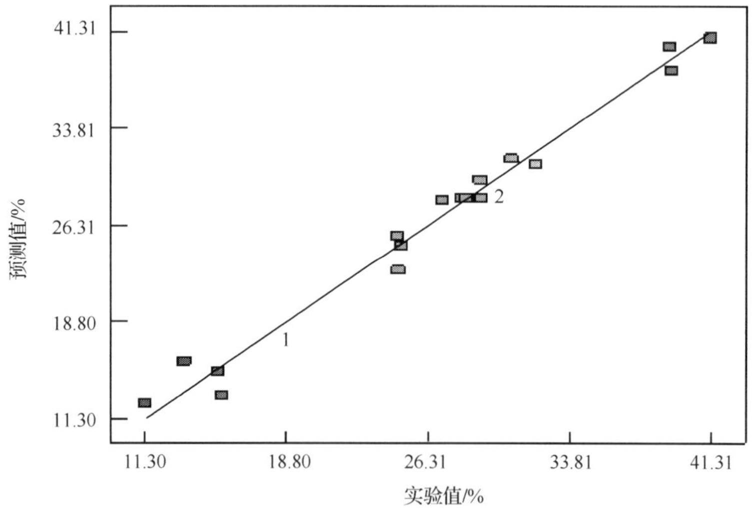

图 6-65　三碳酸铀酰铵微波煅烧产物八氧化三铀中 U^{4+} 预测值与实验值对比

1. 预测值；2. 实验值

由图 6-64 及图 6-65 分析发现，实验所获得的预测值与实验结果比较接近，实验结果点平均分布于预测直线的周围，这说明实验所选取的模型反映了影响三碳酸铀酰铵微波煅烧产物八氧化三铀中总铀和 U^{4+} 含量的自变量与应变量之间的关系。

2）回归方程显著性检验

依据显著性理论，分析得到三碳酸铀酰铵的显著性检验结果见表 6-31。

表 6-31　三碳酸铀酰铵煅烧产物总铀和 U^{4+} 回归方程系数显著性检验

系数项	自由度	回归系数		标准误差		置信下限		置信上限		p 值	
		总铀	U^{4+}	总铀	U^{4+}	总铀	U^{4+}	总铀	U^{4+}	总铀	U^{4+}
模型	1	80.13	28.38	0.44	0.62	79.15	27.00	81.10	29.77	<0.0001	<0.0001
x_1	1	6.32	7.45	0.29	0.41	5.67	6.53	6.97	8.37	<0.0001	<0.0001
x_2	1	3.84	5.16	0.29	0.41	3.19	4.24	4.49	6.08	<0.0001	<0.0001
x_3	1	−0.068	0.94	0.29	0.41	−0.72	0.025	0.58	1.86	0.8188	0.0451
x_1x_2	1	−2.94	0.32	0.38	0.54	−3.79	−0.88	−2.09	1.52	<0.0001	0.5630
x_1x_3	1	0.18	0.94	0.38	0.54	−0.67	−0.26	1.03	2.14	0.6463	0.1110
x_2x_3	1	−0.060	−0.93	0.38	0.54	−0.91	−2.13	0.79	0.27	0.8778	0.9221
x_1^2	1	−3.90	−0.04	0.28	0.4	−4.53	−0.94	−3.27	0.85	<0.0001	0.9221
x_2^2	1	−2.45	−2.57	0.28	0.4	−3.08	−3.47	−1.82	−1.68	<0.0001	<0.0001
x_3^2	1	−0.31	0.5	0.28	0.4	−0.95	−0.39	0.32	1.4	0.2927	0.2410

从表 6-31 回归方程系数显著性检验可知，三碳酸铀酰铵微波煅烧模型总铀含量一次项 x_1，x_2 和二次项 x_2^2 的 p 值均小于 0.05，说明煅烧温度和煅烧时间对八氧化三铀产品中的总铀含量有显著的影响。此外二次项 x_1^2，交互项 x_1x_2 对八氧化三铀产品中的总铀含量也有显著的影响；三碳酸铀酰铵煅烧模型 U^{4+} 含量一次项 x_1，x_2，x_3 和二次项 x_2^2 的 p 值均小于 0.05。因此，可以利用该回归模型来确定三碳酸铀酰铵微波煅烧分解制备八氧化三铀的工艺条件。优化的回归模型为

$$Y_1=80.13+6.32x_1+3.84x_2-2.94x_1x_2-3.90x_1^2-2.45x_2^2 \tag{6-24}$$

$$Y_2=28.38+7.45x_1+5.16x_2+0.94x_3-2.57x_2^2 \tag{6-25}$$

2. 响应曲面分析

依据微波煅烧三碳酸铀酰铵优化二次模型，煅烧温度、煅烧时间和物料量及其交互作用对八氧化三铀中总铀和 U^{4+} 含量的影响如图 6-66～图 6-69 所示。

由图 6-66～图 6-69 可知，三碳酸铀酰铵微波煅烧产物八氧化三铀产品中总铀和 U^{4+} 含量随煅烧温度和煅烧时间呈递增趋势。本实验条件下，煅烧温度和煅烧时间为影响三碳酸铀酰铵微波煅烧产物八氧化三铀中总铀和 U^{4+} 含量的主要因

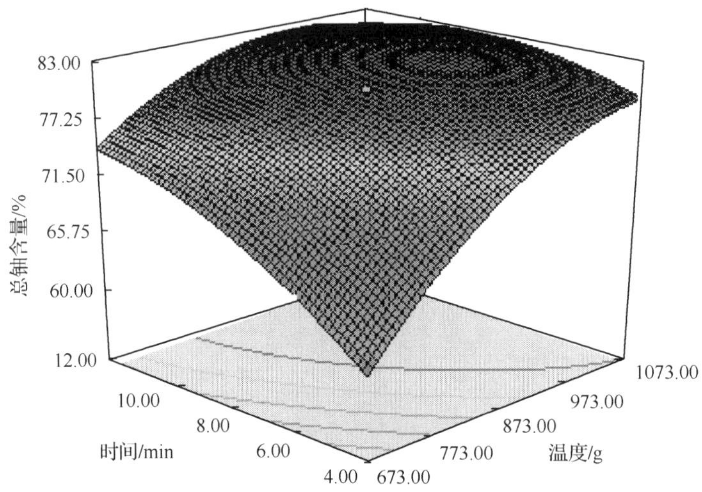

图 6-66　煅烧温度、煅烧时间及其交互作用对三碳酸铀酰铵微波煅烧产物八氧化三铀中总铀含量影响的响应曲面

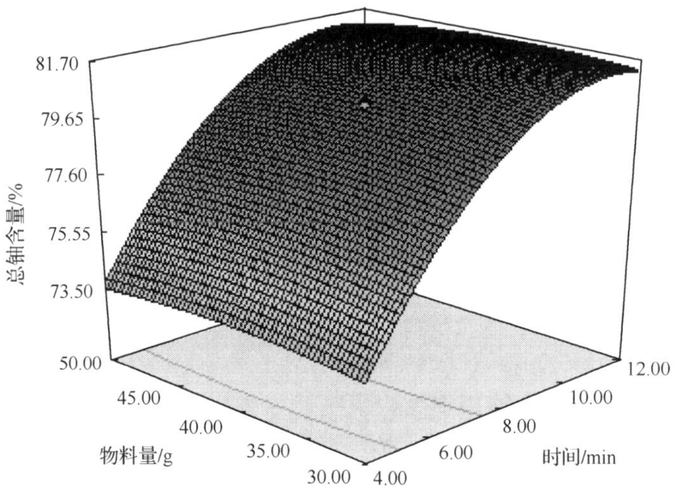

图 6-67　煅烧时间、物料量及其交互作用对三碳酸铀酰铵微波煅烧产物八氧化三铀中总铀含量影响的响应曲面

素，物料量为次要因素。这与回归模型显著性分析结果一致。

3. 响应曲面优化及验证

根据 GB 10266-2008 质量标准，以八氧化三铀产品中总铀和 U^{4+} 含量分别满足 75%～84.79%和 28%～45%为标准，用回归模型优化工艺参数，得到三碳酸铀酰铵微波煅烧产物同时满足上述指标的响应曲面如图 6-70 所示，图中，柱状部分

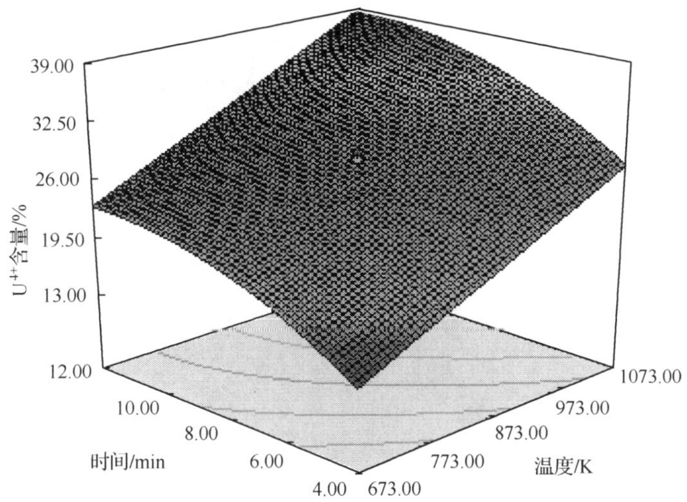

图 6-68　煅烧温度、煅烧时间及其交互作用对三碳酸铀酰铵微波煅烧产物八氧化三铀中 U^{4+} 含量影响的响应曲面

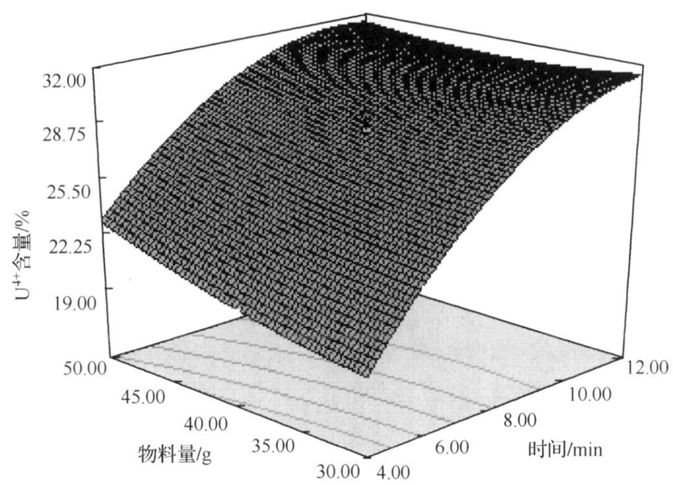

图 6-69　煅烧时间、物料量及其交互作用对三碳酸铀酰铵微波煅烧产物 U^{4+} 含量影响的响应曲面

顶部为八氧化三铀产品总铀和 U^{4+} 含量同时满足 75％～84.79％和 28％～45％标准的区域。

以八氧化三铀产品中总铀和 U^{4+} 含量分别以 75％～84.79％和 28％～45％为标准，优化得到三碳酸铀酰铵微波煅烧的最优工艺参数见表 6-32。

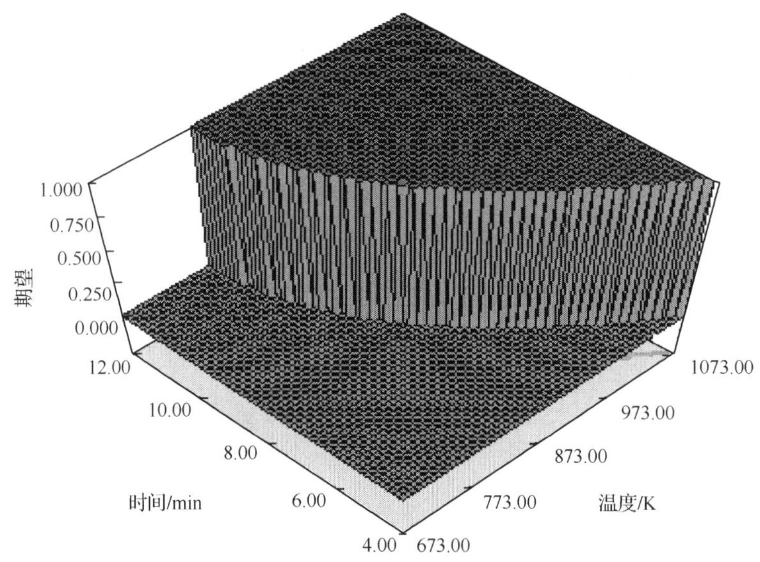

图 6-70 三碳酸铀酰铵煅烧产物八氧化三铀中总铀和 U^{4+} 优化响应曲面

表 6-32 三碳酸铀酰铵回归模型优化工艺参数

自变量			响应值	
x_1/K	x_2/min	x_3/g	总铀(预测值)/%	U^{4+}(预测值)/%
942.75	8.78	30.98	82.07	31.33

为验证三碳酸铀酰铵微波煅烧响应曲面法的可靠性,采用优化后的最佳条件进行实验,同时考虑到实际生产的便利性,以煅烧温度为 943K,煅烧时间为 9min,物料量为 31g 进行验证实验,两次平行实验得到三碳酸铀酰铵微波煅烧产物八氧化三铀中总铀和 U^{4+} 含量分别为 83.17%和 83.26%,八氧化三铀产品质量达到了 GB 10268-88标准要求。该验证值与预测值相接近,偏差较小,表明该预测模型是合适的,优化工艺可行。

6.6 重铀酸铵的煅烧

6.6.1 热分解特性

由文献[27, 28]可知,重铀酸铵在 350℃左右开始分解为三氧化铀,而后三氧化铀被反应产生的氨气进一步还原得到八氧化三铀。其反应可表示为

$$(NH_4)_2U_2O_7 = 2NH_3 + 2UO_3 + H_2O$$

$$3UO_3 + H_2 = U_3O_8 + H_2O$$

6.6.2 常规煅烧

根据重铀酸铵热分解特性以及初步的条件探索实验结果，选定对八氧化三铀产品中总铀(Y_1)和 U^{4+}(Y_2)含量影响较大的煅烧温度(x_1)、煅烧时间(x_2)和物料量(x_3)作为实验的三个影响因素，采用 3 因素 2 水平的响应曲面分析方法对工艺参数进行设计优化。重铀酸铵常规煅烧实验设计方案与实验结果见表 6-33。

表 6-33　重铀酸铵常规煅烧响应曲面实验设计与结果

序号	x_1/K	x_2/min	x_3/g	Y_1/%	Y_2/%
1	673.00	20.00	30.00	81.67	15.00
2	1073.00	20.00	30.00	84.58	28.30
3	673.00	50.00	30.00	82.91	18.75
4	1073.00	50.00	30.00	84.62	28.18
5	673.00	20.00	60.00	78.37	13.58
6	1073.00	20.00	60.00	84.57	28.20
7	673.00	50.00	60.00	83.80	19.21
8	1073.00	50.00	60.00	84.87	28.45
9	536.64*	35.00	45.00	77.84	2.69
10	1209.36*	35.00	45.00	84.66	28.70
11	873.00	9.77*	45.00	84.30	18.77
12	873.00	60.23*	45.00	84.40	27.22
13	873.00	35.00	19.77	84.33	26.74
14	873.00	35.00	70.23	84.41	27.30
15	873.00	35.00	45.00	84.48	28.25
16	873.00	35.00	45.00	84.66	28.11
17	873.00	35.00	45.00	84.64	28.66
18	873.00	35.00	45.00	84.52	28.07
19	873.00	35.00	45.00	84.60	28.10
20	873.00	35.00	45.00	84.78	28.73

* 在实际煅烧实验中，标 * 的数据做近似处理。

1. 模型精确性分析

以煅烧温度、煅烧时间和物料量为自变量，八氧化三铀产品总铀和 U^{4+} 含量为应变量，通过最小二倍法拟合得到重铀酸铵常规煅烧产物八氧化三铀中总铀和 U^{4+} 含量的二次多项回归方程为

$$Y_1 = 84.62 + 1.71x_1 + 0.52x_2 - 0.15x_3 - 0.79x_1x_2 + 0.33x_1x_3 + 0.56x_2x_3 - 1.2x_1^2 - 0.11x_2^2 - 0.10x_3^2 \tag{6-26}$$

$$Y_2 = 28.29 + 6.61x_1 + 1.74x_2 - 0.01x_3 - 1.16x_1x_2 + 0.14x_1x_3 + 0.28x_2x_3 - 4.26x_1^2 - 1.68x_2^2 - 0.26x_3^2 \quad (6\text{-}27)$$

1）回归方程方差分析

依据回归方程方差公式，得到重铀酸铵的方差分析结果见表 6-34。

表 6-34 重铀酸铵煅烧产物八氧化三铀中总铀和 U^{4+} 的模型方差分析结果

方差来源	自由度	平方和		均方		f 值		Prob>f	
		总铀	U^{4+}	总铀	U^{4+}	总铀	U^{4+}	总铀	U^{4+}
模型	9	73.25	936.49	8.14	104.05	14.41	47.97	0.0001	<0.0001
残差	10	5.65	21.69	0.56	2.17				
失拟项	5	5.59	21.25	1.12	4.25	97.5	47.9	<0.0001	0.0003
纯误差	5	0.057	0.44	0.011	0.089				
总和	19	78.90	958.18						

总铀：$r^2=0.928$，$r_{adj}^2=0.864$

U^{4+}：$r^2=0.977$，$r_{adj}^2=0.957$

由表 6-34 方差分析可以看出，对于总铀，重铀酸铵煅烧模型 $p<0.0001<0.05$，表明建立的回归模型极显著；失拟项 $p<0.0001<0.05$，表明失拟也极显著。重铀酸铵煅烧模型的决定系数 $r^2=0.928$，校正决定系数 $r_{adj}^2=0.864$，说明该模型拟合程度良好，实验误差小，可以用此模型分析和预测重铀酸铵常规煅烧产物八氧化三铀中总铀含量变化。对于 U^{4+}，重铀酸铵煅烧模型 $p<0.0001<0.05$，失拟项 $p=0.0003<0.05$，表明建立的回归模型极显著，失拟项也极显著；重铀酸铵煅烧模型决定系数 $r^2=0.977$，校正决定系数 $r_{adj}^2=0.957$，说明该模型拟合程度良好，实验误差小，该回归模型可以较好地描述各因素与 U^{4+} 之间的真实关系。

方差分析结果表明，在实验研究范围内，上述模型可以对重铀酸铵常规煅烧进行较精确的预测。图 6-71 为重铀酸铵常规煅烧产物八氧化三铀中总铀的残差正态概率图。图 6-72 为重铀酸铵常规煅烧产物八氧化三铀中 U^{4+} 的残差正态概率图。

由图 6-71 及图 6-72 可见，实验点近似为一条直线，而不是 S 形曲线，表明实验残差分布在常态范围内，实验选取模型可以用来预测实验过程。

图 6-73 为重铀酸铵常规煅烧产物八氧化三铀中总铀含量预测值与实验值的对比图。图 6-74 为重铀酸铵常规煅烧产物八氧化三铀中 U^{4+} 含量预测值与实验值的对比图。

从图 6-73 和图 6-74 可以看出，由软件设计所获得的预测值与实验结果比较接近，所获得的实验结果点基本上平均分布于预测直线的周围，说明实验所选取的模型反映了重铀酸铵常规煅烧产物八氧化三铀中总铀和 U^{4+} 含量的自变量与

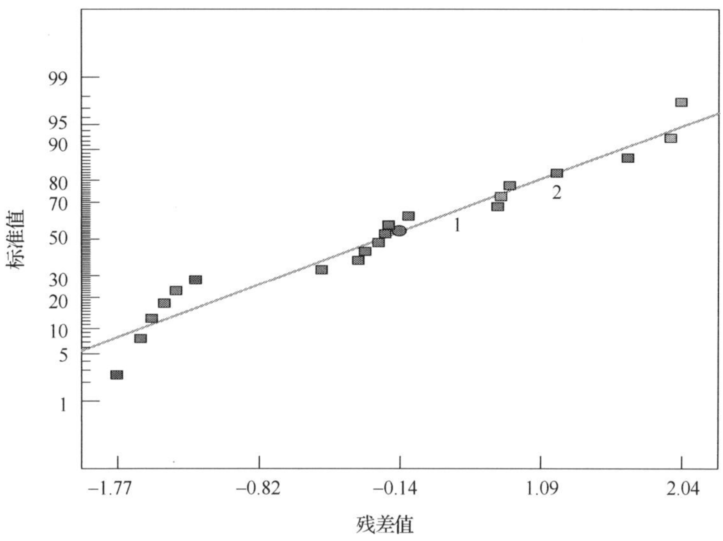

图 6-71　重铀酸铵煅烧产物八氧化三铀中总铀残差正态概率图

1. 标准值；2. 残差值

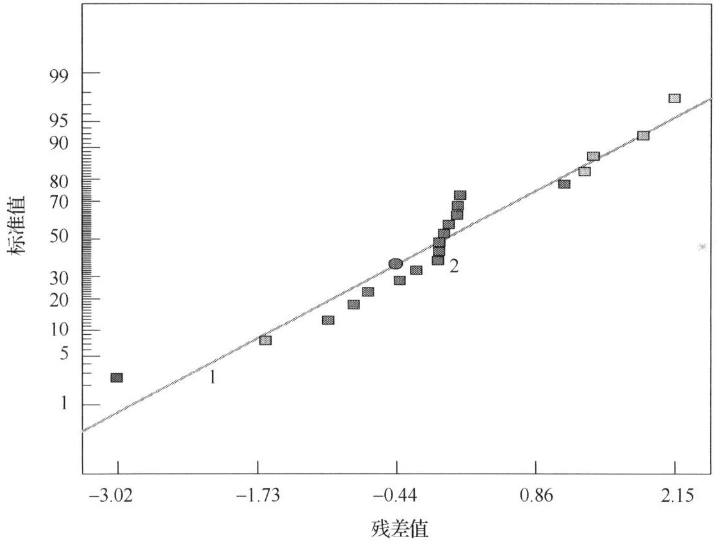

图 6-72　重铀酸铵煅烧产物八氧化三铀中 U^{4+} 残差正态概率图

1. 标准值；2. 残差值

应变量之间的关系。所得模型可以反映参数之间的真实关系，可以用此模型对重铀酸铵常规煅烧产物八氧化三铀中总铀和 U^{4+} 含量进行分析和预测，此模型是有效的。

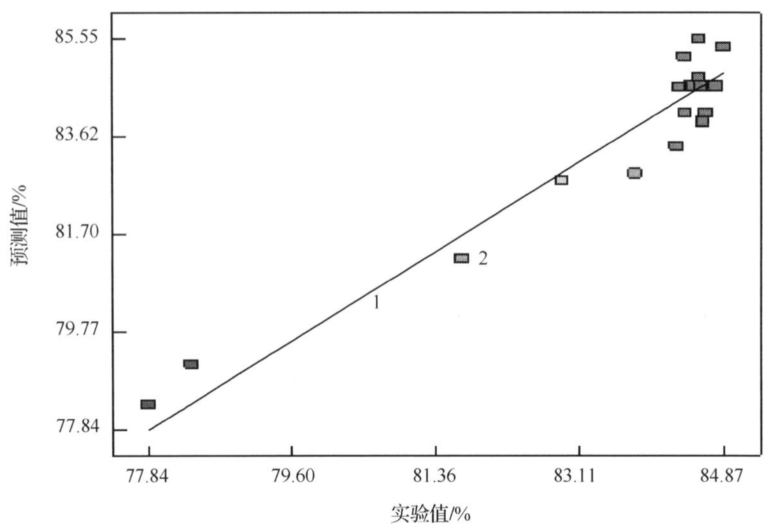

图 6-73 重铀酸铵煅烧产物八氧化三铀中总铀预测值与实验值对比

1. 预测值;2. 实验值

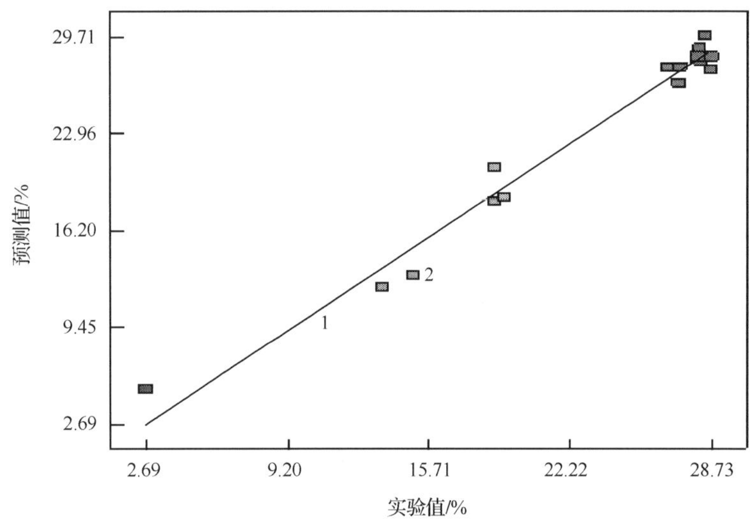

图 6-74 重铀酸铵煅烧产物八氧化三铀中 U^{4+} 预测值与实验值对比

1. 预测值;2. 实验值

2) 回归方程显著性检验

依据显著性理论分析,得到重铀酸铵的显著性检验结果见表 6-35。

从表 6-35 回归方程系数显著性检验可知,重铀酸铵煅烧模型总铀和 U^{4+} 含量一次项 x_1,x_2 和二次项 x_1^2 以及交互项 x_1x_2 的 p 值均小于 0.05,说明煅烧温度和煅烧时间以及煅烧温度和煅烧时间的交互作用对八氧化三铀产品中总铀和 U^{4+} 含量有显著的影响。因此，可以利用该回归模型来确定重铀酸铵常规煅烧分解制备八氧化三铀的工艺条件。优化的回归模型为

$$Y_1=84.62+1.71x_1+0.52x_2-0.79x_1x_2-1.2x_1^2 \tag{6-28}$$

$$Y_2=28.29+6.61x_1+1.74x_2-1.16x_1x_2-4.26x_1^2-1.68x_2^2 \tag{6-29}$$

表 6-35　重铀酸铵常规煅烧产物中总铀和 U^{4+} 回归方程系数显著性检验

系数项	自由度	回归系数		标准误差		置信下限		置信上限		p 值	
		总铀	U^{4+}	总铀	U^{4+}	总铀	U^{4+}	总铀	U^{4+}	总铀	U^{4+}
模型	1	84.62	28.29	0.31	0.60	83.93	26.95	85.30	29.63	0.0001	<0.0001
x_1	1	1.71	6.61	0.20	0.40	1.26	5.76	2.16	7.50	<0.0001	<0.0001
x_2	1	0.52	1.74	0.20	0.40	0.072	0.85	0.98	2.62	0.0274	0.0014
x_3	1	−0.15	0.011	0.20	0.40	−0.60	−0.88	0.30	0.90	0.4783	0.9783
x_1x_2	1	−0.79	−1.16	0.27	0.52	−1.38	−2.32	−0.20	4.007	0.0140	0.0507
x_1x_3	1	0.33	0.14	0.27	0.52	−0.26	−1.02	0.92	1.30	0.2393	0.7917
x_2x_3	1	0.56	0.28	0.27	0.52	−0.035	−0.88	1.15	1.44	0.0623	0.6009
x_1^2	1	−1.20	−4.26	0.20	0.39	−1.64	−5.13	−0.76	−3.40	0.0001	<0.0001
x_2^2	1	−0.11	−1.68	0.20	0.39	−0.55	−2.55	0.33	−0.82	0.5977	0.0015
x_3^2	1	−0.10	−0.26	0.20	0.39	−0.54	−1.12	0.34	0.60	0.6216	0.5175

2.响应曲面分析

依据重铀酸铵优化二次模型，煅烧温度、煅烧时间和物料量及其交互作用对八氧化三铀中总铀和 U^{4+} 含量的影响如图 6-75～图 6-78 所示。

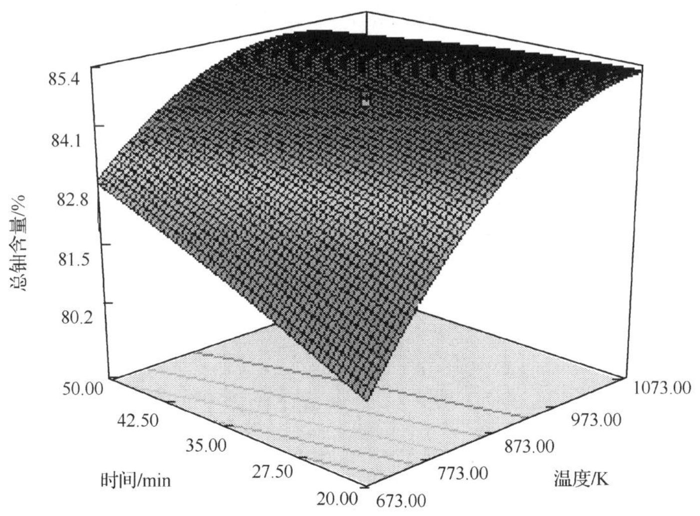

图 6-75　煅烧温度和煅烧时间及其交互作用对重铀酸铵煅烧产物八氧化三铀中总铀含量影响的响应曲面

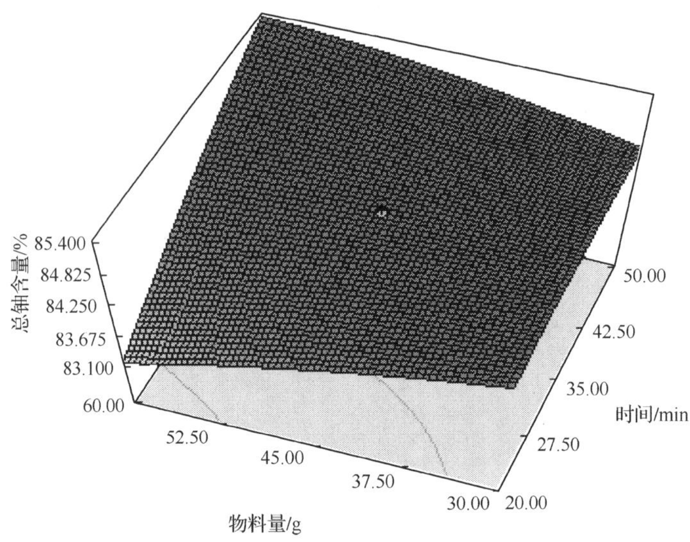

图 6-76 煅烧时间和物料量及其交互作用对重铀酸铵煅烧产物八氧化三铀中总铀含量影响的响应曲面

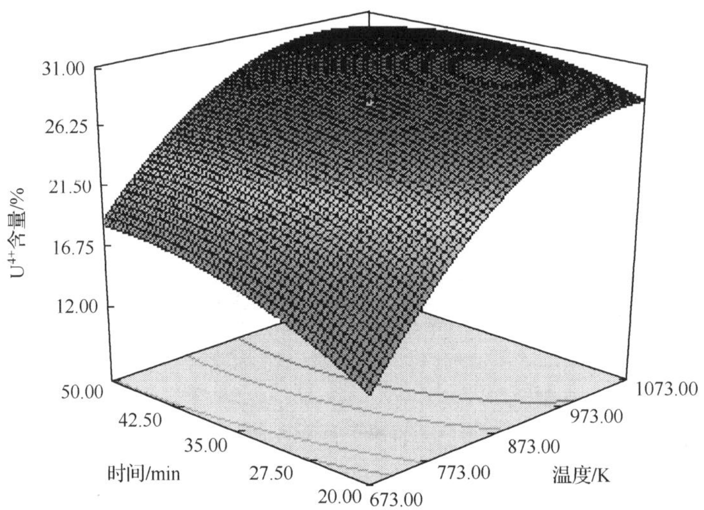

图 6-77 煅烧温度和煅烧时间及其交互作用对重铀酸铵煅烧产物八氧化三铀中 U^{4+} 含量影响的响应曲面

由图 6-75～图 6-78 可以看出，随着煅烧温度的升高和煅烧时间的延长，重铀酸铵煅烧产物八氧化三铀中总铀和 U^{4+} 含量呈递增趋势，其原因在于重铀酸铵的分解反应为吸热反应，升高温度有利于分解反应进行，煅烧时间越长，分解反应进行得越充分。另外，随着物料量的增大，八氧化三铀中总铀和 U^{4+} 含量反而降低，

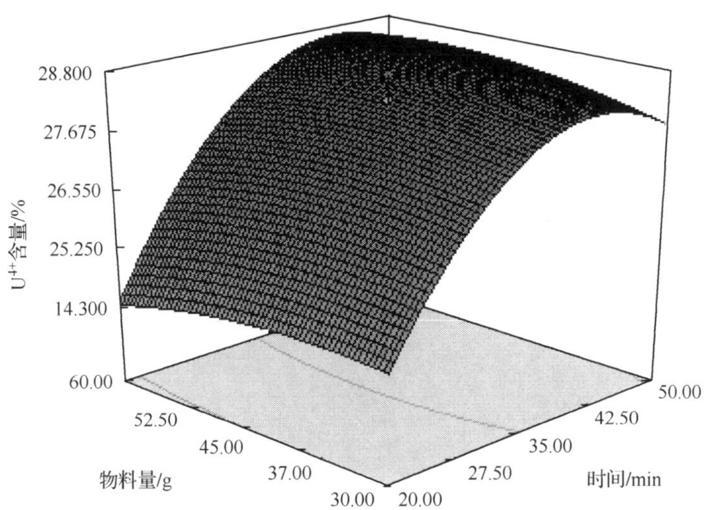

图 6-78　煅烧时间和物料量及其交互作用对重铀酸铵煅烧产物八氧化三铀中 U^{4+} 含量影响的响应曲面

但变化幅度均相对较小。

3. 响应曲面优化及验证

根据 GB 10266—2008 质量标准，以八氧化三铀中总铀和 U^{4+} 含量分别满足 75%～84.79%和 28%～45%为标准，用回归模型优化工艺参数，得到重铀酸铵常规煅烧产物同时满足上述指标的响应曲面如图 6-79 所示。

图 6-79 中，柱状部分顶部为八氧化三铀产品中总铀和 U^{4+} 含量同时满足 75%～84.79%和 28%～45%标准的区域。

通过设计软件的预测功能，兼顾实际生产需要，以八氧化三铀产品中总铀和 U^{4+} 含量分别以 75%～84.79%和 28%～45%为标准，优化得到重铀酸铵常规煅烧最优工艺参数见表 6-36。

表 6-36　重铀酸铵回归模型优化工艺参数

自变量			响应值	
x_1/K	x_2/min	x_3/g	总铀（预测值）/%	U^{4+}（预测值）/%
931.83	24.32	43.89	84.78	28.02

在最佳条件煅烧温度为 932K，煅烧时间为 24min，物料量为 44g 下进行验证实验，两次平行实验得到重铀酸铵常规煅烧产物八氧化三铀中总铀和 U^{4+} 含量分别为 84.46%和 28.36%。该验证值与预测值相接近，偏差较小，表明该预测模型是合适的，优化工艺可行。

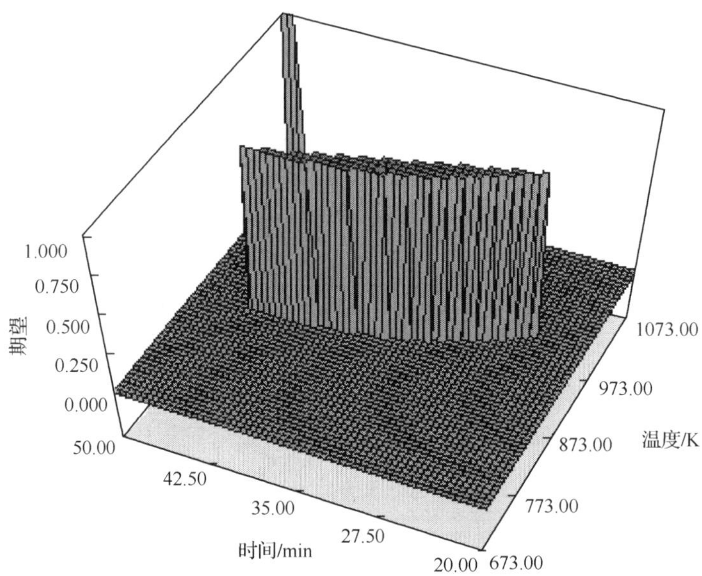

图 6-79 重铀酸铵煅烧产物八氧化三铀中总铀和 U^{4+} 优化响应曲面

6.6.3 微波煅烧

选定对八氧化三铀产品中总铀(Y_1)和 U^{4+} (Y_2)含量影响较大的煅烧温度(x_1)、煅烧时间(x_2)和物料量(x_3)作为实验的三个影响因素，采用 3 因素 2 水平的响应曲面分析方法对工艺参数进行设计优化。重铀酸铵微波煅烧实验设计方案与实验结果分别见表 6-37。

表 6-37 重铀酸铵微波煅烧响应曲面法实验设计与结果

序号	x_1/K	x_2/min	x_3/g	Y_1/%	Y_2/%
1	673.00	4.00	30.00	63.76	18.43
2	1073.00	4.00	30.00	80.79	27.72
3	673.00	12.00	30.00	77.52	27.91
4	1073.00	12.00	30.00	82.59	42.25
5	673.00	4.00	60.00	62.92	18.21
6	1073.00	4.00	60.00	80.43	35.02
7	673.00	12.00	60.00	76.23	27.73
8	1073.00	12.00	60.00	82.18	42.09
9	536.64*	8.00	45.00	58.5	16.40
10	1209.36*	8.00	45.00	82.77	44.31
11	873.00	1.27*	45.00	68.2	14.3
12	873.00	14.73	45.00	81.25	32.11
13	873.00	8.00	19.77	80.2	30.06

续表

序号	x_1/K	x_2/min	x_3/g	Y_1/%	Y_2/%
14	873.00	8.00	70.23	81.35	33.71
15	873.00	8.00	45.00	82.16	31.30
16	873.00	8.00	45.00	82.21	31.34
17	873.00	8.00	45.00	82.1	31.16
18	873.00	8.00	45.00	82.19	31.37
19	873.00	8.00	45.00	82.19	31.33
20	873.00	8.00	45.00	82.12	31.25

* 在实际煅烧实验中，标 * 的数据做近似处理。

1. 模型精确性分析

以煅烧温度、煅烧时间和物料量为自变量，八氧化三铀产品中总铀和 U^{4+} 含量为应变量，通过最小二倍法拟合得到重铀酸铵微波煅烧产物八氧化三铀中总铀和 U^{4+} 含量的二次多项回归方程为

$$Y_1 = 82.13 + 6.32x_1 + 3.85x_2 - 0.071x_3 - 2.94x_1x_2 + 0.17x_1x_3 - 0.062x_2x_3 - 3.9x_1^2 - 2.45x_2^2 - 0.31x_3^2 \tag{6-30}$$

$$Y_2 = 31.24 + 7.45x_1 + 5.17x_2 + 0.94x_3 + 0.33x_1x_2 + 0.94x_1x_3 - 0.93x_2x_3 + 8.33x_1^2 - 2.52x_2^2 + 0.55x_3^2 \tag{6-31}$$

1）回归方程方差分析

依据回归方程方差公式，分析得到重铀酸铵微波煅烧的方差分析结果见表 6-38。

表 6-38　重铀酸铵微波煅烧产物八氧化三铀中总铀和 U^{4+} 的模型方差分析结果

方差来源	自由度	平方和		均方		f 值		Prob>f	
		总铀	U^{4+}	总铀	U^{4+}	总铀	U^{4+}	总铀	U^{4+}
模型	9	1100.32	1250.63	122.26	138.96	105.63	61.42	<0.0001	<0.0001
残差	10	11.57	22.63	1.16	2.26				
失拟项	5	22.60	124.25	2.31	4.52	1219.4	776.99	<0.0001	<0.0001
纯误差	5	9.48×10^{-6}	0.029	51.89×10^{-6}	5.82×10^{-6}				
总和	19	1111.8	1273.3						

总铀：: $r^2=0.989$，$r_{adj}^2=0.980$

U^{4+}：$r^2=0.982$，$r_{adj}^2=0.966$

由表 6-38 方差分析可以看出，对于响应值总铀，重铀酸铵煅烧模型 $p<0.0001<0.05$，表明建立的回归模型极显著；失拟项 $p<0.0001<0.05$，表明失拟也极显著。重铀酸铵煅烧模型的决定系数 $r^2=0.989$，校正决定系数 $r_{adj}^2=0.980$，说明该模型拟合程度良好，实验误差小，该回归模型可以较好地描述各因素与响应值之间的真实关系，可以用此模型对重铀酸铵微波煅烧产物八氧化三铀中总铀

含量进行分析和预测。对于响应值 U^{4+}，重铀酸铵煅烧模型 $p<0.0001<0.05$，失拟项 $p<0.0001<0.05$，表明建立的回归模型显著。模型的决定系数与校正决定系数均大于 0.96，说明该模型拟合程度良好，实验误差小，可以用此模型对重铀酸铵微波煅烧产物八氧化三铀中 U^{4+} 含量进行分析和预测。

方差分析结果表明，在实验研究范围内，上述模型可以对重铀酸铵微波煅烧产物八氧化三铀中总铀和 U^{4+} 含量进行较精确的预测。图 6-80 和图 6-81 为重铀酸铵煅烧产物八氧化三铀中总铀和 U^{4+} 残差正态概率图。

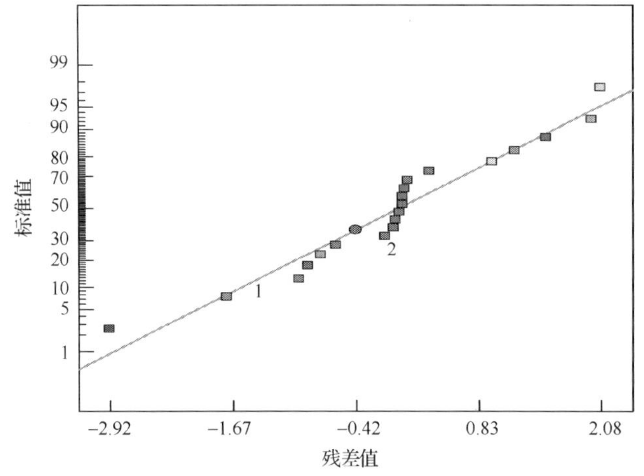

图 6-80　重铀酸铵微波煅烧产物八氧化三铀中总铀残差正态概率图

1. 标准值；2. 残差值

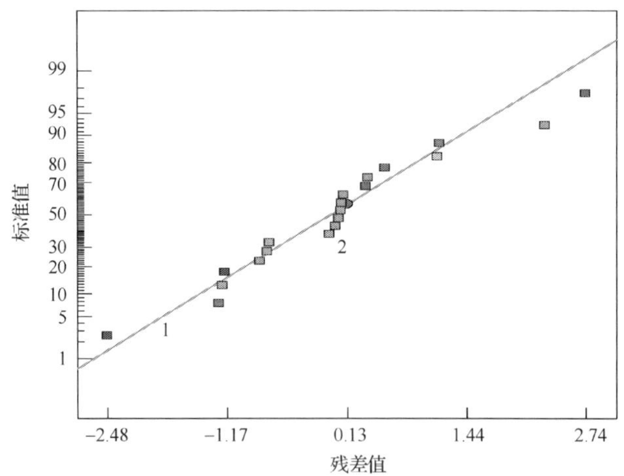

图 6-81　重铀酸铵微波煅烧产物八氧化三铀中 U^{4+} 残差正态概率图

1. 标准值；2. 残差值

由图 6-80 及图 6-81 可见，重铀酸铵微波煅烧产物八氧化三铀中总铀和 U^{4+} 含量实验点近似为一条直线，表明实验残差分布在常态范围内，实验选取模型可以用来预测实验过程。

图 6-82 和图 6-83 为重铀酸铵微波煅烧产物八氧化三铀中总铀和 U^{4+} 含量预测值与实验值的对比图。

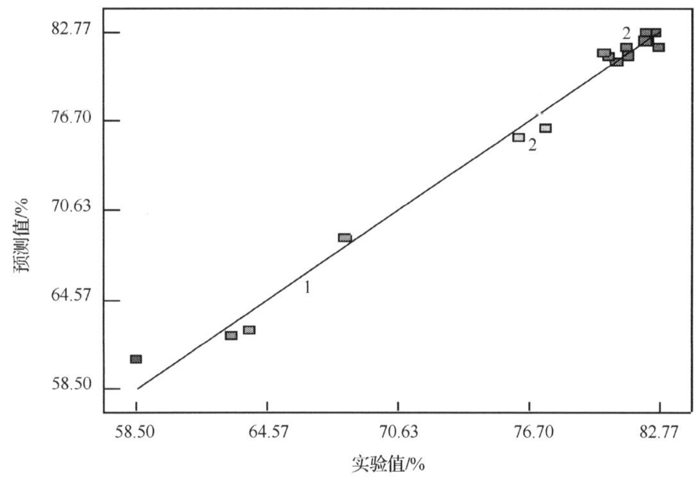

图 6-82　重铀酸铵微波煅烧产物八氧化三铀中总铀预测值与实验值对比

1. 预测值；2. 实验值

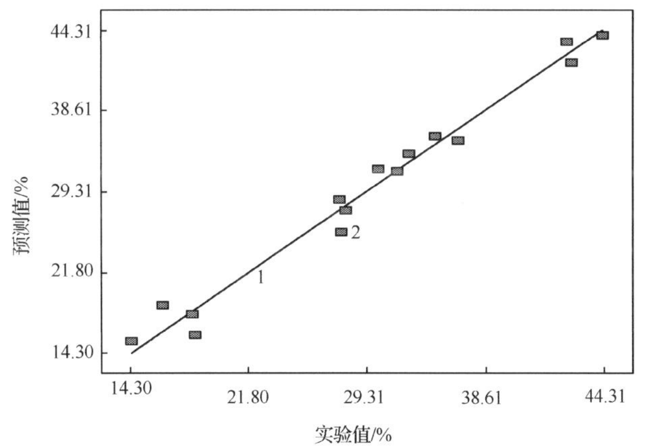

图 6-83　重铀酸铵微波煅烧产物八氧化三铀中 U^{4+} 预测值与实验值对比

1. 预测值；2. 实验值

由图 6-82 和图 6-83 分析发现，实验所获得的预测值与实验结果比较接近，实验结果点平均分布于预测直线的周围，说明实验所选取的模型反映了重铀酸铵微波煅烧产物八氧化三铀中总铀和 U^{4+} 含量的自变量与应变量之间的关系。

2）回归方程显著性检验

依据显著性理论，分析得到重铀酸铵的显著性检验结果见表 6-39。

表 6-39 重铀酸铵微波煅烧产物中总铀和 U^{4+} 回归方程系数显著性检验

系数项	自由度	回归系数		标准误差		置信下限		置信上限		p 值	
		总铀	U^{4+}	总铀	U^{4+}	总铀	U^{4+}	总铀	U^{4+}	总铀	U^{4+}
模型	1	82.13	31.24	0.44	0.61	81.16	29.87	83.11	32.61		
x_1	1	6.32	7.45	0.29	0.41	5.68	6.54	6.97	8.36	<0.0001	<0.0001
x_2	1	3.85	5.17	0.29	0.41	3.20	4.26	4.50	6.07	<0.0001	<0.0001
x_3	1	−0.071	0.940	0.29	0.41	−0.72	0.036	0.58	1.85	0.8129	0.043
x_1x_2	1	−2.94	0.330	0.38	0.53	−3.79	−0.86	−2.09	1.51	<0.0001	0.5548
x_1x_3	1	0.17	0.940	0.38	0.53	−0.68	−0.24	1.02	2.13	0.6644	0.107
x_2x_3	1	−0.062	−0.930	0.38	0.53	−0.91	−2.11	0.79	0.26	0.8728	0.112
x_1^2	1	−3.90	8.330	0.28	0.40	−4.53	−0.87	−3.27	0.89	<0.0001	0.984
x_2^2	1	−2.45	−2.520	0.28	0.40	−3.08	−3.40	−1.82	−1.64	<0.0001	<0.0001
x_3^2	1	−0.31	0.55	0.28	0.40	−0.95	−0.33	0.32	1.43	0.2939	0.196

从表 6-39 回归方程系数显著性检验可知，重铀酸铵煅烧模型中总铀和 U^{4+} 含量一次项 x_1，x_2 和二次项 x_2^2 的 p 值均小于 0.05，说明煅烧温度和煅烧时间对八氧化三铀产品中的总铀和 U^{4+} 含量有显著的影响。因此，可以利用该回归模型来确定重铀酸铵微波煅烧分解制备八氧化三铀的工艺条件，优化的回归模型为

$$y_1=82.13+6.32x_1+3.85x_2-2.94x_1x_2-3.9x_1^2-2.45x_2^2 \quad (6\text{-}32)$$

$$y_2=31.24+7.45x_1+5.17x_2+0.94x_3-2.52x_2^2 \quad (6\text{-}33)$$

2.响应曲面分析

依据微波煅烧重铀酸铵优化二次模型，煅烧温度、煅烧时间和物料量及其交互作用对八氧化三铀中总铀和 U^{4+} 含量的影响如图 6-84～图 6-87 所示。

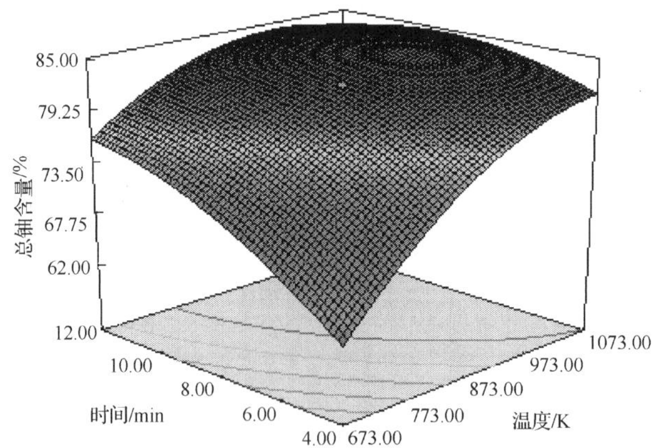

图 6-84 煅烧温度和煅烧时间及其交互作用对重铀酸铵煅烧产物八氧化三铀中总铀含量影响的响应曲面

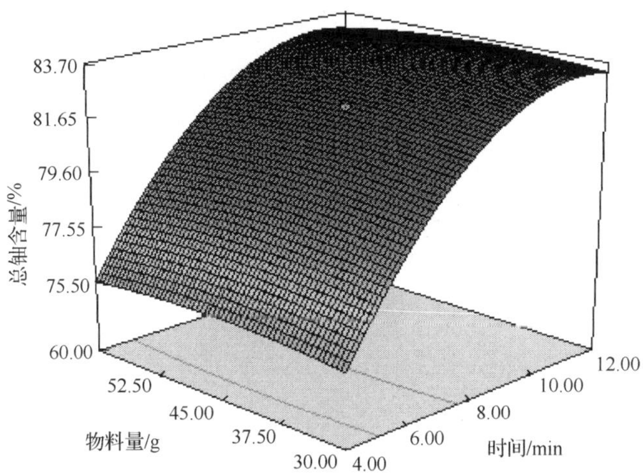

图 6-85　煅烧时间和物料量及其交互作用对重铀酸铵煅烧产物八氧化三铀中总铀含量影响的响应曲面

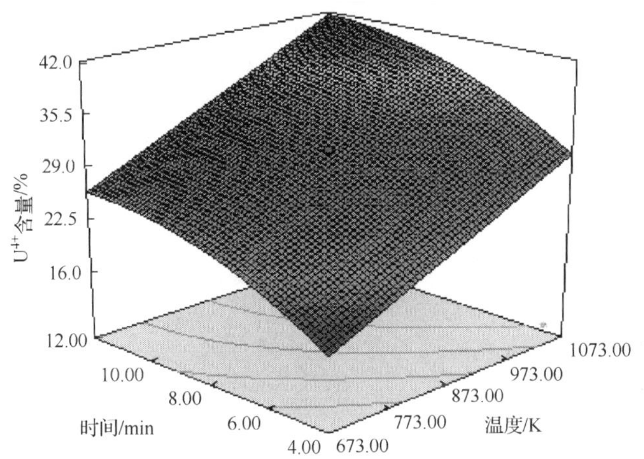

图 6-86　煅烧温度和煅烧时间及其交互作用对重铀酸铵煅烧产物八氧化三铀中 U^{4+} 含量影响的响应曲面

由图 6-84～图 6-87 可知，当物料量固定时，随着煅烧温度的升高，八氧化三铀产品中总铀和 U^{4+} 含量急剧增大，当煅烧温度和煅烧时间达到一定值时，八氧化三铀产品中总铀和 U^{4+} 含量变化逐渐变缓。

3. 响应曲面优化及验证

根据 GB 10266—2008 质量标准，以八氧化三铀产品中总铀和 U^{4+} 含量分别满足 75%～84.79%和 28%～45%为标准，用回归模型优化工艺参数，得到重铀酸铵微波煅烧产物同时满足上述指标的响应曲面如图 6-88 所示。

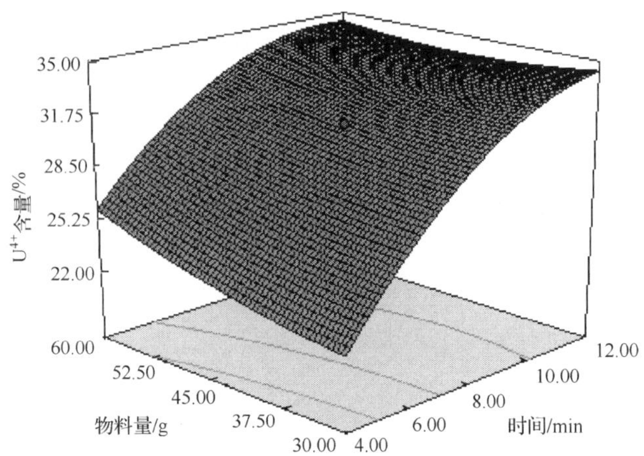

图 6-87 煅烧时间和物料量及其交互作用对重铀酸铵煅烧产物八氧化三铀中 U^{4+} 含量影响的响应曲面

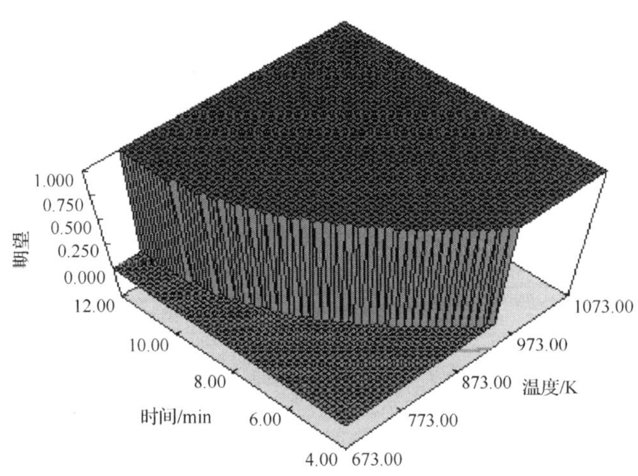

图 6-88 重铀酸铵煅烧产物八氧化三铀中总铀和 U^{4+} 优化响应曲面

图 6-88 中，柱状部分顶部为八氧化三铀产品中总铀和 U^{4+} 含量同时满足 75%～84.79%和 28%～45%标准的区域。

以八氧化三铀产品中总铀和 U^{4+} 含量分别以 75%～84.79%和 28%～45%为标准，优化得到重铀酸铵微波煅烧的最优工艺参数见表 6-40。

在煅烧温度为 911K，煅烧时间为 8min，物料量为 39g 下开展验证实验，两次平行实验得到重铀酸铵微波煅烧产物八氧化三铀中总铀和 U^{4+} 含量分别为 83.26%和 31.96%，八氧化三铀产品质量达到了 GB 10266—2008 标准要求。该验证值与预测值相接近，偏差较小，表明该预测模型是合适的，优化工艺可行。

表 6-40　重铀酸铵回归模型优化工艺参数

自变量			响应值	
x_1 /K	x_2 /min	x_3 /g	总铀(预测值)/%	U^{4+}(预测值)/%
911.04	8.34	38.55	83.42	32.74

6.7　碱式碳酸镍的微波煅烧

陶东平等[29]研究了碱式碳酸镍在微波辐射下的热分解动力学。由于碱式碳酸镍属于弱吸波物质，在微波加热下温度只能升至 400K，在该温度下只能脱除部分结晶水而不能脱除二氧化碳，但氧化镍却属于强吸波物质，因此，若将产品氧化镍作为添加剂配入碱式碳酸镍可间接诱导加热升温，最终实现弱吸波物质碱式碳酸镍的煅烧。研究发现，氧化镍的比例对碱式碳酸镍的煅烧分解影响相当显著，添加 5%氧化镍样品的煅烧分解速率较慢，添加 15%氧化镍样品则煅烧分解相对较快。就动力学分析而言，添加 10%氧化镍的样品较适宜，因为它能较明确地呈现出碱式碳酸镍热分解的反应过程(图 6-89)。

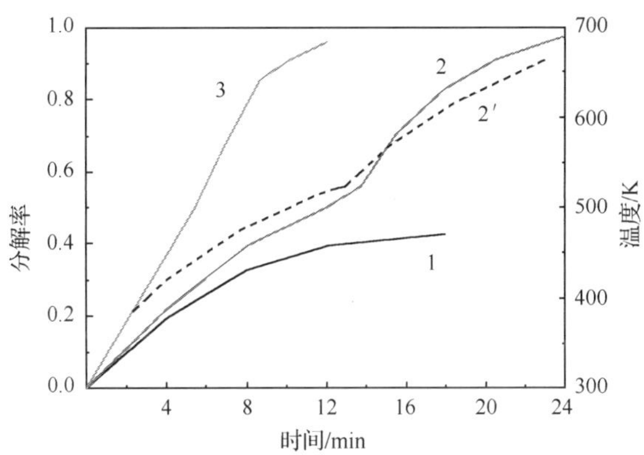

图 6-89　碱式碳酸镍的热分解率 x 与时间 t 的关系

1. 5%氧化镍；2. 10%氧化镍；3. 15%氧化镍；2′. 10%氧化镍样品的升温曲线

由 TG 分析可知，碱式碳酸镍煅烧分解反应过程为

$$NiCO_3 \cdot Ni(OH)_2 \cdot H_2O = NiCO_3 \cdot NiO + 2H_2O \tag{6-34}$$

$$NiCO_3 \cdot NiO = 2NiO + CO_2 \uparrow \tag{6-35}$$

根据碱式碳酸镍升温速率曲线，微波辐照下碱式碳酸镍的升温速率 $\varphi = dT/dt$，经数值微分、拟合得

$$\ln\varphi = \frac{a}{T} + b \tag{6-36}$$

式中，a 和 b 是常数，对于反应式(6-33)，$a = 2074, b = -5.935$；对于反应式(3-34)，$a = 4272, b = -8.565$。

假设试样的温度分布均匀，煅烧分解反应气体产物的扩散阻力很小，则微波辐照下碱式碳酸镍非线性升温的煅烧分解动力学方程为

$$\ln\left[\frac{-\ln(1-x)}{T^2}\right] = \ln\left[\frac{AR}{\varphi_0(E+aR)}\right]\left(1-\frac{2RT}{E+aR}\right) - \frac{E+aR}{T} \tag{6-37}$$

以 $\ln\{[-\ln(1-x)]/T^2\}$ 对 $1/T$ 作图，得到碱式碳酸镍煅烧分解反应的动力学参数见表 6-41。

表 6-41　碱式碳酸镍热分解反应的表观动力学数据

反应	E/(kJ/mol)	A/s^{-1}	相关系数	温度/K
(6-33)	3.080	1.113×10^{-2}	0.9963	373～489
(6-34)	15.094	9.043×10^{-2}	0.9970	567～669

朱祖泽等[30]探索了微波煅烧(微波功率为 0～5.5kW)碳酸镍制备氧化镍新工艺，考察了不同处理湿料量(以盛料坩埚的支数表示)时阳极电流对脱水过程中电耗的影响，结果如图 6-90 所示。

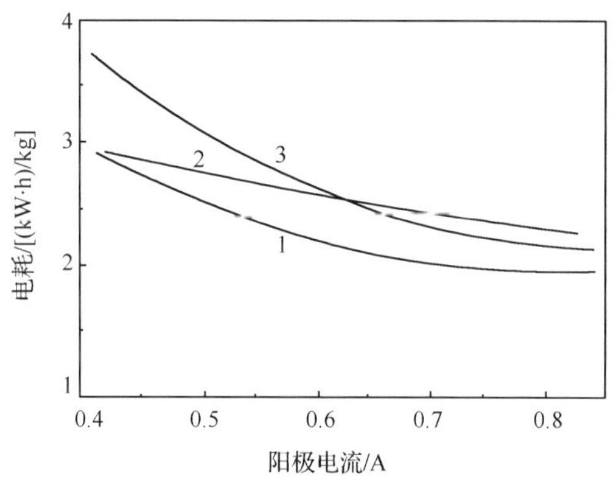

图 6-90　阳极电流与电耗的关系

1.4 个坩埚；2.7 个坩埚；3.10 个坩埚

从图 6-90 可知，加大阳极电流，即增加电场强度，脱水电耗下降，最佳交流电耗为 2kW·h/kg 水。选取装料量、物料含水量、装料密度和装料方式等因素分别考察上述因素对煅烧过程中电耗影响规律。

1. 物料量对电耗的影响

1kW 微波功率的装料量(湿料质量/微波发生器的阳极电流×阳极电压)的影响结果如图 6-91 所示。

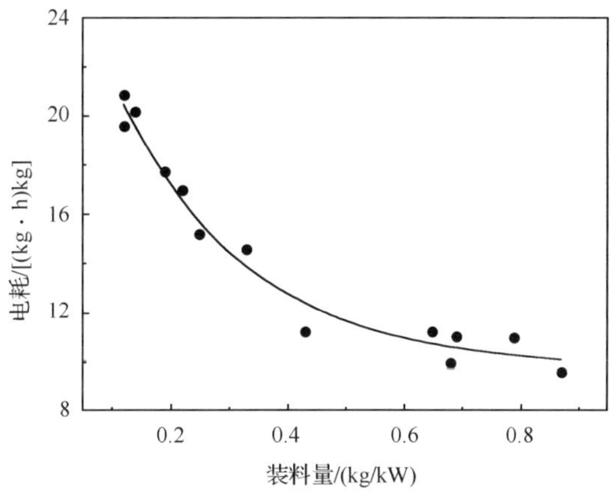

图 6-91　装料量与电耗的关系

由于相同物料量有限，图 6-91 曲线下方的点未能继续下去。

2. 物料物理水分对电耗的影响

将 4～5kg 碳酸镍装入 9～10 个坩埚内，控制阳极电流为 0.75～0.85A，物料物理水分对电耗的影响如图 6-92 所示。

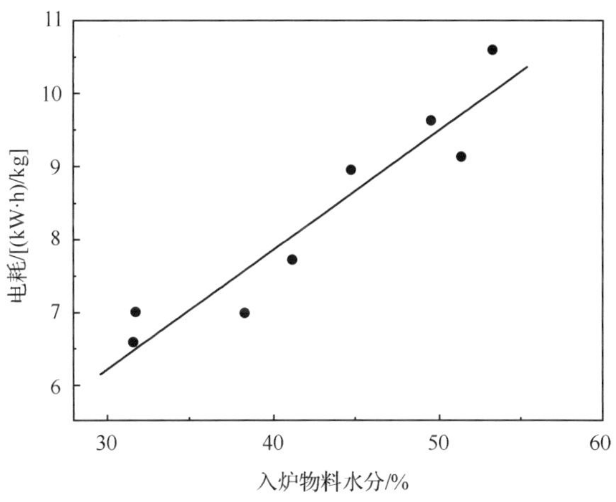

图 6-92　物料水分与电耗的关系

3. 装料密度对电耗的影响

物料的密度对升温速率有密切的关系，因此也会影响电耗。实验考察了不同装料方式下对电耗的影响，其结果见表 6-42。

表 6-42 不同装料密度煅烧对电耗的影响

装料方式	体积密度/(g/cm³)	装料量/kg	坩埚数/个	原料含水/%	电耗/[kW·h/kg]
压紧捣实	1.22	1.0	2	24.73	13.43
自然堆积	0.94	1.0	2	24.73	10.59

表 6-42 表明,在微波煅烧时,物料的装料方式对电耗有很大的影响。

6.8 氢氧化铝的微波煅烧

昆明理工大学张彬[31]开展了氢氧化铝的微波煅烧研究,分别考察了煅烧温度、保温时间和物料量等因素对 α-氧化铝产率及其晶粒尺寸的影响。

1. 煅烧温度的影响

1)煅烧温度对 α-氧化铝产率的影响

在物料量(50g)和保温时间(20min)一定的条件下,研究了煅烧温度对氢氧化铝转化为 α-氧化铝的产率的影响。图 6-93 为煅烧温度在 600～1200℃下 α-氧化铝产率变化曲线。

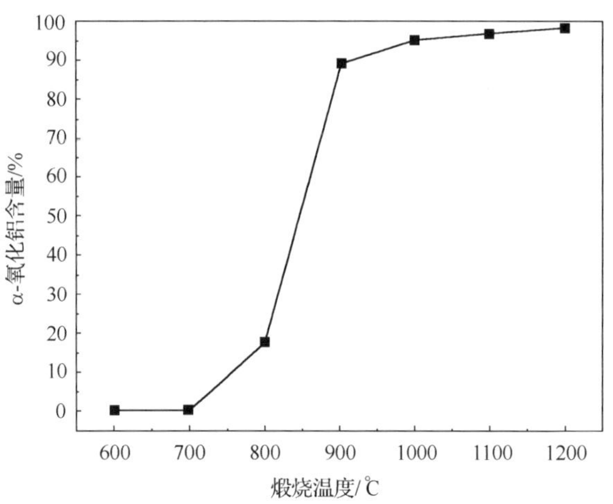

图 6-93 微波场中煅烧温度对 α-氧化铝产率的影响

由图 6-93 可知,煅烧温度对 α-氧化铝的产率影响明显。当温度升高到 800℃,开始出现 α 相氧化铝。当温度超过 800℃,一直到 900℃这个过程中是 α-氧化铝大量产生的过程,α-氧化铝的含量迅速升高。当温度达到 1000℃时,样品中 α-氧化铝的含量已有 95.14%,此时,达到了标准 YS/T 89—2011 中规定的 α-氧化铝含量(≥95%)。再升高温度 α-氧化铝的含量会继续升高,但变化幅度不大。

由此可见，微波场中，煅烧氢氧化铝制备 α-氧化铝的煅烧温度维持在 1000℃即可（已满足标准要求）。

2）煅烧温度对 α-氧化铝晶粒尺寸的影响

在物料量（50g）和保温时间（20min）一定的条件下，研究了煅烧温度对产品中 α-氧化铝晶体的平均晶粒尺寸的影响（图 6-94）。

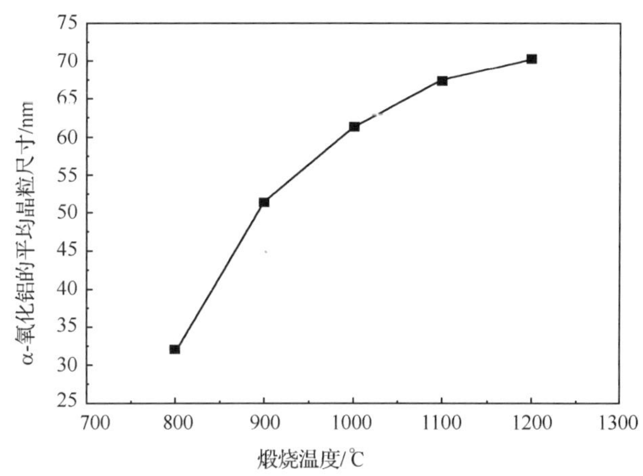

图 6-94　微波场中煅烧温度对 α-氧化铝的平均晶粒尺寸的影响

由图 6-94 可知，随着温度的升高，α-氧化铝的平均晶粒尺寸有变大的趋势。当温度达到 1000℃时，平均粒径为 61.2nm。当温度为 1200℃时，α-氧化铝的平均晶粒已达到 70.2nm。可见，在微波场中可在较低温度下获得产率合格的 α-氧化铝，故对于同等纯度的 α-氧化铝，采用微波煅烧手段可降低其平均晶粒尺寸。

结合煅烧温度对 α-氧化铝产率的影响（图 6-93），在保证 α-氧化铝的含量符合要求的前提下，以 α-氧化铝平均晶粒尺寸小为佳。所以，微波场中煅烧氢氧化铝制备 α-氧化铝的较佳煅烧温度为 1000℃。

2. 保温时间的影响

1）保温时间对 α-氧化铝产率的影响

在物料量（50g）和煅烧温度（1000℃）一定的条件下，研究了保温时间对氢氧化铝转化为 α-氧化铝的产率情况，结果如图 6-95 所示。

由图 6-95 可见，保温时间对 α-氧化铝的产率有影响，但没有温度对其的影响显著。当保温时间为 15min 时，样品中 α-氧化铝的含量为 93.74%，还未达到标准 YS/T 89－1995 中规定的 α-氧化铝含量要求。当保温时间达到 20min 时，样品中 α-氧化铝的含量为 95.14%，达到标准 YS/T 89－1995 中规定的 α-氧化铝含量的（≥95%）要求。再升高温度延长保温时间，α-氧化铝的含量继续升高。由此可见，

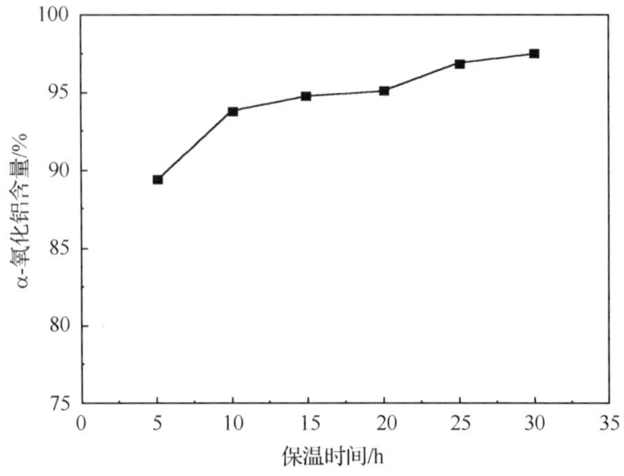

图 6-95 微波场中保温时间对 α-氧化铝产率的影响

微波场中,煅烧氢氧化铝制备 α-氧化铝的保温时间维持在 20min 即可(已满足标准要求)。

2)保温时间对 α-氧化铝晶粒尺寸的影响

在物料量(50g)和煅烧温度(1000℃)一定的条件下,保温时间对 α-氧化铝晶体的平均晶粒尺寸的影响如图 6-96 所示。

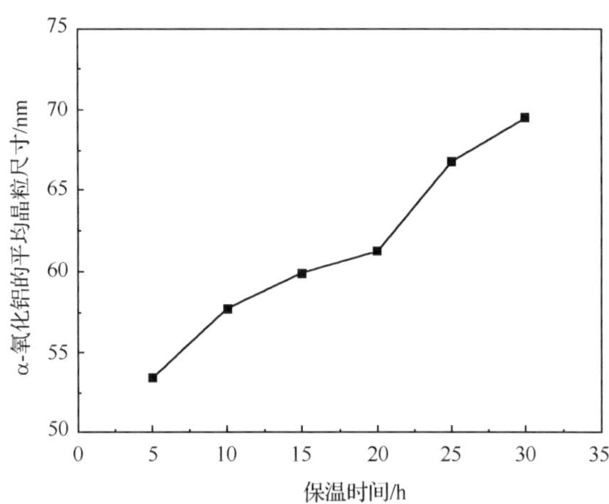

图 6-96 微波场中保温时间对 α-氧化铝的平均晶粒尺寸的影响

由图 6-96 可知,随着保温时间的延长,α-氧化铝的平均晶粒尺寸有变大的趋势。这是由于当 α-氧化铝生成后,随着时间的推移会逐渐长大,保温时间越长,α-氧化铝的晶粒就会生长得越大。

因此,结合保温时间对 α-氧化铝产率的影响(图 6-95),在保证 α-氧化铝的含量符合要求的前提下，以 α-氧化铝平均晶粒尺寸小为佳。所以，微波场中煅烧氢氧化铝制备 α-氧化铝的较佳保温时间为 20min。

3. 物料量的影响

1）物料量对 α-氧化铝产率的影响

在煅烧温度（1000℃）和保温时间（20min）一定的条件下，物料量对氢氧化铝转化为 α-氧化铝的产率情况影响结果如图 6-97 所示。

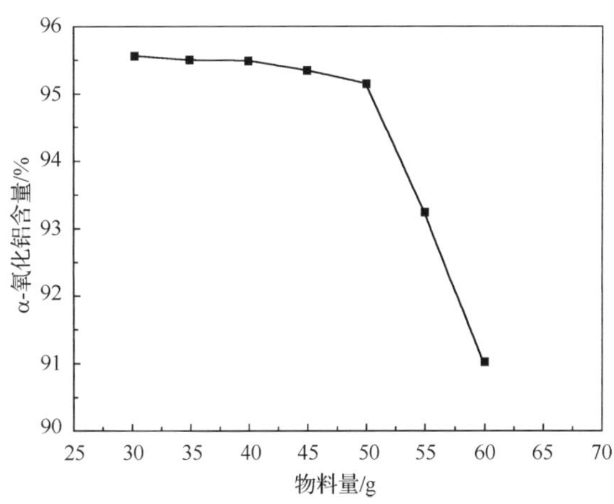

图 6-97　微波场中物料量对 α-氧化铝产率的影响

从图 6-97 可以看出，随着物料量的增加，α-氧化铝的产率呈下降趋势。这是由于微波有一定的穿透距离，物料量增大到一定量（物料厚度超过微波能够穿透的距离），会有部分物料不能受到微波的辐射，不能被微波直接加热，而只能靠周围的物料向其传热，致使有少量物料的温度稍低于其他物料的温度。

2）物料量对 α-氧化铝晶粒尺寸的影响

在煅烧温度（1000℃）和保温时间（20min）一定的条件下，物料量对 α-氧化铝晶体的平均晶粒尺寸的影响如图 6-98 所示。

由图 6-98 可知，随着物料量的增加，α-氧化铝的平均晶粒尺寸略有减小。这是由于随着物料量的增多，部分物料未能直接受到微波的辐射，而是靠周围物料的热传导，致使刚刚形成的 α-氧化铝还未来得及长大。

因此，结合物料量对 α-氧化铝产率的影响，在保证 α-氧化铝的含量符合要求的前提下，以 α-氧化铝平均晶粒尺寸小为佳。所以，在该实验条件下，微波场中煅烧氢氧化铝制备 α-氧化铝的较佳物料量为 50g。

通过探索实验可知，微波煅烧氢氧化铝制备 α-氧化铝的较佳工艺条件为煅烧

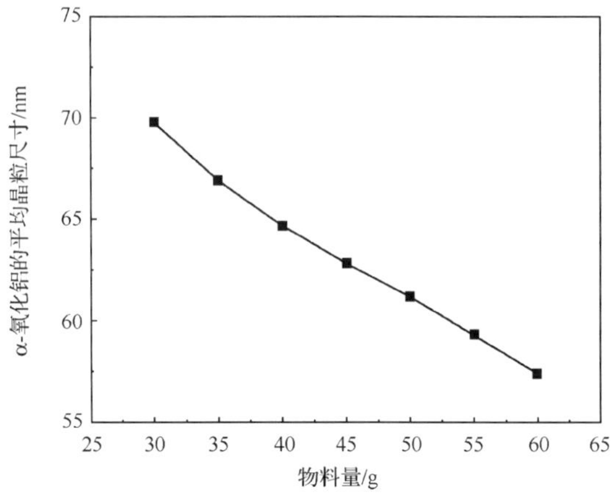

图 6-98　微波场中物料量对 α-氧化铝的平均晶粒尺寸的影响

温度为 1000℃，保温时间为 20min，物料量为 50g。微波方式下煅烧氢氧化铝制备 α-氧化铝的反应历程及氧化铝晶型的转变过程如图 6-99 所示。

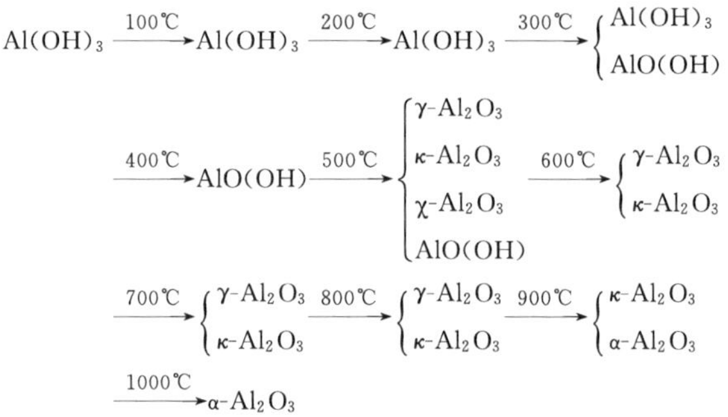

$$Al(OH)_3 \xrightarrow{100℃} Al(OH)_3 \xrightarrow{200℃} Al(OH)_3 \xrightarrow{300℃} \begin{cases} Al(OH)_3 \\ AlO(OH) \end{cases}$$

$$\xrightarrow{400℃} AlO(OH) \xrightarrow{500℃} \begin{cases} \gamma\text{-}Al_2O_3 \\ \kappa\text{-}Al_2O_3 \\ \chi\text{-}Al_2O_3 \\ AlO(OH) \end{cases} \xrightarrow{600℃} \begin{cases} \gamma\text{-}Al_2O_3 \\ \kappa\text{-}Al_2O_3 \end{cases}$$

$$\xrightarrow{700℃} \begin{cases} \gamma\text{-}Al_2O_3 \\ \kappa\text{-}Al_2O_3 \end{cases} \xrightarrow{800℃} \begin{cases} \gamma\text{-}Al_2O_3 \\ \kappa\text{-}Al_2O_3 \end{cases} \xrightarrow{900℃} \begin{cases} \kappa\text{-}Al_2O_3 \\ \alpha\text{-}Al_2O_3 \end{cases}$$

$$\xrightarrow{1000℃} \alpha\text{-}Al_2O_3$$

图 6-99　微波场中氧化铝晶型的转变过程

6.9　微波煅烧与常规煅烧比较

对于碱式碳酸钴、偏钒酸铵和乙二酸钴，在产品满足质量要求的前提下，常规煅烧和微波煅烧的优化工艺参数见表 6-43。

表 6-43　碱式碳酸钴、偏钒酸铵及乙二酸钴常规煅烧与微波煅烧优化工艺参数比较

物料	煅烧温度/K		煅烧时间/min	
	常规煅烧	微波煅烧	常规煅烧	微波煅烧
碱式碳酸钴	666	643	32	9.0
偏钒酸铵	669	645	35	9.5
乙二酸钴	680	625	44	9.8

由表 6-43 可以看出，与常规煅烧方法相比，微波煅烧碱式碳酸钴、偏钒酸铵和乙二酸钴的最佳工艺参数中煅烧温度更低，煅烧时间缩短约 2/3。

对于铀化学浓缩物，在产品满足质量要求的前提下，常规煅烧和微波煅烧的优化工艺见表 6-44。

表 6-44　三碳酸铀酰铵和重铀酸铵常规煅烧与微波煅烧优化工艺参数比较

物料	煅烧温度/K		煅烧时间/min	
	常规煅烧	微波煅烧	常规煅烧	微波煅烧
三碳酸铀酰铵	962	943	28	9
重铀酸铵	932	911	24	8

由表 6-44 可知，微波煅烧铀化学浓缩物的优化工艺参数中煅烧温度比常规煅烧方法降低约 20K，煅烧时间仅为常规煅烧方法的 1/3。

与常规煅烧方法相比，微波煅烧过程中煅烧温度和煅烧时间对响应参数的影响与常规煅烧相似，而物料量对响应参数的影响很小。另外，铀化学浓缩物微波煅烧产物八氧化三铀中总铀和 U^{4+} 含量同时满足 75％～84.79％和 28％～45％标准的区域范围更大，也说明微波煅烧铀化学浓缩物的工艺参数更易控制。

参 考 文 献

[1] Walkiewicz J W, Kazonich G, McgGill S L. Microwave heating characteristics of selected minerals ores materals and compounds. Minerals and Metallurgical Processing, 1988, 5(1): 39-42.

[2] Sutton W H, Johnson W E. Method of improving the susceptibility of a material to microwave energy heating. Special Metals, 1980, 26: 29.

[3] Meek T T, Holcombo C E, Dykes N. Microwave sintering of some oxide materials using sintering aids. Journals. Materials and Science Letter, 1987, 6: 1060-1062.

[4] Janney M A, Calhoun C L, Kimrey H D. Microwave sintering of solid oxide fuel materials. I: Zirconia-8mol% Yttria. Journal American Ceramic Society, 1992, 75(2): 341-346.

[5] Smith R L, Iskander M F, Andrade O, et al. Finite-difference-domain simulation of microwave sintering in multimode cavities, microwave processing of materials III. Materials Research Society Processing, 1992, 269: 47-52.

[6] Ahmad I, Whitney E D, Clark D E. Microwave heating of alumina at 2.45GHz: I micro structured uniformity and homogeneity, microwaves: theory and application in materials processing. Ceramic Transaction America Ceramic Society, 1991: 319-328.

[7] Patterson M C L, Apte P S, Kimber R M, et al. Batch processing for microwave sintering of

Si3N4 microwave processing of materials III. Materials Research Society Processing, 1992, 269:291-300.

[8] 施剑林，田永赉，李包顺，等. Y-TZP 及 Y-TZP/Al_2O_3陶瓷的微波加热及微波烧结特性. 中国科学(A)，1992，3:313-319.

[9] 杨幼平，刘人生，黄可龙，等. 碱式碳酸钴热分解制备四氧化三钴及其表征. 中南大学学报(自然科学版)，2008，39(1):108-111.

[10] 杨毅涌，孙聚堂，袁良杰，等. 碱式碳酸钴热分解产物的微量粉末 X 射线衍射分析. 武汉大学学报，2001，47(6):660-662.

[11] Zabaniotou A, Stavropoulos G, Skoulou V. Activated carbon from olive kernels in a two-stage process. Industrial Improvement Bioresour Technology, 2007:320-326.

[12] Ahn J H, Kim Y P, Lee Y M, et al. Optimization of microenc-apsulation of seed oil by response surface methodology. Food Chemistry, 2008, 107(1):98-105.

[13] Bezerra M A, Santelli R E, Oliverira E P, et al. Response surface methodology as a tool for optimization in analytical Chemistry. Talanta, 2008, 76(5):965-977.

[14] Rodriguze-Nogales, Ortega J M, Perez-Mateos N, et al. Experimental design and response surface modeling applied for the optimization of pectin hydrolysis by enzymes from A niger CECT 2088. Food Chemistry, 2007, 101(12):634-642.

[15] Myers R, Vining G. Variance dispersion of response surface designs. Journal of Quality Technology, 1192, (24):1-11.

[16] Garg U K, Kaur M P, Garg V K, et al. Removal of nickel from aqueous solution by adsorption on agricultural waste biomass using a response surface methodological approach. Bioresour Technology, 2008, 99(5):1325-1331.

[17] de Waal D, Heyns A M, Range K J. A Raman spectroscopic determination of the decomposition kinetics of ammonium metavanadate. Materials Research Bulletin, 1990, 25(1):43-50.

[18] El-Shobaky G A, El-Barawy K A, Abdalla F H A. Thermal decomposition of ammonium metavanadate supported on Al_2O_3. Thermochimica Acta, 1982, 96(1):129-137.

[19] 张梅，林勤，徐爱菊，等. 热分析在偏钒酸铵热分解机构研究中的应用. 现代科技设备，2007，(3): 98-100.

[20] 廖艳芬，王树荣，骆仲泱，等. 纤维素热解过程动力学的实验分析研究. 浙江大学学报，2002，36(2):172-176.

[21] 杨幼平，黄可龙，刘人生，等. 水热-热分解法制备棒状和多面体状四氧化钴. 中南大学学报(自然科学版)，2006，6(37):1103-1106.

[22] IEA. World energy outlook. Paris:OECD, 2006.

[23] IEA. Nuclear power and sustainable development. Vienna:IAEA, 2006.

[24] 刘学刚，徐景明. 我国核电发展与核燃料循环情景研究. 科技导报，2006，24(6):22-25.

[25] 曹新生，马学忠，王发品，等. 三碳酸铀酰铵的热分解研究. 北京:中国核情报中心，1988.

[26] 赵君，邱履福，钟兴，等. 三碳酸铀酰铵流化床分解-还原制备二氧化铀的研究. 北京:原子能出版社，1989:1-11.

[27] 伍志明. 二氧化铀核燃料的粉末冶金技术. 粉末冶金技术,1996,14(1):63-68.
[28] 胡正杰. ADU 转化为 UO_2 粉末过程中的除氟问题. 原子能科学技术,1998,32(4):352-357.
[29] 陶东平,刘纯鹏. 碱式碳酸镍在微波辐射下的热分解动力学. 有色金属,1992,44(4):49-51.
[30] 朱祖泽,王志英,黄洋,等. 在 5kVA 微波炉中焙解碳酸镍. 有色金属(冶炼部分),1993,5:27-30.
[31] 张彬. 微波场中氢氧化铝煅烧工艺及氧化铝晶型转变研究. 昆明: 昆明理工大学博士学位论文,2011.

第7章 微波煅烧设备

7.1 微波透波材料概述

微波特殊的能量传递方式要求微波专用承载体(即冶金物料的容器,是一种微波透波材料)具有介电损耗小、抗热震性好和力学性能优良等特性。根据微波加热的特殊性,用于微波冶金的透波材料应具有以下性能。

(1)在微波工业频率0.915GHz和2.45GHz时,介电常数小于10,介电损耗因子小于0.1[1],并且介电性能随温度的改变不产生明显的变化。

(2)物化性能稳定,避免与微波加热物质发生反应。

(3)抗热震性能良好,低热膨胀系数,耐急冷急热。

(4)在微波回转窑设备中使用的透波材料还要满足较高的弯曲强度和断裂韧性。

7.1.1 低温及中温微波透波材料

酚醛树脂、环氧树脂、聚酯树脂、有机硅树脂等树脂基体具有介电常数低、介电损耗小的优点,都可作为微波透波材料使用。从安全和使用成本来讲,聚四氟乙烯是应用范围最广的微波透波材料,具有较好的化学稳定性,介电常数为2.1,介电损耗为$(3\sim4)\times10^{-4}$(10GHz)[2]。但聚四氟乙烯的最高使用温度为260℃,通常只能用于低温微波设备,如微波干燥、萃取、浸出及温度较低的微波化学反应设备中[3]。表7-1给出了几种树脂的介电常数和介电损耗。

表7-1 几种常用树脂基体的高频介电性能(10GHz)[4]

树脂种类	介电常数	介电损耗
酚醛树脂	4.5~5.0	0.0150~0.0300
环氧树脂	3.7	0.0190
聚酯树脂	2.8~4.0	0.0060~0.0260
有机硅树脂	3.0~5.0	0.0030~0.0500
聚四氟乙烯	2.1	0.0003~0.0004

7.1.2　高温微波透波材料

微波高温过程的反应温度高、升温速率快等特点对微波透波体材料提出了更高的要求，即必须满足高温时介电性能随温度变化小、耐急冷急热等特殊性能。

现有的高温透波材料氧化铝，常温下介电损耗小于 10^{-2}，室温下很难吸收微波，当温度在 1050℃时，介电损耗明显增加为 0.1378[5]，不能满足高温微波冶金的透波要求。石英玻璃具有优良的介电性能和耐热冲击性能，在 1000℃介电常数仍低于 4，损耗角正切值为 0.001；缺点是弯曲强度较低，为 44～66MPa，并且最高使用温度为 1110℃[1]，限制了其应用。氮化物以共价键结合，具有强度高、耐高温、抗热冲击等优点，但成本较高，在一定程度上限制了其作为微波冶金反应的透波承载体材料。

综上可知，目前可用作承载体的材料主要有三类：一是聚四氟乙烯，仅能在低温条件下（≤260℃）使用，通常只适用于低温微波设备；二是刚玉，尽管耐火度可达 1900～2050℃，但其在 20～1000℃热膨胀系数为（6～8）$\times10^{-6}$℃$^{-1}$，水冷次数 3～5 次，其抗热震性差，在急冷急热时易破裂，难以适应微波快速加热的需要；三是熔融石英、氧化铍（BeO）、氮化硼（BN）、氮化铝（AlN）和金刚石等材料，基本能满足使用要求，但材料自身成本较高，加工难度大，易破碎损坏。

7.2　微波高温冶金专用承载体材料

微波高温冶金专用承载体作为微波高温反应器的盛料容器，作为一种特殊的陶瓷材料，除具备陶瓷材料的基本特性外，还必须具备良好的微波特性。

7.2.1　材料性能表征

1. 体积密度及显气孔率

体积密度是指包括所有晶格缺陷及所有气孔的陶瓷体的密度。样品的体积密度由阿基米德排水法测量，计算公式如下。

(1)体积密度(D_b)。

$$D_b=\frac{m_1}{V}=\frac{m_1}{m_3-m_2}D_1 \tag{7-1}$$

式中，m_1 是将样品干燥后在空气中的质量(样品于 80℃烘干 4～6h)；V 是样品的体积；m_2 是样品在蒸馏水中抽真空后，将饱和试样吊在天平的吊篮上，在水中称得的质量；m_3 是充分吸水后的样品在空气中的质量；D_1 是水的密度。

(2)显气孔率(P_a)。

$$P_a = \frac{m_3 - m_1}{m_3 - m_2} \times 100\% \tag{7-2}$$

2. 断裂韧性

断裂韧性指材料阻止宏观裂纹失稳扩展能力的度量，也是材料抵抗脆性破坏的韧性参数，它和裂纹本身的大小、形状及外加应力大小无关，是材料固有的特性，只与材料本身、热处理及加工工艺有关。是应力强度因子的临界值。常用断裂前物体吸收的能量或外界对物体所做的功表示，如应力-应变曲线下的面积。韧性材料因具有大的断裂伸长值，所以有较大的断裂韧性，而脆性材料一般断裂韧性较小。本书材料断裂韧性的测量采用的是单边切口梁(SENB)法。

本方法试样一般为矩形断面的长棒状，采用单边断口梁三点弯曲法测量，在导晶 AG-10KNIS 万能材料实验机上进行。样品尺寸为 3mm×4mm×36mm，单边切口宽度为 0.2～0.3mm，深度为 0.8～1.2mm，跨距为 30mm，加载速度为 0.5mm/min。如图 7-1 所示，通过三点抗弯断裂测试，计算材料的断裂韧性。

$$K_{\mathrm{IC}} = Y \frac{3P_{载荷} L_{跨距}}{2BW^2} \sqrt{A}_{深度} \tag{7-3}$$

式中，Y 是常数；$P_{载荷}$ 是断裂载荷，N；$L_{跨距}$ 是下支点间跨距(30mm)；B 是样品宽度(4mm)；W 是样品厚度(3mm)；$A_{深度}$ 是切口深度，mm。

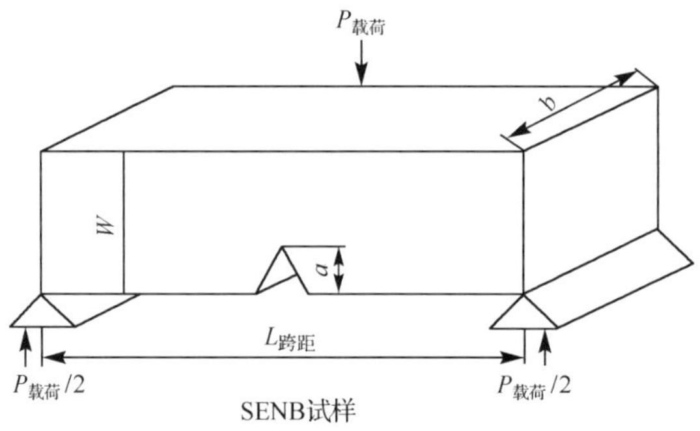

图 7-1 单边切口梁法示意图

3. 热膨胀系数

在一定温度范围内，单位温度下陶瓷材料的热膨胀系数为

$$\alpha_{膨胀系数} = \frac{\Delta L}{\Delta T \cdot L_t} + A_{校正} \tag{7-4}$$

式中，$\alpha_{膨胀系数}$ 是平均线性热膨胀系数，℃$^{-1}$；L_t 是试样在室温下的长度，mm；ΔL

是室温至所测温度试样的伸长量，mm；ΔT 是室温至所测温度试样的温度差，℃；$A_{校正}$ 是仪器校正量。

4. 抗热震性

抗热震性是指材料在温度急剧变化条件下抵抗损伤的能力。抗热震性是耐火材料重要的使用性能之一，是其力学性能与热学性能在温度变化条件下的综合体现。本书微波高温冶金专用承载体材料抗热震性通过水急冷-裂纹判定法测定。

5. 抗弯强度

通常，陶瓷材料的强度用抗弯强度表示。弯曲强度实验一般在万能拉伸（或压缩）实验机上进行。本测试方法试样一般为矩形断面的长棒状。采用三点弯曲法测量，在导晶 AG-10KNIS 万能材料实验机上进行。样品尺寸为 3mm×4mm×36mm，跨距为 30mm，加载速度为 0.5mm/min。计算方法为

$$\sigma = \frac{3P_{载荷}L_{跨距}}{2BW^2} \tag{7-5}$$

式中，$P_{载荷}$ 是断裂载荷，N；$L_{跨距}$ 是下支点间跨距（30mm）；B 是样品宽度（4mm）；W 是样品厚度（3mm）。

6. 介电常数

介电常数是吸波材料非常重要的电磁参数，它是表征介质材料能容纳感生极化电荷能力或者说极化性质的物理量，它的大小主要取决于在电场激励中极化过程的难易程度。依据平行板电容器物理模型的基本原理、安捷伦阻抗分析仪以及安捷伦介质材料测试夹具，建立复相对介电常数的测试系统。通常材料的介电常数表示为

$$\varepsilon = \varepsilon' - \mathrm{i}\varepsilon'' \tag{7-6}$$

式中，ε'、ε'' 分别是材料复介电常数的实部、虚部。

7.2.2　微波高温冶金专用承载体材料制备

针对微波高温冶金专用承载体材料的空白，昆明理工大学彭金辉等[7]从微波冶金的生产实践出发，以常见的工业耐火行业原材料 Al_2O_3、Y_2O_3、MgO 和 SiO_2 为主要原料，研制了 MgO-Al_2O_3-SiO_2 系和 Y_2O_3-Al_2O_3-SiO_2 系微波高温冶金专用承载体材料。

1. $MgO-Al_2O_3-SiO_2$ 系

原料组成(以质量分数计):2%≤w(MgO)≤8%,35%≤$w(Al_2O_3)$≤45%,50%≤$w(SiO_2)$≤50%,w(MgO)+$w(Al_2O_3)$+$w(SiO_2)$=100%,黏结剂为5%~8%。

原料粒度:0.85~0.075mm,其中粒度为0.25~0.125mm的占30%~60%。

制坯压力:500~1500kg/cm^2。

烧结温度:1650~1800℃。

烧结时间:3h。

经分析测定,制备的承载体材料在20~1000℃下热膨胀系数为2.5×10^{-6}℃$^{-1}$;抗热震性为1000℃下的水冷次数为9.8次;1250℃下的抗弯强度为12.3MPa;介电常数为7.3。

2. $Y_2O_3-Al_2O_3-SiO_2$ 系

原料组成(以质量分数计):2%≤$w(Y_2O_3)$≤8%,35%≤$w(Al_2O_3)$≤45%,50%≤$w(SiO_2)$≤50%,$w(Y_2O_3)$+$w(Al_2O_3)$+$w(SiO_2)$=100%,黏结剂为5%~8%。

原料粒度:0.85~0.075mm,其中粒度为0.25~0.125mm的占40%~60%。

制坯压力:500~1500kg/cm^2。

烧结温度:1650~1800℃。

烧结时间:5h。

经分析测定,制备的承载体材料在20~1000℃下热膨胀系数为2.2×10^{-6}℃$^{-1}$;抗热震性为1000℃下的水冷次数为11次;1250℃下的抗弯强度为11.5MPa;介电常数为8.6。

文献[3]介绍的微波专用高温透波材料具有以下特点。

(1)对于现行频率为915MHz和2450MHz的通用微波频段,属于低介质损耗的材料,具有很好的微波穿透性能,能够完全满足低温到高温范围的微波加热设备承载体的要求。

(2)相比于刚玉等单一组分材料,具有极小的热膨胀率和优异的抗热震性能,能够适应微波快速加热的热应力冲击,使用寿命长。

(3)以该材料加工的承载体制品,其荷重软化温度大于等于1480℃,长期使用温度大于等于1450℃,满足微波高温合成、烧结、煅烧及热处理等工艺要求,具有广泛的应用范围。

(4)在常温下具有良好的加工性能,在高温1250℃下的抗弯强度大于等于

10MPa,承载体能够适应大尺寸管、板、砖、匣钵、坩埚和异形件等的加工要求,具有良好的实用性和适应性。

(5)专用高温陶瓷材料所用原料为常见的工业耐火行业原材料,加工和制作成本低,易于实现和推广。

7.2.3　微波高温冶金专用承载体材料增韧研究

由于微波高温冶金承载体材料应满足耐热温度高、抗热震性和抵御热冲击能力要求苛刻,同时还应具有良好的微波透过能力等特殊要求,昆明理工大学刘永鹤[6]在制备得到专用承载体材料的基础上,采用原位合成莫来石晶须增韧的方式对其进行了韧化处理,从而使耐火材料在保持较高的使用温度的同时,也能显著提高耐火材料的抗热震性和使用寿命。

1. 配比对承载体材料增韧性能的影响

在 AlF_3 和 V_2O_5 的添加量均为 5%,烧结温度为 1350℃条件下,刚玉-莫来石配比对承载体材料性能影响见表 7-2 和图 7-2～图 7-5。

由表 7-2 可以看出,随着刚玉-莫来石配比系数的增加,吸水率和显气孔率呈逐渐增大的趋势,体积密度呈逐渐减小的趋势;当刚玉含量逐渐加大时,由于在 1350℃条件下刚玉比莫来石更难烧结致密,所以随着刚玉比例的增加其基体的体积密度逐渐变小,吸水率和显气孔率逐渐增加。

表 7-2　不同刚玉-莫来石配比对烧结性能的影响

刚玉-莫来石配比	吸水率/%	显气孔率/%	体积密度/(g/cm^3)
1:2	25.75	35.42	2.04
1:1	27.62	37.56	1.82
2:1	28.86	39.28	1.73

从图 7-2 可以看出,随着刚玉-莫来石配比由 1:2 升至 1:1,抗弯强度和断裂韧性有明显的变大趋势。而从 1:1 提升到 2:1,抗弯强度和断裂韧性反而减小。通过 SEM(图 7-3)可以看出,在刚玉-莫来石配比为 1:2 时,由于莫来石相含量高导致原位生成的莫来石晶须量较多,大量的莫来石晶须聚集、堆积在一起,致使复合材料基体致密度下降,界面结合强度降低,对刚玉-莫来石基体抗弯强度和断裂韧性的提高没有明显作用反而会致使其降低。在刚玉-莫来石配比为 2:1 时,由于理论配比中莫来石含量低,生成的莫来石晶须较少,其晶须的拔出、桥接和偏转作用不显著,并且刚玉相含量高难以烧结致密,致使其抗弯强度和断裂韧性最低。而在刚玉-莫来石配比为 1:1 时,试样所生成莫来石晶须分布均匀,长径比较大,其晶须的拔出、桥接和偏转作用较明显,对其增强增韧效果明显。由于刚玉和莫

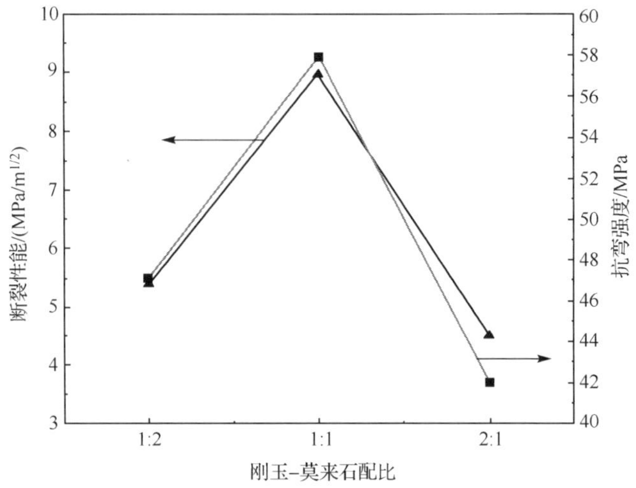

图 7-2　刚玉-莫来石配比对抗弯强度和断裂韧性的影响

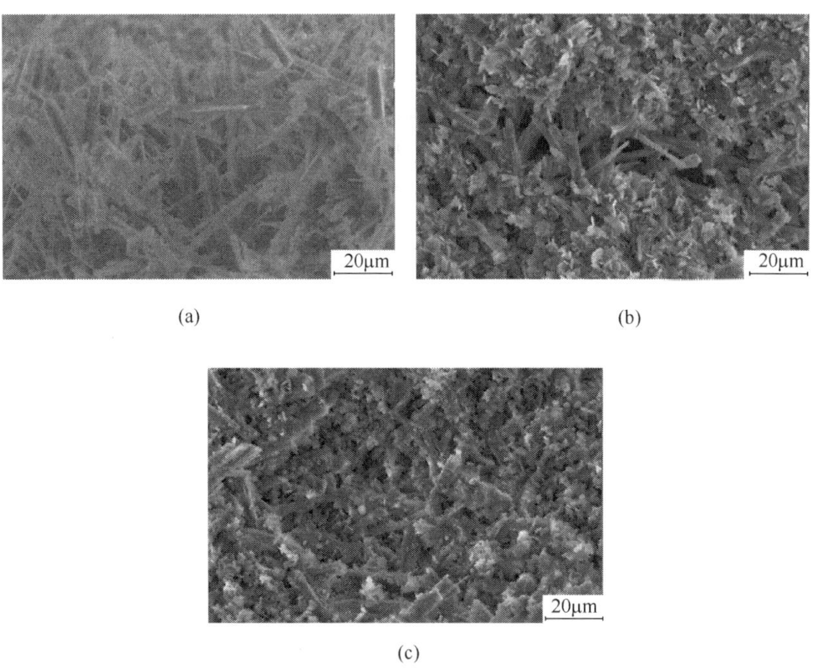

图 7-3　不同配比的刚玉-莫来石烧结试样的 SEM 照片

(a) 1∶2；(b) 1∶1；(c) 2∶1

来石的断裂韧性相差较小，因此刚玉和莫来石的配比对其断裂韧性影响相对较小，在刚玉-莫来石配比为 1∶1 时试样的抗弯强度和断裂韧性相对较高。

采用热震循环 11 次后其抗弯强度损失率来分析抗热震性能。从图 7-4 可知，刚玉-莫来石配比为 1:2 时其强度保持率为 48%，配比为 1:1 时可达到 60%，而配比为 2:1 时其保持率只有 41%。当刚玉-莫来石配比系数较小时，莫来石含量较多，由于莫来石比刚玉抗热震性能好，所以其抗热震性能较大，但是由于莫来石含量大导致原位合成的莫来石晶须较多而产生团聚现象，对抗热震性能不利。而在刚玉-莫来石配比较大时，由于刚玉相含量较大，所以其抗热震性能较差，并且原位合成出的莫来石晶须含量较少，对提高抗热震性能不显著。因此当刚玉-莫来石配比为 1:1 时其抗热震性最佳。

从图 7-5 可知，介电常数随着刚玉-莫来石配比系数的增大而逐渐增大，这是因为刚玉的介电常数大于莫来石的介电常数，随着莫来石含量的减少其介电常数不断增大。

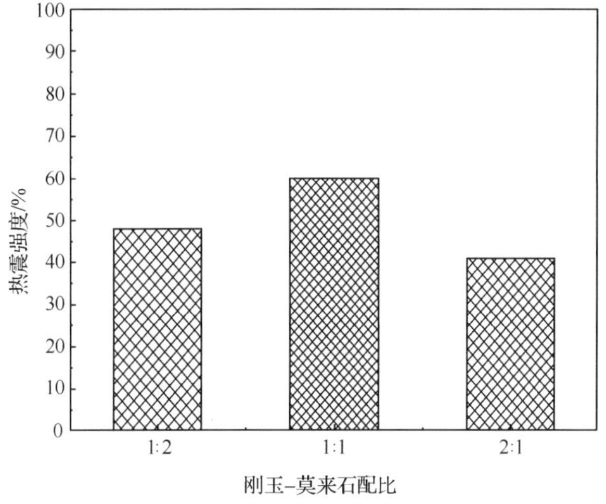

图 7-4　刚玉-莫来石配比对 11 次热震后强度保持率的影响

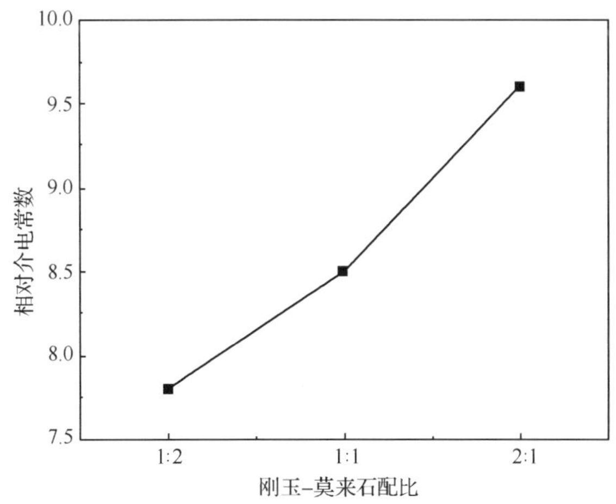

图 7-5　刚玉-莫来石配比对相对介电常数的影响

2. 烧结温度对承载体材料增韧性能的影响

在刚玉-莫来石配比为1∶1，AlF_3的添加量为5%，V_2O_5的添加量为5%条件下，烧结温度对承载体材料性能影响见表7-3和图7-6～图7-9。

表7-3 不同烧结温度对刚玉-莫来石烧结性能的影响

烧结温度/℃	吸水率/%	显气孔率/%	体积密度/(g/cm³)
1250	32.56	42.25	1.55
1350	27.48	38.24	1.71
1450	25.75	35.24	2.23
1550	25.01	34.89	2.38

由表7-3可以看出，随着烧结温度的增加，吸水率和显气孔率呈递减的趋势，体积密度呈上升趋势。这主要是因为在烧结温度较低时，刚玉-莫来石基体难以烧结致密引起其孔隙率和显气孔率较大、密度较小。而温度较高时，刚玉-莫来石基体烧结就越致密，致使孔隙率和显气孔率较小、密度较大。

从图7-6可以看出，随着温度由1250℃升至1350℃，抗弯强度和断裂韧性有明显的变大趋势；从1450℃提升到1550℃，抗弯强度和断裂韧性均开始减小。SEM(图7-7)表明，1250℃下抗弯强度和断裂韧性较小，主要是由于1250℃合成晶须的气固反应进行得较慢，反应进行得不完全，晶须长径比较小，对其增强增韧效果不明显，而且温度较低，基体没有烧结致密，其孔隙率较大，导致其抗弯强度和断裂韧性较小。1350℃到1450℃下抗弯强度和断裂韧性较大，是因为在1350～1450℃下气相传质过程进行得充分，生成的莫来石晶须长径比较大且分布均匀，晶须拔出、桥接和偏转明显，对其增强增韧效果显著。1550℃相对抗弯强度和断裂韧性也偏小，主要是因为1550℃时进行晶须二维成核长大，导致晶须直径变大，晶须长径比较小，并伴随部分晶须劣化而烧结致密度也相对变大；但晶须增强机体是主要矛盾，烧结致密度相对晶须增强效果不明显，所以相对其抗弯强度有所减小；温度高则基体烧结致密，致使晶须与界面的作用力大，晶须拔出困难，导致断裂韧性较小。综合考虑，温度为1350～1450℃获得的试样抗弯强度和断裂韧性最佳。

采用热震循环11次后其抗弯强度保持率来分析抗热震性能。从图7-8可知，刚玉-莫来石复合材料的11次热震后强度保持率随着温度的升高先增加后减小。这主要是因为在低温下原位合成的莫来石晶须长径比较小，分散不均匀并且烧结不够致密，导致晶须的拔出功较小、桥接和偏转效果不好，其抗热震性能较差。高温下由于莫来石晶须的劣化及烧结致密化，对晶须拔出困难而产生断裂的同时对桥接和偏转也不利，因此导致其抗热震性能也较差。

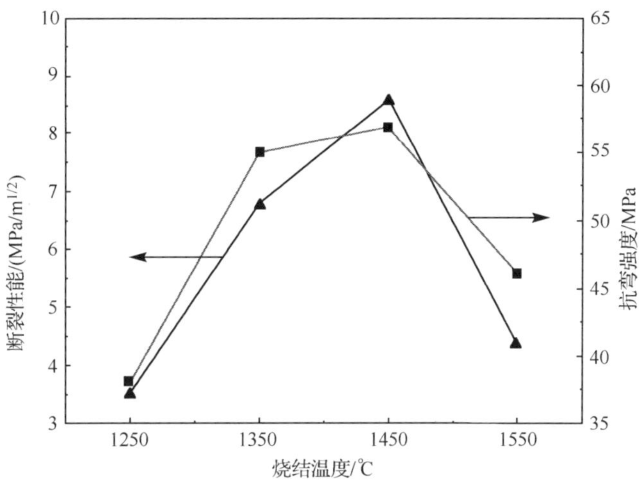

图 7-6　烧结温度对抗弯强度和断裂韧性的影响

图 7-7　不同烧结温度的刚玉-莫来石烧结试样的 SEM 照片

(a) 1250℃；(b) 1350℃；(c) 1450℃；(d) 1550℃

图 7-9 为 25℃、微波频率 2.45GHz 下，刚玉-莫来石不同烧结温度对介电常数的影响。由图 7-9 可知，介电常数随着烧结温度的上升先减小后增加。这主要是因为在配比相同的条件下，随着温度的增加莫来石相不断增多，由于莫来石的介电常数小于刚玉的介电常数，根据介电常数对数法则可知，随着温度的增加其介

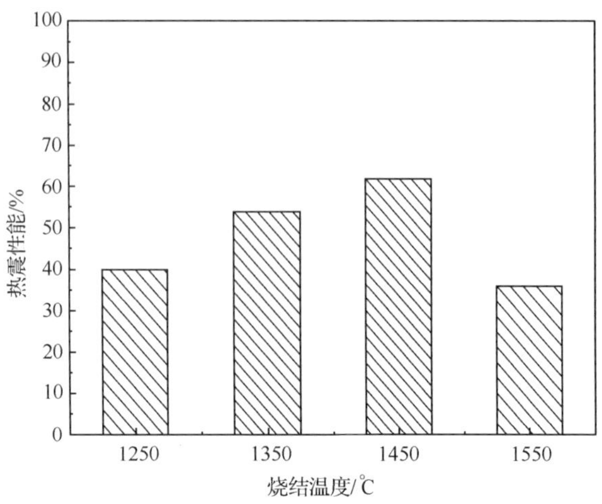

图 7-8 烧结温度对 11 次热震后强度保持率的影响

电常数不断减小。但当温度过大时,莫来石和刚玉比例基本不变,体积密度开始增大,基体孔隙率减小,由复合材料的体积密度和孔隙率可知,其介电常数相对较大。

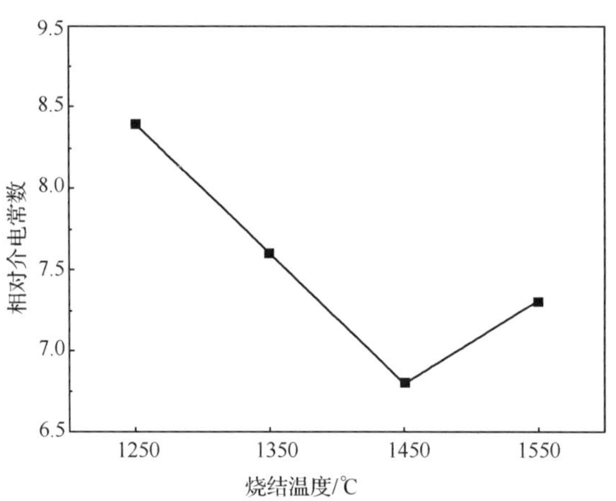

图 7-9 烧结温度对相对介电常数的影响

3. AlF_3的添加量对承载体材料增韧性能的影响

在刚玉-莫来石配比为 1∶1、烧结温度为 1350℃,V_2O_5的添加量为 5%时,AlF_3的添加量对承载体材料烧结性能的影响见表 7-4 和图 7-10～图 7-13。

表 7-4 为不同 AlF_3的添加量对刚玉-莫来石烧结性能的影响。从表 7-4 可以看出,随着 AlF_3添加量的增加其吸水率和显气孔率呈现逐渐变大的趋势,体积密

度则逐渐减小。这是因为当 AlF_3 的添加量不断增加时，烧结过程产生的气体会挥发而导致密度变小，孔隙率和显气孔率逐渐变大。

表 7-4　不同 AlF_3 的添加量对刚玉-莫来石烧结性能的影响

AlF_3 添加量/%	吸水率/%	显气孔率/%	体积密度/(g·cm³)
0	22.15	28.16	2.15
2	24.76	31.26	1.86
4	26.68	34.53	1.73
6	29.01	37.32	1.60
8	30.13	38.25	1.53

由图 7-10 可以看出，不加 AlF_3，抗弯强度和断裂韧性都很低，这说明 AlF_3 是增强增韧所必需的添加剂。随着 AlF_3 的含量由 2%增加到 6%，抗弯强度和断裂韧性呈增长的趋势。当达到 6%时，抗弯强度和断裂韧性均达到最大。但当 AlF_3 的含量达到 8%时，抗弯强度和断裂韧性明显下降。由 SEM(图 7-11)可看出，2%的试样抗弯强度和断裂韧性较小，主要是因为 AlF_3 含量过少，生成的 AlF_3 气体反应浓度过小，导致进行的气固反应不明显；合成的晶须量较少且长径比较小，对其增强增韧效果均不明显。4%～6%试样的抗弯强度和断裂韧性均较大，说明 4%～6%的 AlF_3 含量可以获得反应浓度适中的 AlF_3 气体，有助于气固反应进行得完全，合成的晶须长径比对增强增韧较好；晶须生长较好且均匀，导致晶须的拔出和桥接作用明显。8%的 AlF_3 含量所得试样的抗弯强度和断裂韧性均较小，是因为 AlF_3 含量过大，生成的 AlF_3 气体反应浓度过大，超过晶须定向生长所需的量，从而引起晶须径向生长的二维成核，易形成莫来石片状结构，导致晶须与界面

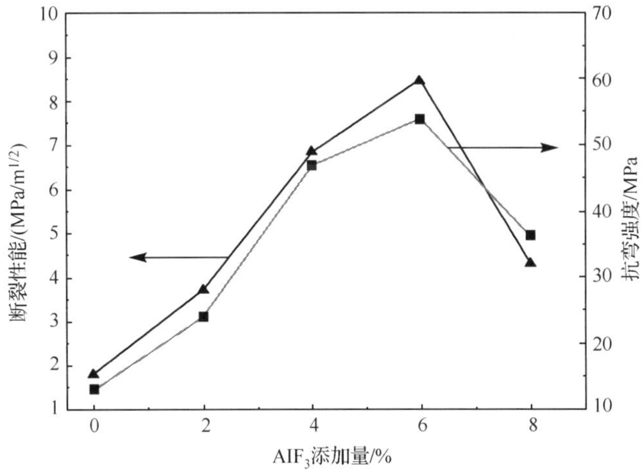

图 7-10　AlF_3 的添加量对抗弯强度和断裂韧性的影响

拔出、桥接作用不显著，增强增韧效果也大幅度降低。因此，AlF_3添加量为4%～6%时获得的试样抗弯强度和断裂韧性效果最佳。

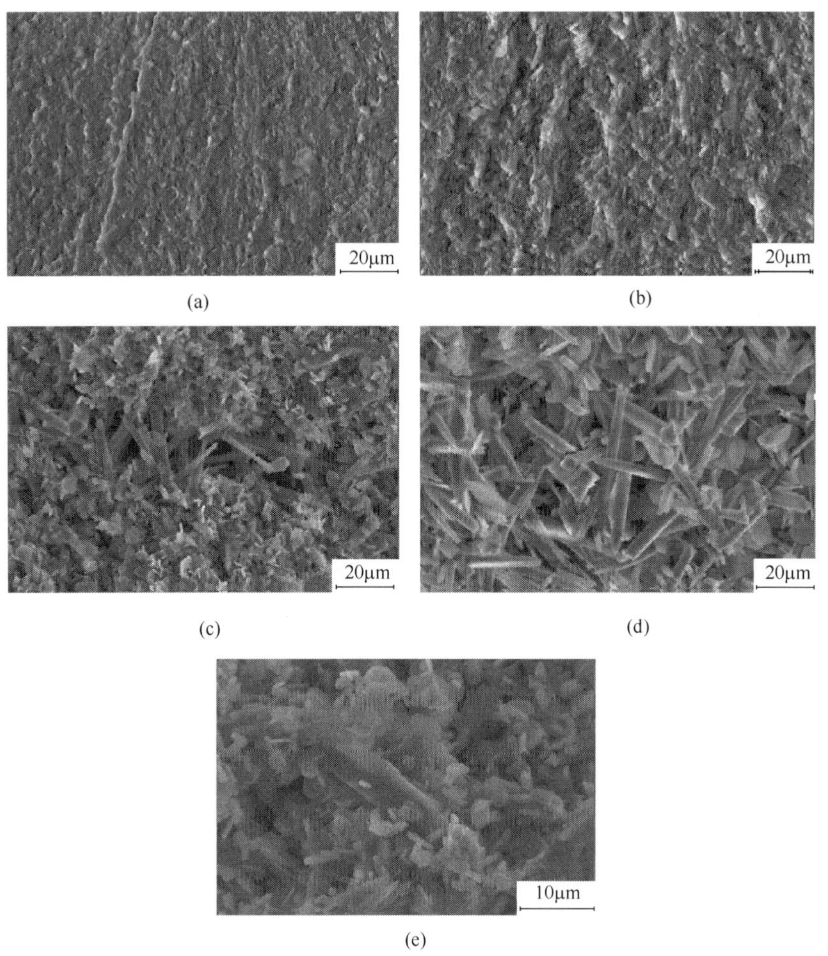

图 7-11　不同 AlF_3添加量时刚玉-莫来石烧结试样的 SEM 照片

(a) 0%；(b) 2%；(c) 4%；(d) 6%；(e) 8%

图 7-12 为不同 AlF_3添加量对刚玉-莫来石抗热震性能的影响。图 7-12 表明刚玉-莫来石复合材料的 11 次热震后强度保持率随着 AlF_3添加量的增加呈先增加后减小的趋势。当 AlF_3添加量较少时，产生的气体较少，其气固反应进行得不完全，导致莫来石晶须含量较少、长径比较小并且容易团聚，对晶须的拔出、桥接和偏转不利，因此其抗热震效果不显著。而当 AlF_3添加量过多时，生成的 AlF_3气体反应浓度过大，超过晶须定向生长所需的量，从而引起晶须径向生长的二维成核，易形成莫来石片状结构，导致晶须与界面拔出、桥接作用不显著，导致抗热震效果较差。

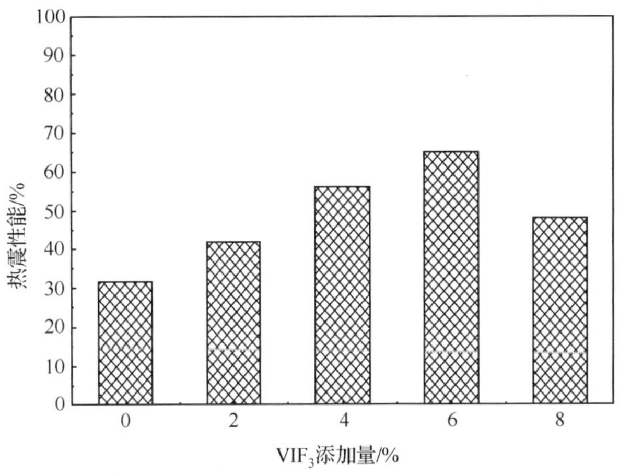

图 7-12　AlF_3的添加量对 11 次热震后强度保持率的影响

图 7-13 为 25℃、微波频率在 2.45GHz 条件下不同刚玉-莫来石配比对介电常数的影响。从图 7-13 可以看出，介电常数随 AlF_3添加量的增加而不断减小。这主要是因为在配比相同的条件下，孔隙率和体积密度对物质的介电常数影响占主要因素。随着 AlF_3添加量的增加，基体的体积密度减小、孔隙率增加。由于介电常数随着体积密度的减小、孔隙率的增加而减小，因此，介电常数随 AlF_3添加量的增加而不断减小。

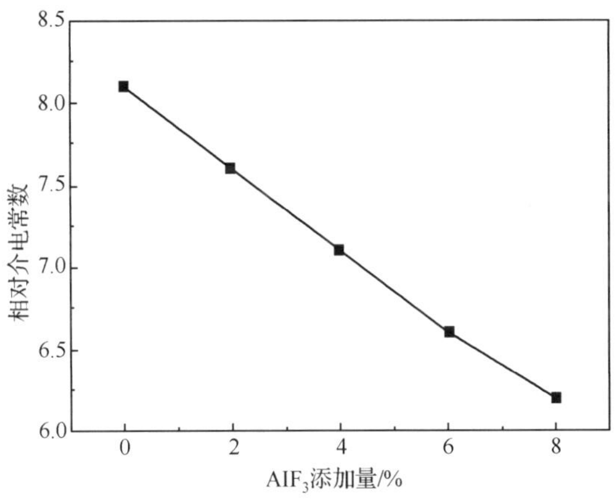

图 7-13　AlF_3的添加量对相对介电常数的影响

4. V_2O_5的添加量对承载体材料增韧性能的影响

在刚玉-莫来石配比为 1∶1、烧结温度为 1350℃，AlF_3的添加量为 5%条件下，V_2O_5的添加量对承载体材料性能影响见表 7-5 和图 7-14～图 7-17。

表 7-5 为不同 V_2O_5 的添加量对刚玉-莫来石烧结性能的影响。从表 7-5 可以看出，随着 V_2O_5 的添加量增加，其吸水率和孔隙率逐渐增大、体积密度逐渐变小。这是因为 V_2O_5 的添加量越大，在高温下挥发的量越大，导致其体积密度越小，吸水率和孔隙率也随之增大。

表 7-5 不同 V_2O_5 的添加量对刚玉-莫来石烧结性能的影响

V_2O_5添加量/%	吸水率/%	孔隙率/%	体积密度/(g/cm³)
0	22.15	28.16	2.15
2	24.36	32.26	1.94
4	26.35	35.26	1.82
6	28.61	38.52	1.72
8	29.13	39.02	1.66

由图 7-14 可以看出，不加 V_2O_5，烧结试样抗弯强度和断裂韧性数值很小，这是因为 V_2O_5 是合成莫来石晶须所必需的添加剂。在高温下，V_2O_5 促进莫来石晶须的生长作用体现在下述两个方面：V_2O_5 能够活化氧化铝缺陷，活化晶格，促进莫来石晶须的形成；高温下 V_2O_5 的挥发将促进气固反应的传质过程。同时也说明 V_2O_5 是刚玉-莫来石增强增韧所必需的添加剂。随着 V_2O_5 的含量由 2%增加到 4%，抗弯强度和断裂韧性呈增长的趋势。当达到 4%～6%时，抗弯强度和断裂韧性趋于最大。但当 V_2O_5 的含量由 6%增加到 8%时，抗弯强度和断裂韧性有明显下降的趋势。从 SEM(图 7-15)可知，2%试样抗弯强度和断裂韧性较小，主要是因为 V_2O_5 含量过少，使催化作用减弱，导致晶须合成进行不够完全，其晶须长径比较小且分布不均匀，对其增强增韧效果不显著。4%～6%试样的抗弯强度和断裂韧性均趋于最大值，表明 4%～6%的 V_2O_5 含量可以得到很好的催化作用，促使晶须合成

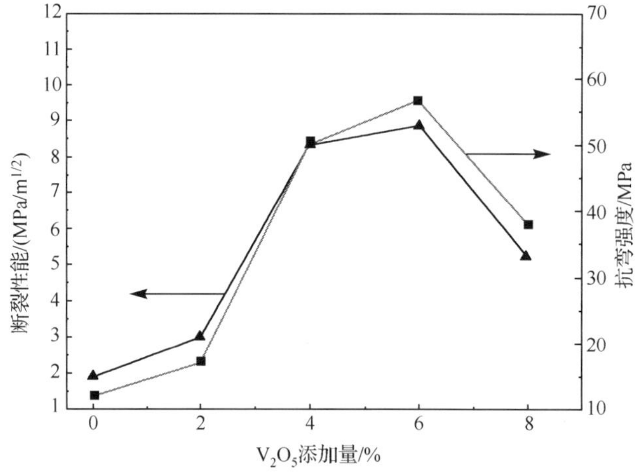

图 7-14 V_2O_5 的添加量对抗弯强度和断裂韧性的影响

进行得较完全，晶须生长较好且均匀，对晶须的拔出、桥接和偏转作用较明显，致使其增强增韧效果显著。而 8%的 V_2O_5 含量所获得的抗弯强度和断裂韧性均较小，主要是因为 V_2O_5 含量过大，所生成的晶须量较大，长径比较小并且过多的晶须支架在一起，致使晶须拔出功较小及降低了界面的摩擦力，增强增韧效果下降。表明，V_2O_5 添加量为 4%～6%时，获得的试样抗弯强度和断裂韧性效果最佳。

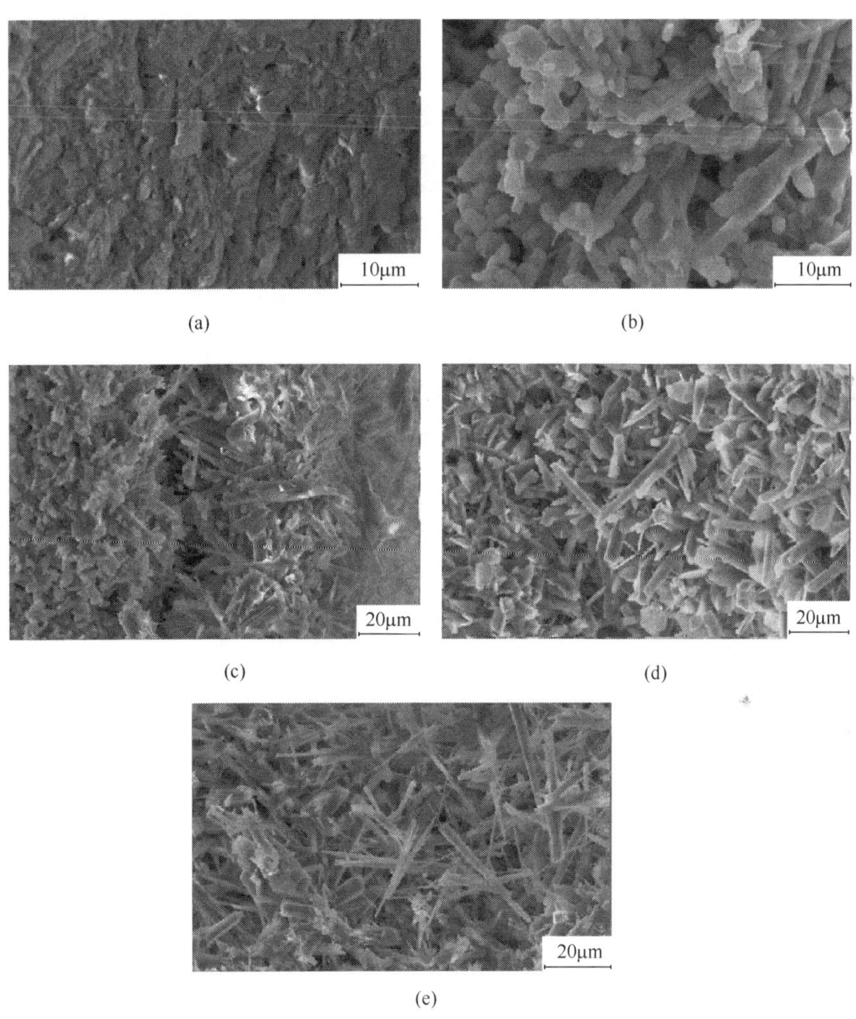

图 7-15　不同 V_2O_5 添加量的刚玉-莫来石烧结试样的 SEM 照片

(a)0%；(b)2%；(c)4%；(d)6%；(e)8%

图 7-16 为刚玉-莫来石中不同的 V_2O_5 添加量对抗热震性能的影响。从图 7-16 可知，刚玉-莫来石复合材料的 11 次热震后强度保持率随着 V_2O_5 添加量的增加先增大后减小。主要是因为 V_2O_5 含量过少，使催化作用减弱，导致晶须合

成进行不够完全，其晶须长径比较小且分布不均匀，对晶须的拔出、桥接和偏转不利，导致其抗热震效果不明显。而 V_2O_5 含量过量，所生成的晶须量较大，过多的晶须团聚在一起，反而降低了界面的摩擦力，致使晶须的拔出功较小且桥接和偏转也不利，因此其抗热震性能较差。

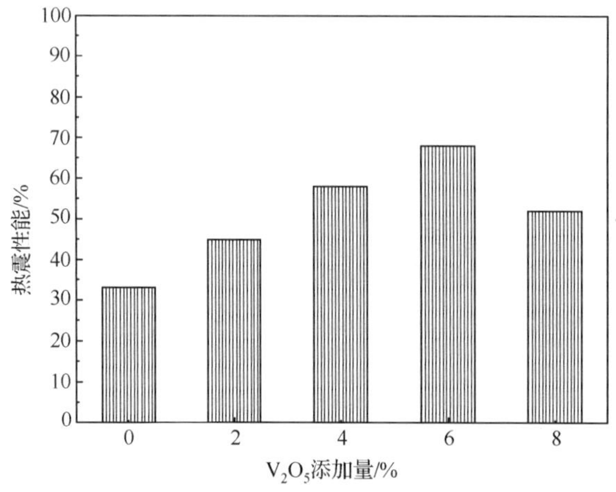

图 7-16 V_2O_5 的添加量对 11 次热震后强度保持率的影响

图 7-17 为 25℃、微波频率 2.45GHz 下，刚玉-莫来石中不同的 V_2O_5 添加量对介电常数的影响。从图 7-17 可以看出，介电常数随 V_2O_5 添加量的增加而不断减小。这主要是因为在配比相同的条件下，气孔率和体积密度对物质的介电常数影响是主要因素。随着 V_2O_5 添加量的增加，高温下 V_2O_5 全部挥发导致基体的体积密度减小、孔隙率增加。由于介电常数随着体积密度的减小和孔隙率的增加而减小，因此，介电常数随 V_2O_5 添加量的增加而不断减小。

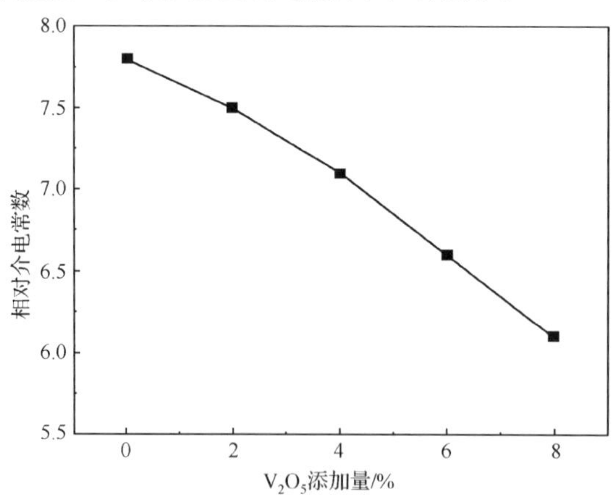

图 7-17 V_2O_5 的添加量对相对介电常数的影响

经工艺优化，确定原位合成莫来石晶须增强增韧刚玉-莫来石复合耐火材料的最佳条件为烧结温度 1400℃、V_2O_5 的添加量为 5.5% 和 AlF_3 的添加量为 4.5%。在此工艺条件下，材料的各项测试性能结果见表 7-6。

表 7-6　最佳条件下材料性能测试结果

项　目	测试值
吸水率/%	25.75
孔隙率/%	35.24
体积密度/(g/cm^3)	2.04
抗弯强度/MPa	60.90
断裂韧性/($MPa/m^{1/2}$)	9.15
热震性/次数	>20
相对介电常数	6.5
介电损耗/%	<3

通过表 7-6 数据可知，最佳工艺条件下原位合成莫来石晶须增强增韧刚玉-莫来石耐火材料的各项性能均完全满足微波冶金用耐火材料的各项性能指标。

7.3　微波回转窑

微波回转窑是一种旋转筒体设备，物料在回转窑内产生一个沿圆周方向的翻滚和沿轴向从高温向低温移动的复合运动，从而实现散状物料或浆状物料的干燥、焙烧和煅烧。

7.3.1　微波回转窑机构及参数

1. 微波回转窑机构

微波回转窑主要由高位料仓、进料机构、多模腔微波反应腔体、测温仪、微波功率源、水冷系统、远程控制系统、炉膛、出料机构、排烟系统和保温层等部件组成(图 7-18)。

(1) 高位料仓。高位料仓由钢板制成，置于微波反应腔体进料端，下部与进料机构连接，进料机构采用螺旋方式进料，进料螺旋通过链条与调速电机相连。

(2) 进料机构及出料机构。进料机构即螺旋进料，通过链条与调速电机连接。进料机构与微波回转窑炉膛之间用石墨密封环密封。出料机构与微波回转窑炉膛出料端相连接。

(3) 多模腔微波反应腔体。微波反应腔体为正五面体的反应腔体，微波功率源配置水冷系统布置于正五面体腔体的四面，另一面设置活动检修门。

图 7-18　五面体微波回转窑

(4) 测温仪。微波回转窑测温仪为多点组合式热电偶，可同时测量回转窑的不同段温度。

(5) 微波功率源及水冷系统。微波功率源配置水冷系统，布置于正五面体腔体的四面，频率 2.45GHz，输出功率 0～80kW，连续可调。

(6) 微波回转窑炉膛。微波回转窑炉膛两端设置有钢质夹套，夹套上装配有齿轮，齿轮通过链条与调速电机连接驱动微波回转窑炉膛转动。

2. 回转窑的结构参数

(1)长径比。窑的长度与直径的比值称为长径比，通常指筒体的有效长度与筒体内径之比。微波回转窑的长径比应根据物料要求的煅烧温度、加热制度等因素来选取。

(2)窑型。为保证微波回转窑炉膛内微波场更均匀，且易于制造安装，现有微波回转窑炉膛形状主要为结构简单、整个窑体直径相同的直筒形。

(3)倾斜角。倾斜角一般指窑轴线与水平面的夹角。对于回转窑的合理倾斜角目前尚没有普遍适用的基本准则，一般为 3°～10°。倾斜角过小可能会影响物料在炉膛内的停留时间，倾斜角过大则可能导致窑体不稳定。

3. 回转窑的技术参数

回转窑的技术参数如下：

(1)微波系统：可根据需要定制，连续可调；(2450±50)MHz。

(2)炉管耐热最高温度：长期使用 1500℃。

(3)有效空间：炉管内腔有效尺寸可根据需要定制。

微波回转窑具有的优点：

(1)通过对微波反应腔的仿真优化,微波反应腔体采用独特的正五面体设计,使得微波源间交叉互耦最小,腔体内微波场更均匀。

(2)微波磁控管采用特制铝合金环形水冷方式,提高了设备的稳定性,延长了设备的使用寿命。

(3)微波反应腔体进出料机构与炉膛之间采用石墨密封环密封,保证了炉膛的密闭性。

(4)基于微波体加热特性,使物料整体均匀受热,产品成分及粒径均匀,生产周期短。

(5)微波反应腔体通过 PLC 远程控制系统控制,避免了微波泄漏可能对人体造成的伤害。

7.3.2　微波回转窑的运转参数及生产能力

1. 运转参数

(1)窑内物料填充系数。填充系数也即填充率,是窑内物料层截面与整个截面面积之比,或窑内装填物料占有体积与整个容积之比。通常用 $\varphi_{填充}$ 表示。

$$\varphi_{填充} = \frac{A_M}{\frac{\pi}{4}\bar{D}^2} \tag{7-7}$$

或

$$\varphi_{填充} = \frac{4G_M}{60\pi \bar{D}^2 V_M \rho_M} \tag{7-8}$$

式中,A_M 是窑内物料层所占弓形面积,m^2;G_M 是单位时间窑内物料流通量,t/h;V_M 是窑内物料轴向移动速度,m/min;ρ_M 是窑内物料体积密度,t/m^3;$\bar{D}^2$ 是窑平均有效内径,m。

(2)回转窑转速。窑体转动可以起到翻动和输送物料的作用,提高转速不仅有利于强化窑内物料的传热,而且可以提高窑内的传质。回转窑的转速与窑内物料活性表面、物料停留时间、物料轴向移动速度、物料混合程度以及窑内的填充系数都有密切的关系。

$$n = \frac{G\sin a}{1.48\bar{D}^3 \varphi_i \rho_M} \tag{7-9}$$

式中,n 是回转窑转速,r/min;G 是窑的生产能力,t/h;α 是窑内物料的自然堆角。

(3)窑内物料轴向移动速度和停留时间。物料在窑内移动的基本规律是:物料靠摩擦力被带到一定的高度,到达物料的运动休止角时,由于物料本身重力作用使其沿料层表面翻滚下来，回转窑有一定轴斜度，翻落下来的物料不会落到原来的位置，而是向回转窑的较低端移动了一定距离，形成了沿轴向移动的移动速度。翻落下来的物料随回转窑的旋转重新被带起，如此不断地循环物料便逐渐前进。

窑内物料的轴向移动速度与很多因素，特别是与物料状态有关。许多学者做过各种研究，得出了不少经验公式，但各个公式都有一定的局限性，不具有普适性。这里介绍其中两个计算公式[7]。

物料平均轴向移动速度 $\bar{u}$：

$$\bar{u}=\frac{\Delta\bar{Z}}{\bar{T}}=\frac{\frac{4}{3}R\sin\left(\frac{\Phi_{\mathrm{f}}}{2}\right)\tan\alpha_{窑体}}{\frac{\Phi_{\mathrm{r}}}{2\pi n}\sin\theta_{休止}}=\frac{\frac{8}{3}\pi R(\tan\alpha_{窑体})}{\sin\alpha_{窑体}\left[\frac{\Phi_{\mathrm{r}}}{\sin\left(\frac{\Phi_{\mathrm{f}}}{2}\right)}\right]} \tag{7-10}$$

式中，R 是回转窑内半径；Φ_{r} 是物料在 x 轴方向位移所对应的角度；Φ_{f} 是物料充满角；$\theta_{休止}$ 是物料运动休止角；$\alpha_{窑体}$ 是回转窑窑体倾角。这里将 $\dfrac{\Phi_r}{sin\left(\frac{\Phi_f}{2}\right)}$ 看作物料充满角影响系数。

平均停留时间 T ：

$$T=\frac{L_{窑}}{\bar{u}} \tag{7-11}$$

式中，$L_{窑}$是回转窑长度。

2. 生产能力

由于回转窑生产能力受很多因素的影响，所以无法找到一个通用的公式来计算其生产能力，现介绍几个主要的计算公式。

(1)按窑内物料流通能力来计算。

$$G=47.12\,\bar{D}^2\varphi_{填充}V_{\mathrm{M}}\rho_{\mathrm{M}} \tag{7-12}$$

式中，V_{M} 是物料轴向移动速度，m/min；$\bar{D}^2$ 是窑平均有效内径，m；ρ_M 是窑内物料体积密度，t/m^3；$\varphi_{填充}$ 是填充系数。

(2)按回转窑生产能力与筒体尺寸之间的关系计算。

$$G=K\,\bar{D}^{1.5}L_{窑} \tag{7-13}$$

式中，K 是经验系数，与窑有关，取工厂时间数据；$L_{窑}$是窑体长度，m。

(3)按窑单位容积产能计算。

$$G = \frac{GV_{容积}}{1000} \tag{7-14}$$

式中，$V_{容积}$ 是窑有效容积，m^3；G 是窑单位容积产能，$kg/(m^3 \cdot h)$，取工厂实际数据。

7.4　微波推板窑

微波推板窑，又称微波推板式隧道窑，是按照产品工艺要求布置所需的温区及功率，组成设备的热工部分来满足产品对热量的需求，它通过把待处理产品直接或间接放在耐高温耐摩擦的微波推板上，由推进系统按照产品的工艺要求，移动放置在推板上的产品，在炉膛中完成产品的处理过程。微波推板窑按照炉体单炉膛中的并列推板数量，可分为单推板和双推板；按照炉膛中推板的运动方向可分为反向推进和同向推进；按照推板的运动循环可分为全自动运动和半自动运动等；按照烧结产品的气氛可分为氧化性气氛、中性气氛、还原性气氛等。

7.4.1　微波推板窑机构及参数

1. 微波推板窑机构

微波推板窑主要由推进及控制系统、炉体、冷却系统、温度测量控制系统、加热系统等组成。

(1) 推进及控制系统。推进系统通过液压油缸送料，具有自动、手动联锁和手动不联锁多种工作方式，对过压、欠压、油污染和循环周期超时有报警及保护功能。控制系统采用 PLC 技术实现反应器多参量(微波场强、物料量、温度等)的自动控制。

(2) 炉体。炉体分预热区、煅烧区或烧结区以及冷却区三部分，整个炉膛采用外密封结构，用不锈钢焊接而成，带冷却系统的微波功率源布置在炉体顶部和左右两边，炉腔内衬保温材料。滑道轨道和推板采用耐高温、抗热震性能强的莫来石材质推舟。

(3) 冷却系统。冷却系统采用组合强导热方式，循环冷却水流量按实际确定，压力大于0.15MPa，进水温度小于 30℃，总硬度小于 60mg/L。

(4) 温度测量及控制系统。微波推板窑采用组合式热电偶测温，采用独立的PID(比例-积分-微分)多点模块控温。单点温度控制精度±5℃。图 7-19 为推板窑温度控制框图。

(5) 加热系统。加热系统微波频率 2.45GHz，微波输出功率 0～300kW 连续

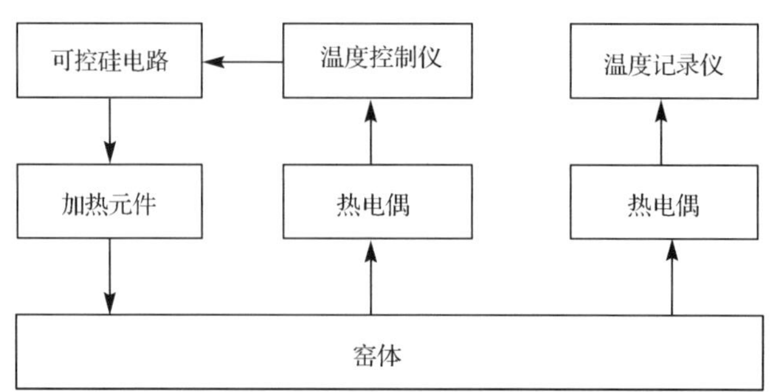

图 7-19 微波推板窑温度控制框图

可调，功率控制精度采用可编程数字控制，功率输入＜±2%；最高使用温度1500℃，控温精度±10℃；磁控管寿命≥5000h。

2. 推板窑的结构参数及技术参数

推板窑的结构参数及技术参数如下：

(1) 炉膛尺寸：可根据需要定制加工。

(2) 推板尺寸：刚玉-莫来石或其他耐高温材质，具体尺寸可定制。

(3) 匣钵外形尺寸：与推板配套使用，材质多用刚玉-莫来石或其他耐高温材质。

(4) 微波系统：可根据需要定制，连续可调；(2450±50)MHz。

(5) 推板及匣钵耐热最高温度：长期使用 1500℃。

7.4.2 应用范围

微波推板窑的应用范围包括：

(1) 电子陶瓷钛酸钡、钛酸锶钡、钛酸锶、锆钛酸钡和特种陶瓷、结构陶瓷、压电陶瓷等粉体材料的煅烧。

(2) 碳酸盐、硫酸盐、氢氧化物的煅烧。

7.5 微波竖式窑

微波竖式窑是利用竖式筒体内物料自重和筒体下部物料的不断卸出而实现全窑物料运动的设备。根据窑体形状可分为直筒形、喇叭形和哑铃形等。

1. 微波竖式窑机构

微波竖式窑主要由布料装置、窑体、出料装置、温度测量控制系统、加热系统等组成(图 7-20)。

(1) 布料装置。利用布料装置将物料均匀地加入竖式窑内,尽可能减小窑壁处空隙率过大的现象,均衡窑体内通风阻力。常见的布料装置有固定式布料器、回转式分级布料器和升降式布料器等。

(2) 窑体。窑体由内衬保温材料的不锈钢焊接而成,分为预热区、煅烧区或烧结区以及冷却区三部分,带冷却系统的微波功率源环窑体布置。

(3) 出料机构。经微波加热后的物料在自重作用下由出料机构卸出,常见的出料机构有拖板出料机和圆盘出料机等。

(4) 温度测量及控制系统。微波推板窑采用组合式热电偶测温,采用独立的PID(比例-积分-微分)多点模块控温。单点温度控制精度±5℃。

(5) 加热系统。加热系统微波频率 2.45GHz,微波输出功率 0～500kW 连续可调,功率控制精度采用可编程数字控制,功率输入<±2%;最高使用温度 1500℃,控温精度±10℃;磁控管寿命≥5000h。

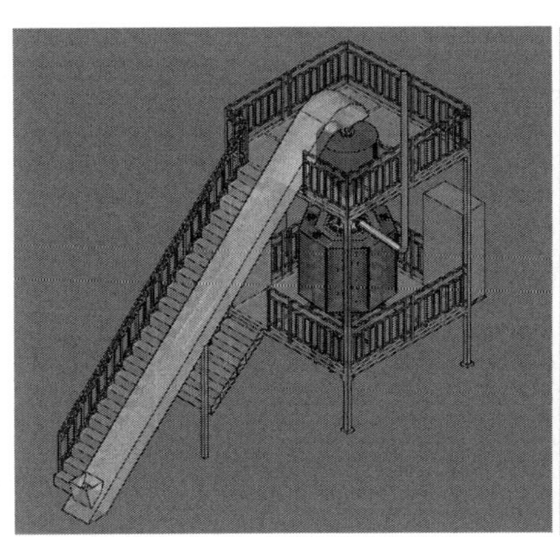

图 7-20　微波竖式窑仿真图和实物图

2. 微波竖式窑技术参数

微波竖式窑的技术参数如下:

(1) 最高使用温度:800～1600℃ 定制。

(2) 输出功率:10～300kW 连续可调。

(3) 控制精度:≤±3℃。

(4) 反应腔有效尺寸:φ(240～450)mm×2000mm 或定制。

(5) 微波频率:2450MHz。

(6) 温度测量:350～2000℃ (红外测温仪)或特制热偶传感器。

(7) 控制方式:PIC/PID 控制或手动控制。

(8) 速度控制:调频。

(9) 控制面板:功率显示、输出电压、阳极电流、下料速度、急停开关。

(10) 安全保护:磁控管水冷保护,阳极过压,阳极过流,阳极过功率。

(11) 设备材料:不锈钢及钢板喷塑。

参 考 文 献

[1] 陈晶,赵晶,冯秀梅,等.微波冶金耐火材料研究.工业加热,2006,35(3):56-60.

[2] 王小群,杜善义,韩杰才.高速宽频带防空导弹天线罩研制探讨.宇航材料工艺,1998,28(2):17-23.

[3] 彭金辉,郭胜惠,张世敏,等.用于微波加热的陶瓷基透波承载体及生产方法:中国,200710066041.0.2009,10.

[4] 王汝敏,郑水蓉,郑亚萍.聚合物基复合材料及工艺.北京:科学出版社,2004.

[5] 曲世鸣,张明.微波混合加热技术及应用前景.物理,1999,28(2):117-119.

[6] 刘永鹤.原位合成莫来石晶须韧化微波冶金用刚玉-莫来石耐火材料的研究.昆明:昆明理工大学硕士学位论文,2012.

[7] 彭思众,马晓茜,赵绪新.回转窑内物料流动模型研究.工业炉,2002,24(4):6-9.